"十二五"高等职业教育能源类专业规划教材
国家示范性高等职业院校精品教材

太阳能光伏发电技术及应用

贲礼进　主　编

张新亮　陈继永　副主编

中国铁道出版社
CHINA RAILWAY PUBLISHING HOUSE

内 容 简 介

本书以完成四个工作项目的形式编写,首先通过具体的太阳能光伏发电系统的项目设计,介绍该系统的设计方法及相关知识点。通过太阳能电池组件的设计、太阳能控制器的设计、太阳能逆变器的设计,使读者对太阳能发电所涉及的具体部件的工作原理、技术参数及相关技能有深入的了解和掌握。

本书配教学 PPT 课件,可登录 www.51eds.com 下载。

本书适合作为高职院校新能源发电技术、太阳能应用技术、光伏发电技术及应用等专业的教材,也可供相关领域技术人员参考。

图书在版编目(CIP)数据

太阳能光伏发电技术及应用 / 贲礼进主编. —北京:
中国铁道出版社,2013.12
"十二五"高等职业教育能源类专业规划教材
ISBN 978-7-113-16723-3

Ⅰ.①太… Ⅱ.①贲… Ⅲ.①太阳能发电-高等职业
教育-教材 Ⅳ.①TM615

中国版本图书馆 CIP 数据核字(2013)第 232264 号

书　　名:太阳能光伏发电技术及应用
作　　者:贲礼进　主编

策　　划:吴 飞　　　　　　　　　　读者热线:400-668-0820
责任编辑:何红艳　彭立辉
封面设计:付　巍
封面制作:白　雪
责任印制:李　佳

出版发行:中国铁道出版社(100054,北京市西城区右安门西街 8 号)
网　　址:http://www.51eds.com
印　　刷:北京华正印刷有限公司印刷
版　　次:2013 年 12 月第 1 版　　　2013 年 12 月第 1 次印刷
开　　本:787mm×1092mm　1/16　印张:12.5　字数:304 千
印　　数:1~2500 册
书　　号:ISBN 978-7-113-16723-3
定　　价:25.00 元

随着人类社会的不断发展，人们的经济及文化活动需要消耗大量的能源。目前，人类利用的电能主要有三种：火电、水电、核电。但是由于煤炭和石油资源的有限性和分布的不均匀性，造成了世界上大部分国家能源供应不足，不能满足经济、社会发展的需要，并且由于储存量有限，煤炭和石油等能源正面临着枯竭的危险。另外，由于燃烧煤、石油等矿物燃料，每年有数十万吨硫等有害物质排向天空，使大气环境遭到严重污染，同时由于大量排放二氧化碳等气体而使地球产生明显的温室效应，引起全球气候变化；水力发电受到水力资源的限制和季节的影响，并且有时会破坏当地的生态平衡；核电在正常情况下固然是干净的，但万一发生类似福岛核电站、切尔诺贝利核电站的核泄漏事故，后果同样十分严重，并且核废料的处理至今仍然是一个全球性难以解决的问题。

因此，发展新能源，寻求可替代能源，减少人类对化石能源的依赖，可以减少二氧化碳的排放，保证社会经济健康可持续发展，已成为世界共识。太阳能作为一种可再生能源，具有清洁、使用无污染、分布广泛、取之不尽、用之不竭的特点。低成本使用太阳能发电是解决能源危机和环境问题的有效手段之一，世界各国政府予以高度重视。

中国太阳能资源非常丰富，理论储量达每年 17 000 亿吨标准煤，太阳能资源开发利用的潜力非常广阔。2006 年 1 月 1 日施行的《中华人民共和国可再生能源法》，2008 年 4 月 1 日施行的《中华人民共和国节约能源法》，财政部、住建部于 2009 年 3 月 26 日出台的《推进太阳能光电建筑应用的实施意见和补助办法》，以及财政部、科技部、国家能源局联合启动的"金太阳示范工程"，有效促进了我国太阳能产业的发展。

南通纺织职业技术学院按照《教育部、财政部关于支持高等职业学校提升专业服务产业发展能力的通知》（教职成[2011]11 号）精神，会同欧贝黎新能源科技股份有限公司、国电江苏龙源风力发电有限公司、韩华新能源科技股份有限公司等多家新能源行业知名企业多次深入研讨，在充分论证的基础上，制定了新能源应用技术专业建设方案。为配合专业教学建设，编写了这套新能源应用技术专业系列教材，本书是该系列教材其中之一。

本书以完成四个工作项目的形式展开，首先通过具体的太阳能光伏发电系统的项目设计，介绍太阳能光伏发电系统的设计方法及相关知识点，接着通过太阳能电池组件的设计、太阳能控制器的设计、太阳能逆变器的设计，使读者对太阳能发电所涉及的具体部件的原理、技术参数及相关技能有深入的了解和掌握。

本书由南通纺织职业技术学院贲礼进担任主编，张新亮、陈继永担任副主编。具体编写分工：项目一、项目四由贲礼进编写，项目二由陈继永编写，项目三由张新亮编写。

本书在编写过程中得到了南通纺织职业技术学院新能源教研室教师、江苏省风光互补发电工程技术研究开发中心相关技术人员的大力支持和帮助，在此深表感谢。

　　尽管我们力图使本书内容翔实并有新意，但由于编者水平有限，书中难免存在疏漏与不足之处，敬请广大读者批评指正。

编　者

2013 年 8 月

目 录

项目一 太阳能光伏发电系统设计与施工

学习目标

通过完成太阳能光伏发电系统的设计与施工，达到如下目标：

① 理解太阳能光伏发电的原理。

② 了解太阳能光伏发电系统的组成。

③ 了解太阳能光伏发电系统施工相关要求。

④ 初步掌握太阳能光伏发电系统的设计方法。

项目描述

为西安地区某工地用户设计一生活用的太阳能电源，进行发电系统的设计，完成部件的选型。要求该系统能基本解决该地用户基本用电需求。系统要求的蓄能天数为 7 天，蓄电池放电深度为 75％。太阳能光伏发电系统所要带动的负载：

① 1 个 10 W 节能灯，日均工作 4 h；

② 1 个 100 W 的 21 英寸彩电，日均工作 3 h；

③ 其他小型电器如手机充电器等，功率合计 5 W，日均工作 1 h。

相关知识

一、太阳能光伏发电系统的原理及组成

太阳能（solar energy）是太阳内部连续不断的核聚变反应过程产生的能量，是各种可再生能源中最重要的基本能源，也是人类可利用的最丰富的能源。太阳每年投射到地面上的辐射能高达 1.05×10^{18} kW·h，相当于 1.3×10^6 亿吨标准煤，大约为全世界目前 1 年耗能的 10 000 多倍。按目前太阳的质量消耗速率计，可维持 6×10^{10} 年，可以说太阳能是"取之不尽，用之不竭"的能源。在地球大气层之外，地球与太阳平均距离处，垂直于太阳光方向的单位面积上的辐射能基本上为一个常数。这个辐射强度称为太阳常数，或称此辐射为大气质量为零（AM0）的辐射，其值为 1.367 kW/m²。太阳是距离地球最近的恒星，是由炽热气体构成的一个巨大球体，中心温度约为 1.5×10^7 K，表面温度接近 5 800 K，主要由氢（约占 80％）和氦（约占 19％）组成。晴天，决定总入射功率的最重要的参数是光线通过大气层的路程。太阳在头顶正上方时，路程最短，实际路程和此最短路程之比称为光学大气质量系数。光学大气质量系数与太阳天顶角有关。当太阳天顶角为 0°时，光学大气质量系数为 1，记为 AM1；天顶角为

60°时,大气质量系数为 2,记为 AM2。天顶角为 48.2°时,大气质量系数为 1.5,记为 AM1.5,被定为太阳能光伏业界的标准。

地球上的风能、水能、海洋温差能、波浪能和生物质能以及部分潮汐能都是来源于太阳;即使是地球上的化石燃料(如煤、石油、天然气等),从根本上说也是远古时期贮存下来的太阳能,所以广义的太阳能所包括的范围非常大。狭义的太阳能则限于太阳辐射能的光热、光电和光化学的直接转换。太阳能既是一次能源,又是可再生能源。它资源丰富,既可免费使用,又无须运输,对环境无任何污染。太阳能的利用主要通过光－热、光－电、光－化学、光－生物质等几种转换方式实现。

太阳能光伏发电系统(solar photovoltaic energy system,简称太阳能发电系统、光伏发电系统、光伏系统)是利用光生伏打效应原理制成的太阳能电池将太阳辐射能直接转换成电能的发电系统,也称太阳光伏能源系统。太阳能光伏发电系统分为并网型太阳能光伏发电系统和离网型太阳能光伏发电系统。没有与公用电网相连接的太阳能光伏发电系统称为离网(或独立)太阳能光伏发电系统,与公共电网相连接的太阳能光伏发电系统称为并网(或联网)太阳能光伏发电系统。并网型太阳能光伏发电系统是将所发电量送入电网;离网型太阳能光伏发电系统是将所发电量在当地使用,不并入电网,也称独立太阳能光伏发电系统。离网运行的光伏发电系统中,根据系统中用电负载的特点,可分为直流系统、交流系统、交直流混合系统。对于并网型太阳能光伏发电系统,要求全年所发电量尽可能最大;对于离网型太阳能光伏发电系统则要求全年发电量尽可能均衡,以满足负载需要。离网型太阳能光伏发电系统与并网型太阳能发电系统的最大区别是前者一般需要蓄电池来储存电能。图 1-1 是离网型太阳能光伏发电系统典型组成示意图,它包括太阳能电池方阵、控制器、蓄电池组、直流/交流逆变器、负载(交流负载和直流负载)等部分组成。

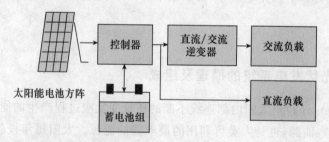

图 1-1 离网型太阳能光伏发电系统典型组成示意图

并网型太阳能光伏发电系统中需要防止孤岛效应。孤岛效应是指当电网供电因故障或停电维修而跳脱时,各个用户端的分布式并网发电系统(如太阳能光伏发电、风力发电、燃料电池发电等)未能即时检测出停电状态而将自身切离市电网络,形成由分布电站并网发电系统和周围负载组成的一个自给供电的"孤岛"。

"孤岛"一旦产生,将会危及电网输电线路上维修人员的安全;影响配电系统上的保护开关的动作程序,冲击电网保护装置;影响传输电能质量,电力孤岛区域的供电电压与频率将不稳定;当电网供电恢复后会造成相位不同步;单相分布式发电系统会造成系统三相负载欠相供电。因此,一个并网系统必须能够进行防孤岛效应检测,逆变器直接并网时,除了应具有基本的保护功能外,还应具备防止孤岛效应的特殊功能。从用电安全与电能质量考虑,孤岛效应是不允许出现的。一旦发生孤岛效应,必须快速、准确地切除并网逆变器向电网供电。

1. 太阳能电池方阵

太阳能光伏发电系统最核心的器件是太阳能电池。太阳能电池方阵(简称方阵)由若干太阳能电池组件(简称组件)组成,太阳能电池组件由若干太阳能电池单体(简称单体也称太阳能电池片,电池片)构成,太阳能电池单体是光电转换的最小单元,如图1-2(a)所示。太阳能电池单体的工作电压为0.4～0.5 V,工作电流为20～25 mA/cm²,一般不能单独作为电源使用。将太阳能电池单体进行串并联封装后,就成为太阳能电池组件,其功率一般为几瓦至几百瓦,是可以单独作为电源使用的最小单元,如图1-2(b)所示。太阳能电池组件再经过串并联组合安装在支架上,就构成了太阳能电池方阵,可以满足负载所要求的输出功率,如图1-2(c)所示。

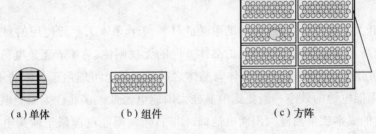

(a) 单体 　　　　　(b) 组件 　　　　　(c) 方阵

图 1-2 　太阳能电池单体、组件和方阵

1) 光生伏打效应

在硅晶体中掺入硼等三价元素时,硅晶体中就会产生空穴,此时的半导体称为P型半导体。若在硅中掺入磷等五价元素,杂质原子最外层的5个电子只能有4个和相邻的硅原子形成共价键,剩下一个电子不能形成共价键,但仍受杂质中心的约束,只是比共价键的约束弱得多,只要很小的能量便会摆脱束缚,所以该电子变得非常活跃,称为自由电子,此时的半导体称为N型半导体。

当硅掺杂形成的P型半导体和N型半导体结合在一起时,在两种半导体的交界面区域里会形成一特殊的薄层,界面的P型一侧带负电,N型一侧带正电。这是由于P型半导体多空穴,N型多自由电子,出现了浓度差。N区的自由电子会扩散到P区,P区的空穴会扩散到N区,一旦扩散就形成一个由N区指向P区的"内电场",从而阻止扩散继续进行。当扩散达到平衡后,就形成一个特殊的薄层,这就是PN结。

晶体硅太阳能电池单体由一个晶体硅片组成,在晶体硅片的上表面紧密排列着金属栅线,下表面是金属层。硅片本身是P型硅,表面扩散层是N区,在这两个区的连接处就是PN结。太阳能电池单体的顶部被一层抗反射膜所覆盖,以便减少太阳能的反射损失。

量子物理学认为,太阳光是由光子组成,而光子是包含有一定能量的微粒,能量的大小由光的波长决定。光子被晶体硅吸收后,在PN结中产生一对正负电荷,由于在PN结区域的正负电荷被分离,因而就产生了电压,由于电压的单位是伏[特],人们就称该现象为"光生伏打效应",这就是太阳能电池的理论基础。太阳能电池的光谱响应是指一定量的单色光照到太阳能电池上,产生的光生载流子被收集后形成的光生电流的大小。因此,它不仅取决于光生载流子的多少,而且取决于收集效率。

将一个负载连接在太阳能电池的上下两表面间时,将有电流通过该负载,太阳能电池吸收的光子越多,产生的电流也就越大。光子的能量由波长决定,低于基能能量的光子不能产生自由电子,一个高于基能能量的光子将仅产生一个自由电子,多余的能量将使电池发热,伴随能量的损失,太阳能电池的效率下降。

2)太阳能电池的种类

目前世界上有 3 种已经商品化的太阳能电池:单晶硅太阳能电池、多晶硅太阳能电池和非晶硅太阳能电池,分别如图 1-3 所示,对于单晶硅和多晶硅太阳能电池,外形尺寸一般为 125 cm×125 cm 和 156 cm×156 cm 两种,也就是业内简称的 125 太阳能电池和 156 太阳能电池。

对于单晶硅太阳能电池,其所使用的单晶硅材料与半导体工业所使用的材料具有相同的品质,成本比较高。多晶硅太阳能电池的晶体方向的无规则性,意味着正负电荷对并不能全部被 PN 结电场所分离,因为电荷对在晶体与晶体之间的边界上可能由于晶体的不规则而损失,所以多晶硅太阳能电池的效率一般要比单晶硅太阳能电池低。多晶硅太阳能电池用铸造的方法生产,所以它的成本比单晶硅太阳能电池低。非晶硅太阳能电池属于薄膜电池,造价低廉,但光电转换效率比较低,稳定性也不如晶体硅太阳能电池,目前多数用于弱光性电源,如手表、计算器等。非晶硅太阳能电池具有一定的柔性,可生产为柔性太阳能电池,如图 1-4 所示。

(a)单晶硅太阳能电池　(b)多晶硅太阳能电池　(c)非晶硅太阳能电池

图 1-3　太阳能电池的种类

图 1-4　柔性太阳能电池

太阳能电池直流模型的等效电路图如图 1-5 所示。其中 I_L 为光生电流,I_D 为通过二极管的电流,R_s 为串联电阻,R_{sh} 为并联电阻,R_L 为负载,I 为输出电流,V 为输出电压。

太阳能电池最大输出功率与太阳光入射功率的比值称为转换效率。其计算式为:

$$\eta = \frac{p_m}{p_{in}} \times 100\% = \frac{I_m}{p_{in}} V_m \times 100\%$$

式中:η 为转换效率;p_{in} 为太阳光入射功率;p_m 为太阳能电池最大输出功率;I_m 与 V_m 分别为最大输出功率对应的电流与电压。

目前单晶硅太阳能电池的实验室最高转换效率为 24.7%,由澳大利亚新南威尔士大学于 1998 年创造并保持至今。目前产品化单晶硅太阳能电池的光电转换效率为 17%~19%,产品化多晶硅太阳能电池的光电转换效率为 $12\%\sim14\%$，产品化非晶硅太阳能电池的光电转换效率为 $5\%\sim8\%$。

太阳能电池的测试必须在标准条件下进行，地面用太阳能电池标准测试条件：温度为 $25℃$，光学大气质量系数为 AM1.5 的太阳光光谱，辐射能量密度为 $1\ 000\ \text{W/m}^2$。

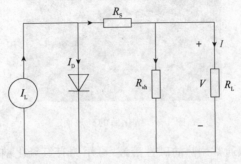

图 1-5　太阳电池直流模型的等效电路图

3）太阳能电池生产工艺

生产太阳能电池片的工艺比较复杂，一般要经过硅片切割检测、表面制绒、扩散制结、去磷硅玻璃、等离子刻蚀、镀减反射膜、丝网印刷、快速烧结和检测分装等主要步骤，如图 1-6 所示。本节主要介绍的是晶体硅太阳能电池片生产的一般工艺。

图 1-6　太阳能电池生产工艺流程框图

（1）硅片切割。硅片的切割加工是将硅锭经表面整形、切割、研磨、腐蚀、抛光、清洗等工艺，加工成具有一定宽度、长度、厚度、晶向和高度、表面平行度、平整度、光洁度，表面无缺陷、无崩边、无损伤层，高度完整、均匀、光洁的镜面硅片。将硅锭按照技术要求切割成硅片，才能作为生产制造太阳能电池的基体材料。因此，硅片的切割，即通常所说的切片，是整个硅片加工的重要工序。所谓切片，就是硅锭通过镶铸金刚砂磨料的刀片（或钢丝）的高速旋转、接触、磨削作用，定向切割成为要求规格的硅片。切片工艺技术直接关系到硅片的质量和成品率。切片的方法主要有外圆切割、内圆切割、多线切割以及激光切割等。

切片工艺技术的要求：①切割精度高，表面平行度高，翘曲度和厚度公差小；②断面完整性好，消除拉丝、刀痕和微裂纹；③提高成品率，缩小刀（钢丝）切缝，降低原材料损耗；④提高切割速度，实现自动化切割。

（2）硅片检测。硅片是太阳能电池片的载体，硅片质量的好坏直接决定了太阳能电池片转换效率的高低，因此需要对硅片进行检测。该工序主要对硅片的一些技术参数进行在线测量，这些参数主要包括硅片表面不平整度、少子寿命、电阻率、P/N 型和微裂纹等。

（3）表面制绒。硅绒面的制备是利用硅的各向异性腐蚀，在每平方厘米硅片表面形成几百万个四面方锥体(即金字塔结构)。由于入射光在硅片表面的多次反射和折射,增加了光的吸收,提高了电池的短路电流和转换效率。绒化后的硅表面如图 1-7 所示。

图 1-7　绒化后的硅表面

硅片的各向异性腐蚀液通常用热的碱性溶液,可用的有氢氧化钠、氢氧化钾、氢氧化锂和乙二胺等。通常使用廉价的浓度约为 1%的氢氧化钠稀溶液来制备绒面硅,腐蚀温度为 70～85℃。为了获得均匀的绒面,还应在溶液中酌量添加醇类,如乙醇和异丙醇等作为络合剂,以加快硅片的腐蚀。制备绒面前,硅片须先进行初步表面腐蚀,用碱性或酸性腐蚀液蚀去 20～25μm。在腐蚀绒面后,进行一般的化学清洗。经过表面制绒的硅片都不宜在水中久存,以防沾污,应尽快扩散制结。

(4) 扩散制结。太阳能电池需要一个大面积的 PN 结以实现光能到电能的转化,而扩散炉即为制造太阳能电池 PN 结的专用设备。管式扩散炉主要由石英舟的上下载部分、废气室、炉体部分和气柜部分等四大部分组成。扩散一般用三氯氧磷液态源作为扩散源。把 P 型硅片放在管式扩散炉的石英容器内,在 850～900℃高温下使用氮气将三氯氧磷带入石英容器,三氯氧磷和硅片进行反应,得到磷原子。经过一定时间,磷原子从四周进入硅片的表面层,并且通过硅原子之间的空隙向硅片内部渗透扩散,形成了 N 型半导体和 P 型半导体的交界面,也就是 PN 结。这种方法制出的 PN 结均匀性好,方块电阻的不均匀性小于 10%,少子寿命可大于 10 ms。制造 PN 结是太阳电池生产最基本也是最关键的工序。因为正是 PN 结的形成,才使电子和空穴在"流动"后不再回到原处,这样就形成了电流,用导线将电流引出,就是直流电。

(5) 刻蚀。由于在扩散过程中,即使采用背靠背扩散,硅片的所有表面包括边缘都将不可避免地扩散上磷。PN 结的正面所收集到的光生电子会沿着边缘扩散有磷的区域运动到 PN 结的背面,而造成短路。因此,必须对太阳能电池周边的掺杂硅进行刻蚀,以去除电池边缘的 PN 结。

在太阳能电池制造过程中,单晶硅与多晶硅的刻蚀通常包括湿法刻蚀和干法刻蚀,两种方法各有优劣,各有特点。干法刻蚀是利用等离子体将不需要的材料去除(亚微米尺寸下刻蚀器件采用的最主要方法);湿法刻蚀是利用腐蚀性液体将不需要的材料去除。

湿法刻蚀是利用特定的溶液与薄膜间所进行的化学反应来去除薄膜未被光刻胶掩膜覆盖的部分,而达到刻蚀的目的。因为湿法刻蚀是利用化学反应来进行薄膜的去除,而化学反应本身不具方向性,因此湿法刻蚀过程为等向性。相对于干法刻蚀,除了无法定义较细的线宽外,湿法刻蚀仍有以下缺点:①反应溶液及去离子水成本较高;②化学药品处理时人员所遭遇的安全问题；③光刻胶掩膜附着性问题；④气泡的形成及化学腐蚀液无法完全与晶片表面接触所造成的不完全及不均匀的刻蚀。

通常采用等离子刻蚀技术完成。等离子刻蚀是在低压状态下，反应气体 CF_4 的母体分子在射频功率的激发下，产生电离并形成等离子体。等离子体是由带电的电子和离子组成，反应腔体中的气体在电子的撞击下，除了转变成离子外，还能吸收能量并形成大量的活性反应基团。活性反应基团由于扩散或者在电场作用下到达 SiO_2 表面，在那里与被刻蚀材料表面发生化学反应，并形成挥发性的反应生成物脱离被刻蚀物质表面，被真空系统抽出腔体。

（6）镀减反射膜。抛光硅表面的反射率为 35%，为了减少表面反射，提高电池的转换效率，需要沉积一层氮化硅减反射膜（又称增透膜）。现在工业生产中常采用 PECVD 设备制备减反射膜。PECVD 即等离子增强型化学气相沉积。它的技术原理是利用低温等离子体作能量源，样品置于低气压下辉光放电的阴极上，利用辉光放电使样品升温到预定的温度，然后通入适量的反应气体 SiH_4 和 NH_3，气体经一系列化学反应和等离子体反应，在样品表面形成固态薄膜即氮化硅薄膜。一般情况下，使用这种等离子增强型化学气相沉积的方法沉积的薄膜厚度为 70 nm 左右。这种厚度的薄膜具有光学的功能性。利用薄膜干涉原理，可以使光的反射大为减少，电池的短路电流和输出就有很大增加，转换效率也有相当大的提高。

（7）丝网印刷。太阳能电池经过制绒、扩散、刻蚀、镀减反射膜等工序后，可以在光照下产生电流，为了将产生的电流导出，需要在电池表面上制作正、负两个电极。制造电极的方法很多，而丝网印刷是目前制作太阳能电池电极最普遍的一种生产工艺。丝网印刷是采用压印的方式将预定的图形印刷在基板上，该设备由电池背面银铝浆印刷、电池背面铝浆印刷和电池正面银浆印刷三部分组成。其工作原理：利用丝网图形部分网孔透过浆料，用刮刀在丝网的浆料部位施加一定压力，同时朝丝网另一端移动；油墨在移动中被刮刀从图形部分的网孔中挤压到基片上；由于浆料的黏性作用使印迹固着在一定范围内，印刷中刮板始终与丝网印版和基片呈线性接触，接触线随刮刀移动而移动，从而完成印刷过程。

（8）高温烧结。经过丝网印刷后的硅片，不能直接使用，需经烧结炉高温烧结，将有机树脂黏合剂燃烧掉，剩下几乎纯粹的、由于玻璃质作用而密合在硅片上的银电极。当银电极和晶体硅的温度达到共晶温度时，晶体硅原子以一定的比例融入到熔融的银电极材料中，从而形成上下电极的欧姆接触，提高电池片的开路电压和填充因子两个关键参数，使其具有电阻特性，以提高电池片的转换效率。烧结炉分为预烧结、烧结、降温冷却三个阶段。预烧结阶段目的是使浆料中的高分子粘合剂分解、燃烧掉，此阶段温度慢慢上升；烧结阶段中烧结体内完成各种物理、化学反应，形成电阻膜结构，使其真正具有电阻特性，该阶段温度达到峰值；降温冷却阶段，玻璃冷却硬化并凝固，使电阻膜结构固定地黏附于基片上。

（9）测试分选。对于制作太阳能电池而言，印刷烧结后的电池片已经算是完成了电池片的制作过程，但是要分辨太阳能电池的好坏，还需要对电池片进行测试分选。测试内容是按照电池参数及外观尺寸的标准对太阳能电池片进行选择，只有符合要求的电池片才能够用来进行组件的制作。

测试系统的原理一般是通过模拟标准太阳光脉冲照射太阳能电池表面产生光电流，光电流通过可编程式模拟负载,负载装置将采样到的电流、电压,标准片检测到的光强以及感温装置检测到的环境温度值,通过RS-232接口传送给监控软件进行计算和修正,得到太阳能电池的各种指标和曲线,然后根据结果进行分类和输出。测试的原理图如图 1-8 所示,其中 PV 为待测太阳能电池片,V 为电压测量装置,A 为电流测量装置,R_L 为可编程式模拟负载。

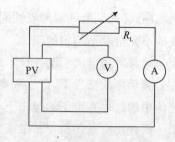

图 1-8　测试系统测试原理图

（10）包装入库。太阳能电池经过测试分选后,即可进行包装入库工作。

4）太阳能电池组件

一个太阳能电池单体只能产生大约 0.5 V 电压,远低于实际应用所需要的电压。为了满足实际应用的需要,需把太阳能电池通过串并联的方式连接起来,形成太阳能电池组件。太阳能电池组件包含一定数量的太阳能电池片,这些太阳能电池片通过导线相互连接。太阳能电池组件的生产流程一般如图 1-9 所示。

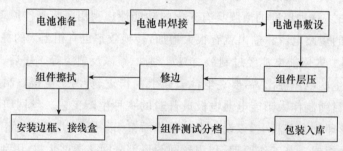

图 1-9　太阳能电池组件生产流程

一个太阳能电池组件上,太阳能电池单体的数量如果是 36 片,这意味着一个太阳能电池组件大约能产生 18 V 的电压,能为一个额定电压为 12 V 的蓄电池进行有效充电。对于大功率需求,太阳能电池组件上电池片的数量一般为 72 片,大约能产生 36 V 的电压。

通过导线连接的太阳能电池单体被密封成的物理单元称为太阳能电池组件(简称组件)。它具有一定的防腐、防风、防雹、防雨等能力,广泛应用于各个领域和系统。当需要较高的电压和电流而单个组件不能满足要求时,可将多个组件组成太阳能电池方阵,以获得所需要的电压和电流。太阳能电池组件实物如图 1-10 所示。

太阳能电池组件的可靠性在很大程度上取决于其防腐、防风、防雹、防雨等的能力。其质量好坏取决于边沿的密封以及组件背面接线盒的质量。太阳能电池单体被镶嵌在一层聚合物中。

组件的电气特性主要是指电流－电压输出特性,又称 I-V 特性曲线,如图 1-11 所示。其中,I 为电流,I_{sc} 为短路电流,I_m 为最大工作电流,V 为电压,V_{oc} 为开路电压,V_m 为最大工作电压。I-V 特性曲线显示了通过太阳能电池组件传送的电流 I_m 与电压 V_m 在特定的太阳辐照度下的关系。如果太阳能电池组件电路短路,即 $V=0$,此时的电流称为短路电流 I_{sc}。当日照条件达到一定程度时,日照的变化会引起短路电流较明显的变化。如果电路开路(即断路),即 I

＝0,此时的电压称为开路电压 V_{oc}。太阳能电池组件的输出功率等于通该组件的电流与该组件两端电压的乘积,即 $P=VI$。

图 1-10　太阳能电池组件实物

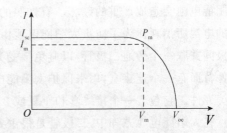

图 1-11　太阳能电池组件的
电流-电压特性曲线

当太阳能电池组件的电压上升时,例如负载的电阻值增加或组件的电压从零(短路条件下)开始增加时,组件的输出功率亦从 0 开始增加。当电压达到一定值时,功率可达到最大,这时当电压继续增加时,功率将跃过最大值逐渐减小至零,即电压达到开路电压 V_{oc}。太阳能电池组件的内阻呈现出强烈的非线性。组件的输出功率达到的最大点,称为最大功率点。该点所对应的电压,称为最大功率点电压 V_m(又称最大工作电压);该点所对应的电流,称为最大功率点电流 I_m(又称最大工作电流);该点的功率,称为最大功率 P_m。

随着太阳能电池温度的增加,开路电压减小,大约每升高 1℃,每个太阳能电池单体的电压减小 5 mV,相当于在最大功率点的典型温度系数为－0.4%/℃。也就是说,如果太阳能电池温度每升高 1℃,则最大功率减少 0.4%。所以,太阳辐射较强的夏天,尽管太阳辐射量比较大,如果通风不好,导致太阳能电池温升过高,也不会输出很大功率。

由于太阳能电池组件的输出功率受太阳辐照度、太阳能光谱的分布和太阳能电池温度的影响,因此太阳能电池组件的测量在标准条件下(STC)进行,测量条件被欧洲委员会定义为101 号标准,其条件是:光谱辐照度为 1000 W/m²;大气质量系数为 AM1.5;太阳能电池温度为 25℃。在该条件下,太阳能电池组件所输出的最大功率称为峰值功率,表示为 W_p(peak watt)。在很多情况下,组件的峰值功率通常用太阳模拟仪测定并和国际认证机构的标准化的太阳能电池进行比较。

在衡量太阳能电池的输出特性参数中,表征最大输出功率与太阳能电池短路电流和开路电压乘积比值的是填充因子。填充因子定义为最大输出功率 $I_m V_m$ 与极限输出功率 $I_{sc} V_{oc}$ 之比,通常以 FF 表示,即

$$FF = \frac{I_m V_m}{I_{sc} V_{oc}}$$

填充因子越大,太阳能电池性能就越好。优质太阳能电池的 FF 值可高达 0.8 以上。

在户外测量太阳能电池组件的峰值功率是很困难的,因为太阳能电池组件所接受到的太阳光的实际光谱取决于大气条件及太阳的位置;此外,在测量过程中,太阳能电池的温度也是

不断变化的。因此,在户外测量的误差很容易超到 10%。太阳能电池方阵安装时要进行测试,其测试条件是太阳总辐照度不低于 $700~\mathrm{mW/cm^2}$。

如果太阳能电池组件被其他物体(如鸟粪、树的枝叶等)长时间遮挡,被遮挡的太阳能电池组件将会严重发热,会影响整个太阳能电池方阵的输出功率,这就是"热斑效应"。这种效应对太阳能电池会造成严重的破坏。有光照的电池所产生的部分能量甚至所有能量,都可能被遮蔽的电池所消耗。为了防止太阳能电池由于热斑效应而被破坏,需要在太阳能电池组件的正负极间并联一个旁通二极管,以避免接受光照的组件所产生的能量被受遮蔽组件所消耗。在组件背面有一个连接盒,用来保护太阳能电池与外界的交界面、各组件内部连接的导线和其他系统元件。它包含一个接线盒和 1 只或 2 只旁路二极管。

在太阳能电池方阵中,二极管是很重要的器件,常用的二极管多为硅整流二极管,在选用时要留有余量,防止击穿损坏。一般反向峰值击穿电压和最大工作电流都要取最大运行工作电压和工作电流的 2 倍以上。太阳能光伏发电系统中主要采用两类二极管:

(1)防反充(防逆流)二极管。防反充二极管的作用:一是防止太阳能电池组件或方阵在不发电时,蓄电池的电流反过来向组件或方阵倒送,不但消耗能量,而且会使组件或方阵发热甚至损坏;二是在电池方阵中,防止方阵各支路之间的电流倒送。这是因为串联各支路的输出电压不可能绝对相等,各支路电压总有高低之差,或者某一支路由于发生故障、阴影遮蔽等使该支路的输出电压降低,高电压支路的电流就会流向低电压支路,甚至会使方阵总体输出电压降低。在各支路中串联接入防反充二极管就防止了这一现象的发生。

(2)旁路二极管。当有较多的太阳能电池组件串联组成电池方阵或电池方阵的一个支路时,需要在每块电池板的正负极输出端反向并联 1～3 只二极管,这个并联在组件两端的二极管就称为旁路二极管。

太阳能电池方阵中的某个组件或组件中的某一部分被阴影遮挡或出现故障停止发电时,在该组件旁路二极管两端会形成正向偏压使二极管导通,电池方阵工作电流绕过故障组件,经二极管流过,不影响其他正常组件的发电,同时也保护旁路组件,避免受到较高的正向偏压或由于"热斑效应"发热而损坏。

旁路二极管一般都直接安装在接线盒内,根据组件功率大小和电池片串的多少,安装 1～3 个二极管。旁路二极管也不是任何场合都需要的,当组件单独使用或并联使用时,便不需要安装旁路二极管。对于组件串联数量不多且工作环境较好的场合,也可以考虑不安装旁路二极管。

2. 控制器

1)控制器的类型和功能

太阳能光伏发电系统控制器(后文简称控制器)主要由控制电路、开关元件和其他基本电子元件组成,它是太阳能光伏发电系统的核心部件之一,也是系统平衡的主要组成部分。在小型太阳能光伏发电系统应用中,控制器主要起保护蓄电池并对蓄电池进行充放电控制的作用。在大中型太阳能光伏发电系统中,控制器承担着平衡系统能量,保护蓄电池及整个系统正常工作和显示系统工作状态等重要作用。控制器可以单独使用,也可与逆变器等合为一体。

　　控制器是离网型太阳能光伏发电系统中至关重要的部件,其主要功能是对系统中的储能元件——蓄电池进行充放电控制,以免蓄电池在使用过程中出现"过充"或"过放"的现象,影响蓄电池寿命,从而提高系统的可靠性。一般的太阳能光伏发电系统要求控制器要具备防止蓄电池"过充"、防止蓄电池"过放"、提供负载控制、控制器工作状态信息显示、防雷、防反接、数据传输接口或联网控制等功能。

　　控制器按电路方式的不同分为并联型、多路控制型、串联型、脉宽调制型、最大功率跟踪型和两阶段双电压控制型;按放电过程控制方式的不同,可分为剩余电量(SOC)放电全过程控制型和常规过放电控制型;按电池组件输入功率和负载功率的不同,可分为专用型(如草坪灯控制器)、小功率型、中功率型和大功率型等。对于应用了微处理器的电路,可实现智能控制和软件编程,并附带远程通信功能、自动数据采集和数据显示的控制器,称为智能控制器。

　　图 1-12 为一种常用的太阳能光伏发电系统控制器的外观图。

图 1-12　太阳能光伏发电系统控制器的外观图

控制器的功能:

(1) 防止蓄电池过充电与过放电,延长蓄电池使用寿命;

(2) 防止蓄电池、太阳能电池板或电池方阵极性接反;

(3) 防止逆变器、控制器、负载与其他设备内部短路;

(4) 能够保护雷击引起的击穿;

(5) 具有温度补偿功能;

(6) 显示太阳能光伏发电系统的各种状态,即环境温度状态、故障报警、电池方阵工作状态、蓄电池(组)电压、辅助电源状态、负载状态等。

2) 控制器的主要技术参数

(1) 最大工作电流。最大工作电流是指控制器工作时的最大电流,可用电池方阵或组件输出的最大电流来表征,或用蓄电池的充电电流来表征,根据功率大小分为 5 A、6 A、8 A、10 A、12 A、15 A、20 A、30 A、40 A、50 A、70 A、100 A、150 A、200 A、250 A、300 A 等多种规格。有些厂家用太阳能电池组件最大功率来表示这一参数,间接地体现了最大工作电流这一技术参数。

(2) 系统电压。系统电压也称额定工作电压,指太阳能光伏发电系统的直流工作电压,一般为 12 V 和 24 V,中型与大型功率控制器的工作电压可达有 48 V、110 V、220 V 等。

（3）电路自身损耗。电路自身损耗也称静态电流（空载损耗）或最大自消耗电流。为了降低控制器的损耗,提高光伏电源的转化效率,控制器的电路自身损耗要尽可能低。控制器的最大自身损耗不得超过其额定充电电流的 1% 或 0.4 W。根据电路不同,电路自身损耗一般为 $5\sim20$ mA。

（4）太阳能电池方阵输入路数。小功率控制器一般都是单路输入,大功率控制器都是由太阳能电池方阵多路输入,一般大功率光伏控制器可输入 6 路,最多的可输入 12 路、18 路。

（5）工作环境温度。控制器的工作环境温度范围由于厂家不同一般在 $-20℃\sim+50℃$ 之间。

（6）蓄电池过充电保护电压（HVD）。蓄电池过充电保护电压也称充满断开电压或过压关断电压,一般可根据需要及蓄电池类型的不同,设定为 $14.1\sim14.5$ V（12 V 系统）、$56.4\sim58$ V（48 V 系统）和 $28.2\sim29$ V（24 V 系统）,典型值分别为 14.4 V、57.6 V 和 28.8 V。蓄电池充电保护的关断恢复电压（HVR）一般设定为 $13.1\sim13.4$ V（12 V 系统）、$26.2\sim26.8$ V（24 V 系统）和 $52.4\sim53.6$ V（48 V 系统）,典型值分别为 13.2 V、26.4 V 和 52.8 V。

（7）蓄电池充电浮充电压。蓄电池充电浮充电压一般为 13.7 V（12 V 系统）、27.4 V（24 V 系统）、54.8 V（48 V 系统）。

（8）蓄电池的过放电保护电压（LVD）。蓄电池的过放电保护电压是指欠压关断电压或欠压断开,可根据蓄电池的类型不同与需要,设定为 $43.2\sim45.6$ V（48 V 系统）、$21.6\sim22.8$ V（24 V 系统）和 $10.8\sim11.4$ V（12 V 系统）,典型值为 44.4 V、22.2 V 和 11.1 V。蓄电池过放电保护的关断恢复电压（LVR）,一般设定为 $48.4\sim50.4$ V（48 V 系统）、$24.2\sim25.2$ V（24 V 系统）和 $12.1\sim13.3.1.1$ V（12 V 系统）,典型值为 49.6 V、24.8 V 和 12.4 V。

（9）其他保护功能:

① 防雷击保护功能。控制器输入端应具有防雷击的保护功能,避雷器的额定值和类型应能确保吸收预期的冲击能量。

② 控制器的输出与输入短路保护功能。控制器的输出与输入电路都要具有短路保护电路,提供保护功能。

③ 极性反接保护功能。蓄电池或太阳能电池组件接入控制器,当极性接反时,控制器应具有保护电路的功能。

④ 防反充保护功能。控制器要具有防止蓄电池向太阳能电池反向充电保护功能。

⑤ 耐冲击电流和电压保护。在控制器的太阳能电池输入端施加 1.25 倍的标称电压持续一小时,控制器不应该损坏。将控制器的充电回路电流达到标称电流的 1.25 倍并持续一个小时,控制器也不应该损坏。

3）控制器的发展趋势

（1）具有过充、过放、过载保护、电子短路、独特的防反接保护等全自动控制功能。

（2）具有利用蓄电池放电率特性修正的准确放电控制特性。放电终了电压是通过放电率曲线修正的控制点来表示的,从而消除单纯的电压控制过放的不准确性,符合蓄电池固有的特性,即具有不同的放电率就有不同的终了电压。

（3）运用单片机和专用软件，实现智能控制。

（4）通常采用串联式 PWM（脉冲宽度调制）充电主电路，其充电回路电压的损失比使用二极管的充电电路降低近 1/2，充电效率比非 PWM 充电电路高 3%～6%，增加了用电时间；过放恢复的提升充电方式、正常的直充与浮充自动控制方式使系统有更长的使用寿命；具有高精度温度补偿功能。

（5）使用 LED 发光管指示，直观显示当前蓄电池状态，让用户掌握使用状况。

（6）全部采用工业级芯片（仅对带 I 工业级控制器），使其能在寒冷、高温、潮湿环境里运行自如。同时使用晶振定时控制，提高定时控制精确度。

（7）取消电位器调整控制设定点，而运用 Flash 存储器记录各工作控制点，使设置数字化，消除因电位器振动偏位、温漂等使控制点出现误差，而降低准确性、可靠性的因素。

（8）使用数字 LED 显示及设置，一键式操作即可完成所有设置，使用方便、直观。

（9）全密封防水型（－S）具有完全的防水防潮性能。

4）控制器的配置选型

控制器的配置选型要根据整个系统的各项技术指标并参考生产厂家提供的产品手册来确定。一般要考虑下面几项技术指标：

（1）控制器的额定负载电流。即控制器输出到直流负载或逆变器的直流输出电流，其值要满足负载或逆变器的输入要求。

（2）系统工作电压。指太阳能光伏发电系统中蓄电池组或蓄电池的工作电压，这个电压要根据直流负载的工作电压或逆变器的配置选型确定，一般有 12 V、24 V、48 V、110 V 和 220 V 等。

（3）额定输入路数和电流。控制器的输入路数要等于或多于太阳能电池方阵的设计输入路数。小功率控制器一般只有一路太阳能电池方阵输入，大功率控制器通常采用多路输入，每路输入的最大电流等于额定输入电流，因此，各路电池方阵的输出电流应小于或等于控制器每路允许输入的最大电流值。

控制器的额定输入电流取决于太阳能电池方阵或组件的输入电流，选型时控制器的额定输入电流应大于或等于太阳能电池的输入电流。

除上述主要技术指标要满足设计要求以外，使用环境温度、防护等级、海拔高度和外形尺寸等以及生产厂家和品牌也是控制器配置选型时要考虑的因素。

3. 逆变器

将直流电能变换成为交流电能的过程称为逆变，完成逆变功能的电路称为逆变电路，实现逆变过程的装置称为逆变设备或逆变器。太阳能光伏发电系统中使用的逆变器是一种将太阳能电池所产生的直流电能转换为交流电能的转换装置。由于太阳能电池和蓄电池输出的是直流电，当负载是交流负载时，逆变器是不可缺少的。

逆变器按运行方式，可分为独立运行逆变器和并网逆变器。独立运行逆变器用于独立运行的太阳能光伏发电系统（即离网型太阳能光伏发电系统），为独立负载供电。并网逆变器用于并网运行的太阳能电池发电系统（即并网型太阳能光伏发电系统），将发出的电能输入电网。

逆变器按输出波形,又可分为方波逆变器和正弦波逆变器。方波逆变器电路简单,造价低,但谐波分量大,一般用于几百瓦以下和对谐波要求不高的系统。正弦波逆变器成本高,适用于各种负载。

经过逆变器转换后的交流电的频率、电压和电力系统交流电的频率、电压相一致,以满足为各种设备供电、交流用电装置及并网发电的需要。图 1-13 所示为常见逆变器的外形。

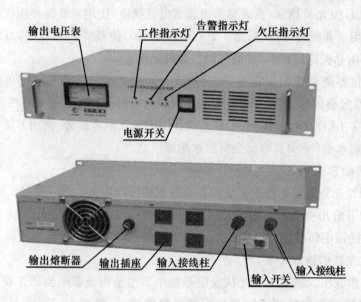

图 1-13 逆变器外形

1) 逆变器简介

逆变器的种类很多,可以按照不同方式进行分类。按照逆变器输出交流电的相数,可分为多相逆变器、三相逆变器和单相逆变器;按照逆变器输出交流电的频率,可分为中频逆变器、工频逆变器和高频逆变器;按照逆变器线路原理不同,可分为自激振荡型逆变器、谐振型逆变器、阶梯波叠加型逆变器和脉宽调制型逆变器等;按照逆变器输出电压的波形,可分为正弦波逆变器、方波逆变器和阶梯波逆变器;按照逆变器输出功率大小不同,可分为大功率逆变器($>10\ \text{kW}$)、中功率逆变器($1\sim10\ \text{kW}$)、小功率逆变器($<1\ \text{kW}$);按照逆变器主电路结构不同,可分为推挽式逆变器、半桥式逆变器、单端式逆变器和全桥式逆变器;按照逆变器输出能量的去向不同,可分为有源逆变器和无源逆变器。

对太阳能光伏发电系统来说,在并网型太阳能光伏发电系统中需要有源逆变器,在离网型太阳能光伏发电系统中需要无源逆变器。

逆变器主要由半导体功率器件和逆变器驱动、控制电路两大部分组成。随着电力电子技术和微电子技术的迅速发展,驱动控制电路与新型大功率半导体开关器件的出现促进了逆变器的快速发展和技术完善。目前的逆变器多数采用功率场效应晶体管(VMOSFET)、静电感应晶体管(SIT)、可关断晶体管(GTO)、绝缘栅极晶体管(IGBT)、MOS 控制晶闸管(MCT)、MOS 控制晶体管(MGT)、静电感应晶闸管(SITH)以及智能型功率模块(IPM)等多种先进且易于控制的大功率器件,控制逆变驱动电路也从模拟集成电路发展到单片机控制,甚至采用数字信号处理器(DSP)控制,使逆变器向着高频化、全控化、节能化、集成化和多功能化方向发展。

表 1-1 所示为逆变器常用的半导体功率开关器件,主要有各种晶闸管、功率场效应晶体管、大功率晶体管及智能型功率模块等。

表 1-1　逆变器常用的半导体功率开关器件

类　型	器件名称	器件符号
单极型器件	功率场效应晶体管	VMOSFET
	静电感应晶体管	SIT
双极型器件	可关断晶体管	GTO
	静电感应晶闸管	SITH
	普通晶闸管	SCR
	双向晶闸管	TRIS
	大功率晶体管	GTR
复合型器件	MOS 控制晶体管	MGT
	MOS 控制晶闸管	MCT
	绝缘栅极晶体管	IGBT
	智能型功率模块	IPM

2) 逆变器的电路构成

逆变器的基本电路构成如图 1-14 所示。在现代电力电子技术中,逆变器除了逆变电路和控制电路以外,一般还有保护电路、辅助电路、输入和输出电路等。

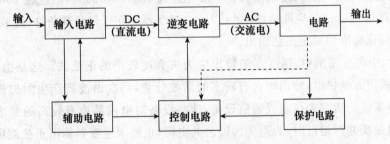

图 1-14　逆变器基本电路构成

(1) 保护电路。保护电路主要包括输入欠压、过压保护,输出过压、欠压保护,过流和短路保护,过热保护,过载保护等。

(2) 控制电路。控制电路主要为主逆变电路提供一系列的控制脉冲,来控制逆变开关器件的导通和关断,配合主逆变电路完成逆变功能。

(3) 主逆变开关电路。主逆变开关电路是逆变电路的核心,其主要作用是通过半导体开关器件的导通和关断完成逆变的功能,简称逆变电路。逆变电路分为非隔离式和隔离式两大类。

(4) 输入电路。输入电路的主要作用是为主逆变电路提供可确保其正常工作的直流工作电压。

(5) 输出电路。输出电路主要是对主逆变电路输出的交流电的波形、电压、电流频率的幅值相位等进行调理、补偿、修正,使之能满足使用需求。

(6) 辅助电路。辅助电路主要将输入电压变换成适合控制电路工作的直流电压,辅助电路还包含多种检测电路。

3) 太阳能光伏发电系统对逆变器的要求

太阳能光伏发电系统对逆变器的要求如下:

(1) 并网型逆变器的输出电压与电网电压同频、同幅值(功率因数为1)、同相,而且其输出还应满足电网的电能质量要求。

(2) 逆变器要具有合理的电路结构、严格的元器件筛选,并要求逆变器具备各种保护功能,如交流输出短路保护、输入直流极性接反保护、过热保护、过载保护等。

(3) 逆变器尽量减少电能变换的中间环节,以节约成本、提高效率。

(4) 逆变器应具有较高的可靠性,目前太阳能光伏发电系统主要应用于边远地区,许多太阳能光伏发电系统无人值守和维护。

(5) 具有较宽的直流输入电压适应范围。由于太阳能光伏阵列的端电压随负载和日照强度而变化,蓄电池虽然对太阳能电池的电压具有钳位作用,但由于蓄电池的电压随蓄电池剩余容量和内阻的变化而波动,特别是当蓄电池老化时其端电压的变化范围很大(如 12 V 蓄电池的端电压可在 10～16 V 之间变化),这就要求逆变器必须在较宽的直流输入电压范围内保证正常工作,并保证交流输出电压稳定在负载要求的电压范围内。

(6) 逆变器应具有较高的效率。由于目前太阳能电池的价格偏高,为了最大限度地利用太阳能电池,提高系统效率,必须提高逆变器的效率。

(7) 逆变器要具有一定的过载能力。一般能过载 125%～150%,当过载 150% 时,应能持续 30 s;当过载到 125% 时,应能持续 60 s 以上。逆变器应在任何负载条件(过载情况除外)和瞬态情况下,保证标准的额定正弦输出。

(8) 在大、中容量系统中,逆变器的输出应为失真度较小的正弦波。这是由于在大、中容量系统中,若采用方波供电,输出将含有较多的谐波分量,高次谐波将产生附加损耗。许多太阳能光伏发电系统的负载为仪表或通信设备,这些设备对电网品质有较高的要求,当中、大容量的光伏发电系统并网运行时,为避免污染公共电网,也要求逆变器输出正弦波电流。对于光伏发电系统的逆变器而言,高质量的输出波形有两方面的指标要求:一是动态性能好,即在外界扰动下调节快,输出波形变化小;二是稳态精度高,包括 THD 值小,基波分量相对参考波形在相位和幅度上无静差。

4) 逆变器的主要技术参数及使用要求

(1) 额定直流输入电压。额定直流输入电压是指太阳能光伏发电系统中输入逆变器的直流电压,中、大功率逆变器电压有 24 V、48 V、110 V、220 V 和 500 V,小功率逆变器输入电压有 12 V 和 24 V 等。

(2) 额定输出效率。额定输出效率是指在规定的工作条件下,输出与输入功率比,通常应在 70% 以上。逆变器的效率会随着负载的大小而改变,当负载率低于 20% 和高于 80% 时,效率要低一些。标准规定逆变器的输出功率在大于等于额定功率的 75% 时,效率应大于等于 80%。

(3) 额定输出电压。逆变器在规定的输入直流电压允许的波动范围内,应能输出额定的电压值,一般在额定输出电压为单相 220 V 和三相 380 V 时,电压波动偏差如下:

① 在正常工作条件下,逆变器输出的三相电压不平衡度不应超过 8%。

② 在稳定状态运行时,一般要求电压波动差不超过额定值的 ±5%。

③ 逆变器输出交流电压的频率在正常工作条件下,其偏差应在 1% 以内。GB/T 19064—2003 规定的输出电压频率应在 49~51 Hz 之间。

④ 在负载突变时,电压偏差不超过额定值的 ±10%。

⑤ 输出的电压波形(正弦波)失真度一般要求不超过 5%。

(4) 负载功率因数。负载功率因数大小表示逆变器带感性负载能力,在正弦波条件下负载功率因数为 0.7~0.9。

(5) 额定直流输入电流。额定直流输入电流是指太阳能光伏发电系统为逆变器提供的额定直流工作电流。

(6) 过载能力。过载能力是要求逆变器在特定的输出功率条件下能持续工作一定的时间,其标准规定如下:

① 输出功率和电压为额定值的 150% 时,逆变器应连续可靠工作 10 s 以上;

② 输出功率和电压为额定值的 125% 时,逆变器应连续可靠工作 1 min 以上;

③ 输出功率和电压为额定值时,逆变器应连续可靠工作 4 h 以上。

(7) 额定输出电流和额定输出容量。额定输出电流是指在规定的负载功率因数范围内逆变器的额定输出电流,其单位 A;额定输出容量是指当输出功率因数是 1(即纯电阻性负载)时,逆变器额定输出电压和额定输出电流的乘积,其单位为 kV·A 或 kW。

(8) 保护功能。太阳能光伏发电系统应具有较高的安全性和可靠性,作为系统重要组成部分的逆变器应具备如下保护功能:

① 短路保护。当逆变器输出短路时,应具有短路保护措施。短路排除后,设备应能正常工作。

② 欠压保护。当输入电压低于规定的欠压断开(LVD)值时,逆变器应能自动关机保护。

③ 极性接反保护。逆变器的正极输入端与负极性输入端接反时,逆变器应能自动保护。待极性正接后,设备应能正常工作。

④ 雷电保护。逆变器应具有雷电保护功能,其防雷器件的技术指标应能保证吸收预期的冲击能量。

⑤ 过电流保护。当工作电流超过额定值的 150% 时,逆变器应能自动保护。当电流恢复正常后,设备又能正常工作。

(9) 电磁干扰和噪声。逆变器中的开关电路极容易产生电磁干扰,容易在铁心变压器上因振动而产生噪声。因而在设计和制造中都必须控制电磁干扰和噪声指标,使之满足有关标准和用户的要求。其噪声要求是:当输入电压为额定值时,在设备高度的 1/2、正面距离为 3 m

处用声级计分别测量 50％额定负载和满载时的噪声，应小于等于 65 dB。

（10）使用环境条件。对于高频高压型逆变器，其工作环境和工作特性、工作状态有关。在高海拔地区，空气稀薄，容易出现电路极间放电，影响工作。在高湿度地区则容易结露，造成局部短路。因此，逆变器都规定了相应的工作范围。

逆变器功率器件的工作温度直接影响到逆变器的波形、输出电压、频率、相位等许多重要特性，而工作温度又与海拔高度、环境温度、工作状态及相对湿度有关。

逆变器的正常使用条件为：环境温度 $-20℃\sim+50℃$，海拔 $\leqslant5500$ m，相对湿度 $\leqslant93\%$，且无凝露。当工作环境和工作温度超出上述范围时，要考虑降低容量使用或重新设计定制。

（11）安全性能要求：

① 绝缘强度。逆变器的直流输入与机壳间应能承受频率为 50 Hz、正弦波交流电压为 500 V、历时 1 min 的绝缘强度试验，无击穿或飞弧现象。逆变器交流输出与机壳间应能承受频率为 50 Hz，正弦波交流电压为 1 500 V，历时 1 min 的绝缘强度试验，无击穿或飞弧现象。

② 绝缘电阻。逆变器直流电输入与机壳间的绝缘电阻应大于等于 50 MΩ，逆变器交流输出与机壳间的绝缘电阻应大于等于 50 MΩ。

（12）直流电压输入范围。逆变器直流输入电压允许在额定直流输入电压的 $90\%\sim120\%$ 范围变化，而不影响输出电压的变化。

4. 蓄电池组

蓄电池组是太阳能光伏电站的贮能装置，由它将太阳能电池方阵从太阳辐射能转换来的直流电转换为化学能贮存起来，以供使用。蓄电池放电时输出的电量与充电时输入的电量之比称为容量输出效率，蓄电池使用过程中，蓄电池放出的容量占其额定容量的百分比称为放电深度。当控制器对蓄电池进行充放电控制时，要求控制器具有输入充满断开和恢复接通的功能。例如，对 12 V 密封型铅酸蓄电池控制时，其恢复连接参考电压值为 13.2 V；又如，对 24 V 密封铅酸蓄电池控制时，其恢复连接参考电压值为 26.4 V。

根据计量条件的不同，电池的容量包括理论容量、实际容量和额定容量。理论容量是根据蓄电池中活性物质的质量按法拉第电磁感应定律计算得到的最高理论值。实际容量是指蓄电池在一定放电条件下实际所能输出的电量，数值上等于放电电流与放电时间的乘积，其数值小于理论容量。额定容量国外也称为标称容量，是按照国家或有关部门颁布的标准，在电池设计时要求电池在一定的放电条件下（通信用蓄电池一般规定在 25℃环境下以 10 小时率电流放电至终止电压）应该放出的最低限度的电量值。

太阳能光伏发电系统对蓄电池组的基本要求：

（1）自放电率低；

（2）使用寿命长；

（3）深放电能力强；

（4）充电效率高；

（5）少维护或免维护；

（6）工作温度范围宽；

(7) 价格低廉。

目前我国与太阳能光伏发电系统配套使用的蓄电池主要是铅酸蓄电池。固定式铅酸蓄电池性能优良,质量稳定,容量较大,价格较低,是目前我国太阳能光伏电站选用的主要贮能装置。根据太阳能光伏发电系统使用的要求,可将蓄电池串并联成蓄电池组。蓄电池组主要有三种运行方式,分别为循环充放电制、定期浮充制、连续浮充制。

1) 铅酸蓄电池的结构及工作原理

(1) 铅酸蓄电池的结构。铅酸蓄电池主要由正极板组、负极板组、隔板、容器、电解液及附件等部分组成。

极板组是由单片极板组合而成,单片极板又由基极(又称极栅)和活性物质构成。铅酸蓄电池的正负极板常用铅锑合金制成,正极的活性物是二氧化铅,负极的活性物质是海绵状纯铅。极板按其构造和活性物质形成方法分为涂膏式和化成式。涂膏式极板在同容量时比化成式极板体积小,重量轻,制造简便,价格低廉,因而使用普遍;缺点是在充放电时活性物质容易脱落,因而寿命较短。化成式极板的优点是结构坚实,在放电过程中活性物质脱落较少,因此寿命长;缺点是笨重,制造时间长,成本高。

隔板位于两极板之间,防止正负极板接触而造成短路。隔板的材料有木材、塑料、硬橡胶、玻璃丝等,现大多采用微孔聚氯乙烯塑料。

电解液是用蒸馏水稀释纯浓硫酸而成。其浓度(即相对密度)视电池的使用方式和极板种类而定,一般在 1.200～1.300(25℃)之间(充电后)。

容器通常为玻璃容器、衬铅木槽、硬橡胶槽或塑料槽等。

(2) 铅酸蓄电池的工作原理。蓄电池是通过充电将电能转换为化学能贮存起来,使用时再将化学能转换为电能释放出来的化学电源装置。它是用两个分离的电极浸在电解质中而成。由还原物质构成的电极为负极;由氧化态物质构成的电极为正极。当外电路接进两极时,氧化还原反应就在电极上进行,电极上的活性物质就分别被氧化还原了,从而释放出电能,这一过程称为放电过程。放电之后,若有反方向电流流入电池时,就可以使两极活性物质恢复到原来的化学状态。这种可重复使用的电池,称为二次电池或蓄电池。如果电池反应的可逆变性差,那么放电之后就不能再用充电方法使其恢复初始状态,这种电池称为原电池。

电池中的电解质,通常是电离度大的物质,一般是酸和碱的水溶液,但也有用氨盐、熔融盐或离子导电性好的固体物质作为有效的电池电解液的。以酸性溶液(常用硫酸溶液)作为电解质的蓄电池,称为酸性蓄电池。根据铅酸蓄电池使用场地,又可分为固定式和移动式两大类。铅酸蓄电池单体的标称电压为 2 V。实际上,电池的端电压随充电和放电的过程而变化。

铅酸蓄电池在充电终止后,端电压很快下降至 2.3 V 左右。放电终止电压为 1.7～1.8 V。若再继续放电,电压急剧下降,将影响电池的寿命。铅酸蓄电池的使用温度范围为 +40℃～-40℃。铅酸蓄电池的安时效率为 85%～90%,瓦时效率为 70%,它们随放电率和温度而改变。

凡需要较大功率并有充电设备可以使电池长期循环使用的地方,均可采用蓄电池。铅酸蓄电池价格较廉,原材料易得,但维护手续多,而且能量低。碱性蓄电池维护容易,寿命较长,结构坚固,不易损坏,但价格昂贵,制造工艺复杂。从技术经济性综合考虑,目前太阳能光伏电站应以主要采用铅酸蓄电池作为贮能装置为宜。

2)蓄电池的电压、容量和型号

(1)蓄电池的电压。蓄电池每单格的标称电压为 2 V,实际电压随充放电的情况而变化。充电结束时,电压为 2.5~2.7 V,以后慢慢地降至 2.05 V 左右的稳定状态。

如用蓄电池做电源,开始放电时电压很快降至 2 V 左右,以后缓慢下降,保持在 1.9~2.0 V 之间。当放电接近结束时,电压很快降到 1.7 V;当电压低于 1.7 V 时,便不应再放电,否则会损坏极板。停止使用后,蓄电池电压自己能回升到 1.98 V。

(2)蓄电池的容量。铅酸蓄电池的容量是指电池蓄电的能力,通常以充足电后的蓄电池放电至端电压到达规定放电终了电压时电池所放出的总电量来表示。在放电电流为定值时,电池的容量用放电电流和时间的乘积来表示,单位是安培小时,简称安·时(A·h)。

蓄电池的"标称容量"是在蓄电池出厂时规定的该蓄电池在一定的放电电流及一定的电解液温度下单格电池的电压降到规定值时所能提供的电量。

蓄电池的放电电流常用放电时间的长短来表示(即放电速度),称为"放电率",如 30 小时率、20 小时率、10 小时率等。其中以 20 小时率为正常放电率。所谓 20 小时放电率,是指用一定的电流放电,20 小时可以放出的额定容量。通常额定容量用字母 C 表示,C_{20} 表示 20 小时放电率,C_{30} 表示 30 小时放电率。

(3)蓄电池的型号。铅酸蓄电池的型号由三部分组成:第一部分表示串联的单体电池个数;第二部分用汉语拼音字母表示电池类型和特征;第三部分表示额定容量。例如"6-A-60"型蓄电池,表示 6 个单格(即 12 V)的干荷电式铅酸蓄电池,标称容量为 60 安·时(60A·h)。

3)电解液的配制

电解液的主要成分是蒸馏水和化学纯硫酸。硫酸是一种剧烈的脱水剂,若不小心,溅到身上会严重腐蚀人的衣服和皮肤,因此配制电解液时必须严格按照操作规程进行。

(1)配制电解液的容器及常用工具。配制电解液的容器必须用耐酸耐高温的瓷、陶或玻璃容器,也可用衬铅的木桶或塑料槽。除此之外,任何金属容器都不能使用。搅拌电解液时只能用塑料棒或玻璃棒,不可用金属棒搅拌。为了准确地测试出电解液的各项数据,还需几种专用工具。

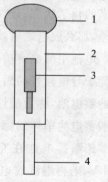

图 1-15 电液比重计示意图

1—橡皮球;2—玻璃管;
3—密度计;4—橡皮插头

① 电液比重计。电液比重计是测量电解液浓度的一种仪器,如图 1-15 所示。

使用电液比重计时,先把橡皮球压扁排出空气,将橡皮插头插入电解液中,慢慢放松橡皮球将电解液吸入玻璃管内。吸入的电解液以能使管内的密度计浮起为准。测量电解液的浓度时,温度计应与电解液面相互垂直,观察者的眼睛与液面平齐,并注意不要使密度计贴在玻璃管壁上;观察读数时,应当略去由于液面张力使表面扭曲而产生的读数误差。

常用电液比重计的测量范围在 1.100~1.300 之间,准确度可达 1‰。

② 温度计。一般有水银温度计和酒精温度计两种。区分这两种温度计的方法,是观察温度计底部球状容器内液体的颜色,酒精温度计的颜色是红色,水银温度计的颜色是银白色。由于在使用酒精温度计时一旦温度计破损,酒精溶液将对蓄电池板栅有强烈的腐蚀作用,所以一般常用水银温度计来测电解液的温度。

③ 电瓶电压表。电瓶电压表又称高率放电叉,是用来测量蓄电池单格电压的仪表。当接上高率放电电阻丝时,电瓶电压表可用来测量蓄电池的闭路电压(即工作电压)。卸下高率放电电阻丝,可作为普通电压表使用,用来测量蓄电池的开路电压。

(2)配制电解液的注意事项。配制电解液必须注意安全,严格按操作规程进行,应注意以下事项:

① 要用无色透明的化学纯硫酸,严禁使用含杂质较多的工业用硫酸。

② 应用纯净的蒸馏水,严禁使用含有有害杂质的河水、井水和自来水。

③ 应在清洁耐酸的陶瓷或耐酸的塑料容器中配制,避免使用不耐温的玻璃容器,以免被硫酸和水混合时产生的高温炸裂。

④ 配制人员一定要做好安全防护工作。要戴胶皮手套,穿胶靴及耐酸工作服,并戴防护镜。若不小心将电解液溅到身上,要及时用碱水或自来水冲洗。

⑤ 配制前按所需电解液的比重先粗略算出蒸馏水与硫酸的比例。配制时必须将硫酸缓慢倒入水中,并用玻璃棒搅动。千万不能用铁棒和任何金属棒搅拌,千万不要将水倒入硫酸中,以免飞溅伤人。

⑥ 新配制的电解液温度高,不能马上灌注电池,必须待稳定降至30℃时倒入蓄电池中。

⑦ 灌注蓄电池的电解液,其浓度调在 1.27 ± 0.01。

⑧ 由于电解液的浓度会随温度的变化而变化(温度每上升 1℃,电解液浓度减小0.0007),所以测量比重时应根据实际温度进行修正(见表 1-2、表 1-3)。

表 1-2　电解液与蒸馏水的配比表

电解液密度	体 积 之 比		质 量 之 比	
	浓硫酸	蒸馏水	浓硫酸	蒸馏水
1.180	1	5.6	1	3.0
1.200	1	4.5	1	2.6
1.210	1	4.3	1	2.5
1.220	1	4.1	1	2.3
1.240	1	3.7	1	2.1
1.250	1	3.4	1	2.0
1.260	1	3.2	1	1.9
1.270	1	3.1	1	1.8
1.280	1	2.8	1	1.7
1.290	1	2.7	1	1.6
1.400	1	1.9	1	1.0

表 1-3　电解液在不同温度下对比重计读数的修正数值

电解液温度/℃	浓度修正数值	电解液温度/℃	浓度修正数值	电解液温度/℃	浓度修正数值
+45	+0.0175	+10	−0.0070	−25	−0.0315
+40	+0.0140	+5	−0.0105	−30	−0.0350
+35	+0.0105	+0	−0.0140	−35	−0.0385
+30	+0.0070	−5	−0.0175	−40	−0.0420
+25	+0.0035	−10	−0.0210	−45	−0.0455
+20	0	−15	−0.0245	−50	−0.0495
+15	−0.0035	−20	−0.0280		

4）蓄电池的安装

（1）蓄电池与控制器的连接。连接蓄电池，一定要注意按照控制器使用说明书的要求进行，而且电压一定要符合要求。若蓄电池的电压低于要求值时，应将多块蓄电池串联起来，使它们的电压达到要求。

（2）安装蓄电池的注意事项：

① 加完电解液的蓄电池应将加液孔盖拧紧，防止杂质掉入电池内部。胶塞上的通气孔必须保持畅通。

② 各接线夹头和蓄电池极柱必须保持紧密接触。连接导线接好后，需在各连接点涂上一层薄凡士林油膜，以防接点锈蚀。

③ 蓄电池应放在室内通风良好、不受阳光直射的地方。距离热源不得少于 2 m。室内温度应经常保持在 10℃～25℃之间。

④ 蓄电池与地面之间应采取绝缘措施，例如垫置木板或其他绝缘物，以免因电池与地面短路而放电。

⑤ 放置蓄电池的位置应选择在离太阳能电池方阵较近的地方。连接导线应尽量缩短；导线线径不可太细。这样可以减少不必要的线路损耗。

⑥ 酸性蓄电池和碱性蓄电池不允许安置在同一房间内。

⑦ 对安置蓄电池较多的蓄电池室，冬天不允许采用明火保温，应用火墙来提高室内温度。

5）蓄电池的充电

蓄电池在太阳能电池系统中的充电方式主要采用"半浮充方式"进行。这种充电方法是指太阳能电池方阵全部时间都同蓄电池组并联浮充供电，白天浮充电运行，晚上只放电不充电。

（1）半浮充电特点。白天，当太阳能电池方阵的电势高于蓄电池的电势时，负载由太阳能电池方阵供电，多余的电能充入蓄电池，蓄电池处于浮充电状态。当太阳能电池方阵不发电或电动势小于蓄电池电势时，全部输出功率都由蓄电池组供电，由于阻断二极管的作用，蓄电池不会通过太阳能电池方阵放电。

（2）充电注意事项：

① 干荷式蓄电池加电解液后静置 20～30min 即可使用。若有充电设备，应先进行 4～5 h 的补充充电，这样可充分发挥出蓄电池的工作效率。

② 无充电设备进行补充充电时,在开始工作后 4～5 天不要启动用电设备,用太阳能电池方阵对蓄电池进行初充电,待蓄电池冒出剧烈气泡时方可起用用电设备。

③ 充电时如果误把蓄电池的正、负极接反,如蓄电池尚未受到严重损坏,应立即将电极调换,并采用小电流对蓄电池充电,直至测得电液比重和电压均恢复正常后方可启用。

④ 蓄电池亏电情况的判断和补充充电。当发现蓄电池亏电情况严重时,应及时补充充电。

（3）蓄电池亏电原因:

① 在太阳能资源较差的地方,由于太阳能电池方阵不能保证设备供电的要求而使蓄电池充电不足。

② 每年的冬季或连续几天无日照的情况下,用电设备照常使用而造成蓄电池亏电。

③ 用电器的耗能匹配超过太阳能电池方阵的有效输出能量。

④ 几块电池串联使用时,其中一块电池由于过载而导致整个电池组亏电。

⑤ 长时间使用一块电池中的几个单格而导致整块电池亏电。

（4）蓄电池亏电的判断方法:

① 观察到照明灯泡发红、电视图像缩小、控制器上电压表指示低于额定电压。

② 用电液比重计量得电液比重减小。蓄电池每放电 25%,比重降低 0.04（见表 1-4）。

③ 用放电叉测量电流放电时的电压值,在 5 s 内保持的电压值即为该单格电池在大负荷放电时的端电压。端电压值与充、放电程度之间的关系见表 1-4。使用放电叉时,每次不得超过 20 s。

表 1-4　蓄电池不同贮（充）放电程度与电解液比重、负荷放电叉电压之间的关系

容量放出程度	充足电时	放出 25%贮存 75%（电解液比重降低 0.04）	放出 50%贮存 50%（电解液比重降低 0.08）	放出 75%贮存 25%（电解液比重降低 0.12）	放出 100%贮存 0%（电解液比重降低 0.16）
电解液的相应比重（20℃时）	1.30	1.26	1.22	1.18	1.14
	1.29	1.25	1.21	1.17	1.13
	1.28	1.24	1.20	1.15	1.12
	1.27	1.23	1.19	1.15	1.11
	1.26	1.22	1.18	1.14	1.10
	1.25	1.21	1.17	1.13	1.09
负荷放电叉指示	1.7～1.8 V	1.6～1.7 V	1.5～1.6 V	1.4～1.5 V	1.3～1.4 V

（5）蓄电池补充充电方法。

当发现蓄电池处于亏电状态时,应立即采取措施对蓄电池进行补充充电。有条件的地方,补充充电可用充电机充电,不能用充电机充电时,也可用太阳能电池方阵进行补充充电。

使用太阳能电池方阵进行补充充电的具体做法:在有太阳的情况下关闭所有电器,用太阳能电池方阵对蓄电池充电。根据功率的大小,一般连续充电 3～7 天基本可将电池充满。蓄电池充满电的标志,是电解液的比重和电池电压均恢复正常,电池注液口有剧烈气泡产生。待电池恢复正常后,方可启用用电设备。

6）固定型铅酸蓄电池的管理和维护

（1）日常检查和维护：

① 值班人员或蓄电池工要定期进行外部检查，一般每班或每天检查一次。检查内容：

- 室内温度、通风和照明；
- 玻璃缸和玻璃盖的完整性；
- 电解液液面的高度，有无漏出缸外；
- 典型电池的比重和电压，温度是否正常；
- 母线与极板等的连接是否完好，有无腐蚀，有无凡士林油；
- 室内的清洁情况，门窗是否严密，墙壁有无剥落；
- 浮充电流值是否适当；
- 各种工具仪表及保安工具是否完整。

② 蓄电池专责技术人员或电站负责人会同蓄电池工每月进行一次详细检查。检查内容：

- 每个电池的电压、比重和温度；
- 每个电池的液面高度；
- 极板有无弯曲、硫化和短路；
- 沉淀物的厚度；
- 隔板、隔棒是否完整；
- 蓄电池绝缘是否良好；
- 进行充、放电过程情况，有无过充电、过放电或充电不足等情况；
- 蓄电池运行记录簿是否完整，记录是否及时正确。

③ 日常维护工作的主要项目：

- 清扫灰尘，保持室内清洁；
- 及时检修不合格的落后电池；
- 清除漏出的电解液；
- 定期给连接端子涂凡士林；
- 定期进行充电放电；
- 调整电解液液面高度和比重。

（2）检查蓄电池是否完好的标准。

① 运行正常，供电可靠。

- 蓄电池组能满足正常供电的需要。
- 室温不得低于 0℃，不得超过 30℃；电解液温度不得超过 35℃。
- 各蓄电池电压、比重应基本相同，无明显落后的电池。

② 构件无损，质量符合要求。

- 外壳完整，盖板齐全，无裂纹缺损。
- 台架牢固，绝缘支柱良好。
- 导线连接可靠，无明显腐蚀。

- 建筑符合要求,通风系统良好,室内整洁无尘。

③ 主体完整,附件齐全。

- 极板无弯曲、断裂、短路和生盐。
- 电解液质量符合要求,液面高度超出极板 $10\sim15$ mm。
- 沉淀物无异状、无脱落,沉淀物和极板之间距离在 10 mm 以上。
- 具有温度计、比重计、电压表和劳保用品等。

④ 技术资料齐全准确,应具有:

- 制造厂说明书;
- 每个蓄电池的充、放电记录;
- 蓄电池维修记录。

(3) 管理维护工作的注意事项:

① 蓄电池室的门窗应严密,防止尘土入内;要保持室内清洁,清扫时要严禁将水洒入蓄电池;应保护室内干燥,通风良好,光线充足,但不应使日光直射蓄电池上。

② 室内要严禁烟火,尤其在蓄电池处于充电状态时,不得将任何火焰或有火花发生的器械带入室内。

③ 除工作需要外,不应挪开蓄电池盖,以免杂物落于电解液内,尤其不要使金属物落入蓄电池内。

④ 在调配电解液时,应将硫酸徐徐注入蒸馏水内,用玻璃棒搅拌均匀,严禁将水注入硫酸内,以免发生剧烈飞溅。

⑤ 维护蓄电池时,要防止触电,防止蓄电池短路或断路,清扫时应用绝缘工具。

⑥ 维护人员应戴防护眼睛和护身的防护用具。当有溶液落到身上时,应立即用50%苏打水擦洗,再用清水清洗。

(4) 蓄电池正常巡视的检查项目为:

① 电解液的高度应高于极板 10 mm~20 mm。

② 蓄电池外壳应完整、不倾斜,表面应清洁,电解液应不漏出壳外。木隔板、铅卡子应完整、不脱落。

③ 测定蓄电池电解液的比重、液温及电池的电压。

④ 电流、电压正常,无过充、过放电现象。

⑤ 极板颜色正常,无断裂、弯曲、短路及有机物脱落等情况。

⑥ 各接头连接应紧固、无腐蚀,并涂有凡士林。

⑦ 室内无强烈气味,通风及附属设备完好。

⑧ 测量工具、备品备件及防护用具完整良好。

二、太阳能光伏发电系统的设计

前面已经提到,太阳能光伏发电系统分为并网型太阳能光伏发电系统和离网型太阳能光伏发电系统,并网型太阳能光伏发电系统是将所发电量送入电网,离网型太阳能光伏发电系统是将所发电量在当地使用，不并入电网。由于离网型太阳能光伏发电系统目前使用量比较大，这里将围绕离网型太阳能光伏发电系统展开叙述。离网型太阳能光伏发电系统也称为独立太阳能光伏发电系统。

离网型太阳能光伏发电系统的设计计算部分主要包括：负载用电量的计算，太阳能电池方阵面辐射量的计算，太阳能电池和蓄电池容量的计算和二者之间相互匹配的优化设计，太阳能电池方阵安装倾角的计算，系统运行情况的预测和系统经济效益的分析等。由于该部分计算牵涉到复杂的太阳能辐射量、安装倾角以及系统优化的设计计算，一般是由计算机来完成的。在要求不太严格的情况下，也可以采取估算的办法。

具体系统设计还应包括：负载的选型及必要的设计，太阳能电池和蓄电池的选型，太阳能电池支架的设计，逆变器的选型和设计，控制、测量系统选型和设计。对于大型太阳能光伏发电系统，还要有光伏电池方阵场的设计、防雷接地的设计、配电系统的设计以及辅助或备用电源的选型和设计。

离网型太阳能光伏发电系统设计的总原则是，在保证满足负载供电需要的前提下，确定使用最少的太阳能电池组件功率和蓄电池容量，以尽量减少初始投资。对系统设计者来说，在光伏发电系统设计过程中做出的每个决定都会影响造价。由于不适当的选择，可轻易地使系统的投资成倍地增加，而且未必就能够满足使用要求。为了建立一个独立太阳能光伏发电系统，可按以下步骤进行设计：计算负载，确定蓄电池容量，确定太阳能电池方阵容量，选择控制器和逆变器，考虑混合发电的问题等。

在设计计算中，需要的基本数据主要有：现场的地理位置，包括地点、纬度、经度和海拔等；安装地点的气象资料，包括逐月的太阳能总辐射量、直接辐射量及散辐射量，年平均气温和最高、最低气温，最长连续阴雨天数，最大风速及冰雹、降雪等特殊气象情况。气象资料一般无法做出长期预测，只能以过去 10～20 年的平均值作为依据。但是很少有独立太阳能光伏发电系统是建在太阳辐射数据资料齐全的城市的，而且偏远地区的太阳辐射数据可能并未记录在案，因此只能采用邻近某个城市的气象资料或类似地区气象观测站所记录的数据进行类推。在类推时需把握好可能导致的偏差因素，因为太阳能资源的估算会直接影响到光伏发电系统的性能和造价。另外，从气象部门得到的资料，一般只有水平面的太阳辐射量，实际使用时必须设法换算到相应阵列倾斜面上的辐射量。

1. 负载每天总耗电量计算

对于负载的估算，是独立太阳能光伏发电系统设计和定价的关键因素之一。通常列出所有负载的名称、功率要求、额定工作电压和每天用电时间，交流和直流负载都要列出，功率因数在交流功率计算中可不必考虑。然后，将负载分类并按工作电压分组，计算每一组的总的功率要求。接着，选定系统工作电压，计算整个系统在这一电压下所要求的平均安·时（A·h）数，也就是算出所有负载的每天平均耗电量之和。

关于系统工作电压的选择，经常是选最大功率负载所要求的电压。在以交流负载为主的系统中，直流系统电压应当考虑与选用的逆变器输入电压相适应。通常，在中国独立运行的太阳能光伏发电系统，其交流负载工作在 220 V，直流负载工作在 12 V 或 12 V 的倍数，即 24 V

或 48 V 等。从理论上说，负载的确定是直截了当的，而实际上负载的要求却往往并不确定。例如，家用电器所要求的功率可从制造厂商的资料上得知，但对它们的工作时间却并不知道，每天、每周和每月的使用时间很可能估算过高，其累计的效果会导致太阳能光伏发电系统的设计容量和造价上升。所以负载的实地调查和统计是一项非常重要的工作。实际上，某些较大功率的负载可安排在不同的时间内使用。在严格的设计中，必须掌握独立太阳能光伏发电系统的负载特性，即每天 24 h 中不同时间的负载功率，特别是对于集中的供电系统，了解用电规律后即可适时地加以控制。

2. 蓄电池容量确定

蓄电池在太阳能光伏发电系统中处于浮充电状态，充电电流远小于蓄电池要求的正常充电电流。尤其在冬天，太阳辐射量小，蓄电池常处于欠充状态，长期深放电会影响蓄电池的寿命，故必须考虑留有一定余量，常以放电深度来表示：

$$d = \frac{C - C_R}{C}$$

式中：d 为放电深度；C 为蓄电池标称容量；C_R 为蓄电池剩余容量。

设计一个完善的光伏发电系统需要考虑很多因素，进行多种计算。然而，对地面应用的独立太阳能光伏系统而言，最重要的是根据使用要求，确定合理的太阳电池方阵和蓄电池容量。在地面独立太阳能光伏发电系统中，蓄电池是仅次于太阳能电池组件的最重要部件，而且随着太阳能电池组件价格的不断降低，蓄电池在总投资中的比例正在逐渐增加。所以，合理配置蓄电池容量十分重要，容量过大，不仅增加投资，而且会造成蓄电池充电不足，长期处于亏电状态，加上自放电等原因，蓄电池容易损坏；容量太小，容易造成过放电，不能满足负载用电需要。参考相关文献，结合参数分析法，蓄电池容量的计算可以根据用电负荷和连续阴雨天数来确定，实际计算可按下式：

$$C = \frac{SQ}{\text{DOD} \cdot \eta_{\text{out}}} K$$

式中：C 为蓄电池容量；S 为蓄电池供电支持的天数（一般取 5～10）；Q 为负载平均每天用电量；DOD 为蓄电池放电深度（一般取 60%）；η_{out} 为从蓄电池到负荷的效率，$\eta_{\text{out}} = F_o \cdot F_i$，$F_o$ 为交流配电电路效率（一般取 0.95），F_i 为逆变器效率（一般取 0.85～0.95）；K 为蓄电池放电容量修正系数（一般取 1.2），等于蓄电池安时效率的倒数。

3. 太阳能电池方阵最佳方位角确定

方位角是指太阳电池方阵的垂直面与正南方向的夹角（向东偏设定为负角度，向西偏设定为正角度）。一般情况下，方阵朝向正南时，太阳电池发电量是最大的。但是，在晴朗的夏天，太阳辐射能量的最大时刻是在中午稍后，因此方阵的方位稍微向西偏一些时，在午后时刻可获得最大发电功率。在不同的季节，太阳能电池方阵的方位稍微向东或西一些都有获得发电量最大的时候。方阵设置场所受到许多条件的制约。例如，在地面上设置时土地的方位角、在屋顶上设置时屋顶的方位角，或者是为了躲避太阳阴影时的方位角，以及布置规划、发电效率、设计规划、建设目的等许多因素都有关系。如果要将方位角调整到在一天中负荷的峰值时刻与

发电峰值时刻一致,则利用下述公式:

$$方位角＝(一天中负荷的峰值时刻(24 小时制)－12)×15＋(经度－116)$$

注意:在不同的季节,各个方位的日射量峰值产生时刻是不一样的。

在实际应用中,对于固定安装的太阳能电池方阵,方位角往往取正南向安装;对于带有逐日式系统的太阳能电池方阵,可根据每日的最佳方位角,由逐日系统自动调节。

4. 太阳能电池方阵最佳倾角确定

在设计地面应用的太阳能光伏发电系统时,首先要解决的关键问题就是要确定光伏方阵的倾角,并由此估计照射到方阵面上的太阳辐射量,才能得出所需的太阳能电池方阵和蓄电池容量。在地面应用的太阳能光伏发电系统中,除了带有跟踪系统和安装在移动基座(如车辆、船只等)上的太阳能电池方阵由于方向经常改变,采用水平安装以外,其余固定式太阳能电池方阵均采用倾斜安装的方式。

按照不同的使用情况,太阳能电池方阵倾角有不同的要求。对于并网系统及极少数应用领域(如光电水泵),希望太阳能电池方阵全年接收到的辐射量最大,因而可取太阳能电池方阵倾角接近于当地纬度。而对于应用最广的独立太阳能光伏发电系统,则有其特殊的要求。

通常的独立太阳能光伏发电系统,由于负载用电规律和太阳辐射情况不相一致,一般都需要蓄电池作为储能装置。蓄电池有其额定容量,充满后如继续充电将产生严重过充,会损坏蓄电池。同时,蓄电池在放电时又只能允许一定的放电深度。因此,对蓄电池来说,要求尽可能均衡地充放电。然而,对一定的太阳能电池方阵。其发电量是间歇性的,而且不同季节之间发电量差异很大。通过调节方阵的倾角可以适当缓解蓄电池和系统发电量之间的矛盾。

根据日地运动规律,在朝向赤道的适当倾斜面上所接收到的太阳辐射量要大于水平面上的辐射量。利用这个规律,有利于减小方阵容量,从而可降低投资费用。而且在一定范围内,倾角增大时,夏季照射在倾斜面上的太阳辐射量会减少,而冬季则增加,这正好符合太阳能光伏发电系统要求方阵全年发电尽量均衡的要求。然而,这两种变化并不成比例。随着倾斜角度的增加,夏季倾斜面上的辐射量减少较快,而冬季却增加得较慢。这种变化情况与许多条件,如当地纬度、直接辐射量在总辐射量中所占比例、地面反射情况等有关。因此,选取太阳能电池方阵最佳倾角要综合考虑多种因素。

选择最佳倾角通常的做法是以当地全年太阳辐射量最弱的月份得到最大的辐射量为标准,该月份在北半球通常是 12 月,南半球一般为 6 月。然而,这样片面照顾太阳辐射最弱的月份,会使夏季方阵面上接收到的太阳辐射量削弱太多,甚至低于冬季的辐射量,这样做显然是不妥当的。在负荷不变的独立太阳能光伏发电系统中,蓄电池的充放电处于日夜小循环和季节大循环状态。从总体上来看,可以认为在辐射量较大的连续 6 个月(称为"夏半年")中,蓄电池处于充电状态,其余连续 6 个月(称为"冬半年")则处于放电状态。因此不应以某个月作为依据,而以半年为单位较为合适。若以 H_1 和 H_2 分别表示夏半年和冬半年的平均日辐射量,则在水平面上 $H_1 > H_2$。根据蓄电池均衡充电的要求,最好做到夏半年和冬半年在方阵面上的日辐射量相等,即 $H_1 = H_2$。但同时还要使方阵面上冬半年的日辐射量 H_2 尽量达到最大值,从而增加方阵在太阳辐射强度较弱月份的发电量。综合考虑这些因素,可以分别算出不同倾角时方阵面上夏半年和冬半年的平均日辐射量 H_1 和 H_2。一般情况下，随着倾角增大，H_1 减少较快，而 H_2 增加较慢，并有一极大值。确定最佳倾角的方法是：

（1）H_2 达到极大值时，如仍有 $H_1 > H_2$，则取 H_2 极大值所对应角度为最佳倾角。

（2）在 H_2 达极大值之前，已有 $H_1 = H_2$，如仍取 H_2 极大值对应角度，则有 $H_1 < H_2$，这时夏半年辐射量削弱太多，故应取 $H_1 = H_2$，所对应的角度为最佳倾角。

在这里，采用一种较近似的方法来确定方阵倾角。一般地，在我国南方地区，方阵倾角可取比当地纬度增加 $10° \sim 15°$；在北方地区倾角可比当地纬度增加 $5° \sim 10°$，纬度较大时，增加的角度可小一些。在青藏高原，倾角不宜过大，可大致等于当地纬度。同时，考虑到方阵支架的设计及安装方便，方阵倾角常取成整数。

5. 倾斜面上日辐射量计算

从气象站得到的资料一般只有水平面上的太阳辐射总量 H、辐射量 H_B 及散射辐射量 H_d，需换算成倾斜面上的太阳辐射量。斜面上的太阳辐射量包括直接辐射分量 H_{BT}、天空散射辐射分量 H_{dT} 和地面反射辐射分量 H_{rT}。

（1）直接辐射分量 H_{BT}。其计算式为：

$$H_{BT} = H_B R_B$$

式中：R_B 为倾斜面上的直接辐射分量与水平面上直接辐射分量的比值。对于朝向赤道的倾斜面来说：

$$R_B = \frac{\cos(\phi - \beta)\cos\delta\sin(\omega_{ST}) + \frac{\pi}{180}\omega_{ST}\sin(\phi - \beta)\sin\delta}{\cos\phi\cos\delta\sin\omega_S + \frac{\pi}{180}\omega_S\sin\phi\sin\delta}$$

式中：φ 为当地纬度；β 为方阵倾角。
太阳赤纬：

$$\delta = 23.45\sin\left[\frac{360}{365}(284 + n)\right]$$

式中：n 为日数。
水平面上日落时角：

$$\omega_S = \arccos[-\tan\phi\tan\delta]$$

倾斜面上日落时角：

$$\omega_{ST} = \min\{\omega_S, \arccos[\tan(\phi - \beta)\tan\delta]\}$$

（2）天空散射辐射分量 H_{dT}。在各向同性时：

$$H_{dT} = \frac{H_d}{2}(1 + \cos\beta)$$

（3）地面反射辐射分量 H_{rT}。通常可将地面的反射辐射看成是各向同性的，其大小为：

$$H_{rT} = \frac{\rho}{2}H(1 - \cos\beta)$$

式中：ρ 为地面反射率，其数值取决于地面状态。

各种地面的反射率如表 1-5 所示。

表 1-5　不同地面的反射率

地面状态	反射率	地面状态	反射率	地面状态	反射率
沙漠	0.24~0.28	干湿土	0.14	湿草地	0.14~0.26
干燥裸地	0.1~0.2	湿黑土	0.08	新雪	0.81
湿裸地	0.08~0.09	干草地	0.15~0.25	冰面	0.69

一般计算时,可取 $\rho=0.2$。

故斜面上太阳辐射量即为:

$$H_T = H_B R_B + \frac{H_d}{2}(1+\cos\beta) + \frac{\rho}{2}H(1-\cos\beta)$$

通常计算时用上式即可满足要求。如考虑天空散射的各向不同性,则可用下式计算:

$$H_T = H_B R_B + H_d\left[\frac{H_B}{H_0}R_B + \frac{1}{2}\left(1-\frac{H_B}{H_0}\right)(1+\cos\beta)\right] + \frac{\rho}{2}H(1-\cos\beta)$$

式中:H_0 为大气层外水平面上辐射量。

6. 太阳能电池方阵电流估算

将历年逐月平均水平面上太阳直接辐射及散射辐射量,代入以上各公式即可算出逐月辐射总量,然后求出全年平均日太阳辐射总量 $\overline{H}_T$,单位化成 mW·h/cm² ,除以标准日光强即求出平均日照时数:

$$T_m = \frac{\overline{H}_T \text{ mW·h/cm}^2}{100 \text{ mw/cm}^2}$$

则太阳能电池方阵应输出的最小电流为:

$$I_{min} = \frac{Q}{T_m \eta_1 \eta_2}$$

式中:Q 为负载每天总耗电量;η_1 为蓄电池充电效率;η_2 为方阵表面灰尘遮蔽损失。

同时,由倾斜面上各月中最小的太阳总辐射量可算出各月中最少的峰值日照数 T_{min}。太阳能电池方阵应输出的最大电流为:

$$I_{max} = \frac{Q}{T_{min} \eta_1 \eta_2}$$

7. 最佳电流计算

太阳能电池方阵的最佳额定电流介于 I_{min} 和 I_{max} 这两个极限值之间,具体数值可用尝试法确定。先选定一电流值 I,然后对蓄电池全年荷电状态进行检验,方法是按月求出方阵输出的发电量:

$$Q_{out} = I N H_T \eta_1 \eta_2 / 100 \text{ mw/cm}^2$$

式中:N 为当月天数。

而各月负载耗电量为:

$$Q_{load} = NQ$$

两者相减,$\Delta Q = Q_{out} - Q_{load}$ 为正,表示该月方阵发电量大于耗电量,能给蓄电池充电。若 ΔQ

为负，表示该月方阵发电量小于耗电量，要用蓄电池储存的能量来补足。

如果蓄电池全年荷电状态低于原定的放电深度，就应增大方阵输出电流；如果荷电状态始终大大高于放电深度允许的值，则可减小方阵电流。当然也可相应地增大或减小蓄电池容量。若有必要，还可修改方阵倾角，以求得最佳的方阵输出电流 I_m。

8. 太阳能电池方阵电压计算

太阳能电池方阵的电压输出要足够大，以保证全年能有效地对蓄电池充电。太阳能电池方阵在任何季节的工作电压应满足：

$$V = V_f + V_d$$

式中：V_f 为蓄电池浮充电压；V_d 为因线路（包括阻塞二极管）损耗引起的电压降。

9. 太阳能电池方阵功率计算

由于温度升高时，太阳能电池的输出功率将下降，因此要求系统即使在最高温度下也能确保正常运行，所以在标准测试温度下（25℃）太阳能电池方阵的输出功率应为：

$$P = \frac{I_m \cdot V}{1 - \alpha(t_{max} - 25)}$$

式中：α 为太阳电池功率的温度系数，对一般的硅太阳电池，$\alpha = 0.5\%$；t_{max} 为太阳最高工作温度。

这样，只要根据算出的蓄电池容量，太阳能电池方阵的电压及功率，参照生产厂家提供的蓄电池和太阳能电池组件的性能参数，选取合适的型号即可。

三、太阳能光伏发电系统的施工

1. 施工部署原则

根据工程所处的地理位置、地理气候特点和工期要求，结合工程的实际特点，遵循施工现场总平面布置原则：平面布置合理有序，统筹考虑各阶段的场地要求；合理布置施工道路和加工场区，保证运输方便通畅，减少二次搬运；施工区划分和场地的确定符合工艺流程，减少施工中的相互干扰；各种临时设施的布局和设置满足整个施工期间的管理和生产的需要，同时满足业主对安全、环境、消防等方面的管理要求；规划合理、整洁美观。在满足施工用地需要的前提下尽量减少施工区的占地面积，其目的有以下两点：

① 避免占用其他配套工程用地，减少临设的搬迁改建。

② 材料场地紧凑布置，减少各种材料、设备的二次搬运。

2. 施工总体思路

1）施工顺序

在实际施工中一般按如下顺序进行：放线、验线→太阳能电池组件安装→线缆连接→太阳能电池方阵调试→配电设备安装→线缆连接→系统调试、试运行→交付验收。

2）施工任务的划分

施工任务一般包括场地测量、施工、调试、物料保障等环节，如表1-6所示。

表 1-6　施工任务的划分

序号	施工分工	施 工 任 务
1	综合测量	为施工提供精确的位置定位
2	支撑结构施工	太阳能电池方阵安装
3	调试	太阳能电池方阵调试
4	物料保障	保障安装物料需要

3）施工阶段的划分

系统施工一般分为如下几个阶段：

（1）前期技术沟通和方案设计阶段。在设计施工方案阶段应与委托单位协商确定、核定系统施工安装技术方案。

（2）初步设计和施工图设计。前期的技术沟通确定设计思路和理念，随后全面开始初步设计和施工图设计，设计过程中贯彻在技术沟通中和委托单位达成的设计思路。

（3）工程施工：

① 完成施工图纸设计后，工程施工须按计划进行。

② 项目派驻一名质量员，监督工程施工质量及工期，确保保质保量按工期进度完成施工计划。

施工质量员负责填写每天的工作记录，并汇报到项目负责人，项目负责人在必要时根据实际施工情况，确定是否需要调整施工进度，以确保施工工期。

（4）道路运输：

① 根据工程项目所需设备物资的工程需求及场地情况，可采取分期、分批货物运输方式。

② 整个货物运输由货物管理组在项目负责人的领导下进行统一调度，货物管理组根据现场库存情况及施工进度确定货物发运时间及数量、种类。

（5）到货验收：

① 项目负责人应积极协调，在货物运到工程现场后，及时进行货物验收，做到货物运到施工场地后及时清点验收。

② 验收程序严格按照规定的内容及程序进行。

③ 货物验收之后，认真填写"验收记录"。

（6）工程施工和设备调试：

设备安装、调试是项目的关键环节之一，要充分认识到其中的重要性，严格按施工方案组织施工。施工过程中各组项目经理每天填写施工进度表，整理汇总，报项目总负责人，统一分析工程进度，协调调度各施工小组施工进度。

组件和支架分别运抵现场，清理完工程施工现场。首先进行组件支架的施工，随后进行组件和布线的工作。完成施工后，对承建的整个系统进行调试。

（7）工程初步验收：

① 初步验收由施工方和工程委托方共同进行，有工程监理时需共同参加。

② 项目经理、安装调试负责人在工程完工后开始配合项目业主对已完工项目进行项目验收工作。

③ 根据要求准备好所需的必要资料。

④ 根据初验结果，认真填写初验报告。

(8) 竣工验收。在项目工程初步验收通过后，进行竣工验收前向项目委托方提交系统现场试运行试验申请报告，在得到项目委托方和监理方认可后进行，按照规划安排对本工程项目进行竣工验收。

在试运行期间有系统维护工程师，严格按照太阳能光伏并网国家标准有关要求做好抽测和详细记录。如果发生故障，要仔细查找原因，及时解决。在试运行期结束时，整个系统要稳定可靠，完全满足设计要求，并提交系统试运行报告、资料整编报告及其他竣工报告。工程在安装调试完成后，竣工技术文件应包含安装工程量总表、工程说明、测试记录、竣工图纸、竣工检验记录、工程量变更单、重大工程事故报告表、已安装的设备明细表、开工报告、停工和复工通知、验收证书等。

太阳能光伏发电系统工程交付用户使用前所必须进行的一个步骤就是工程验收，验收完各项参数及技术指标达到系统设计安装时的规范方可投入使用。工程验收时首先核对工程实际安装的相关设备或材料是否与设计规格提供的设备和材料清单一致，对于设计时不一致的替代料要核实原因，判断其是否确实能达到设计的性能指标。除此之外还应注意：

① 太阳能电池组件一般有严格的制造工艺和质量要求，产品在出厂前一般都有严格的质量检测程序。在进行系统工程验收时要注意太阳能电池组件要有相关电气特性标签及出厂前的 IQC 检测合格证明，对于系统集成商，还需要提供相关太阳能电池生产厂商产品代理的资质证书、产品质量检测报告以及安全标准。

② 控制器是控制太阳能电池方阵充放电的装置，其是否能正确切断或接通充放电电路对整个系统的稳定与正常运行有至关重要的作用，光伏系统中控制器一般用来控制蓄电池的充放电，如果控制器在正常情况下不能准确地控制蓄电池的通断，将会严重损害蓄电池的使用寿命，所以系统测量时控制器的状态测量记录要注意核实是否正常。

③ 接线箱内的导线直径的大小应根据电气安全标准进行核对，导线的直径一般根据流经导线的电流大小来决定。导线直径过小，有可能不能承受流经线路的电流；导线直径过大，则是系统的严重浪费。

④ 注意核实系统装置测量时，对逆变器测量的相关参数是否在逆变器生产厂家提供的技术规格允许范围之内。

⑤ 蓄电池一般只在离网太阳能光伏发电系统中使用，对离网太阳能光伏发电系统要注意核实系统测量到的蓄电池相关参数是否达到系统设计要求。

⑥ 太阳能光伏发电系统一般要求在野外作业，系统应具有防雷的性能要求，要注意是否已正确安装防雷器件。

⑦ 太阳能光伏发电系统验收前工程技术人员一般已进行系统试运行，在验收时要注意是否具有试运行过程中运行状态和相关问题的记录。

4）施工协调

项目经理负责内外总协调，对工程进度计划和工程实际进度进行控制，并对工程质量、现场安全、劳动力调配、物资购买、租赁及财务等负全面责任，保证工程项目的顺利完成，并负责工程的竣工验收和结算工作。技术负责人负责同建设单位、设计单位、监理单位的紧密配合，在工程开工前编制施工组织设计并报批；根据现场的实际情况和周围的环境，制定科学合理的施工进度计划；组织和协调各工种的工作，保障工程进度计划的实施；解决施工中遇到的技术难点；制定预控措施；对工程质量负责。

项目经理以施工组织总体进度计划为主线，对工程各阶段再制定详细的进度计划，对大项目同时要及时编制出季进度、月进度、周进度计划，施工中必须以分进度保证总进度，出现偏差时及时调整与进度有关的环境因素，如材料、机械、人员、施工工艺等。确定各专业施工队伍的进场计划，各种材料、机械供应计划等。积极组织货源，加强市场信息收集工作，按计划采购，保证材料按期、按质、按量进场。对施工进度随时监控，当发现实际进度与计划进度不符时，及时分析原因并进行调整。定期组织召开生产会议，对工程进度中出现的问题及时分析解决，确保进度计划的实现。

工程施工前组织有关施工人员及各专业施工技术人员进行图纸会审，及时了解各专业图纸之间是否有相互矛盾之处，以便在设计交底时予以解决，保证施工中不存在各专业之间的相互影响现象。

土建施工时应为各专业的施工创造良好的条件，各专业之间建立自检、互检、交接检制度，避免因质量等问题造成相互影响和返工现象。对施工图中存在的问题，及时向建设单位，并向设计提出意见，征得设计人员同意，办理设计变更后方可进行施工。在施工过程中，严格按照经建设单位批准的"施工组织设计"进行施工质量管理。在班组"自检"和质量部门"专检"的基础上，接受验收和检查，并按照要求予以整改。贯彻质量控制、检查管理制度，对施工班组作业情况予以严格检查，确保达到质量目标。按部位或分项对各工序质量进行检查，严格执行"上道工序不合格，下道工序不施工"的准则。

3. 施工前准备工作

为了保证施工工期、工程质量、安全管理目标能够按要求正常进行，也为了更好地组织施工，施工前应做如下准备工作。

1）施工前准备

（1）开工前先调查、了解施工现场及临近地方管线，若现场存在需改移的设施，配合业主与有关市政基建设施管理部门协调，做好有关工作。

（2）根据进场时的现场情况，清除前占用者遗留在现场的所有垃圾，并按照业主有关要求及工程实际情况，进行场地平整等工作，为正式施工创造条件。

（3）在工程开工前，根据审批后的施工总平面图及做法，完成临时道路、场地的硬化，围挡、大门以及临时用房的施工。

（4）根据临时用水、临时用电施工方案，完成临时水、电管网的布设工作。

（5）组织施工机具进场：根据需用量计划，按施工平面图要求，组织施工机械、设备和工具进场,按规定地点和方式存放,并应进行相应的保养和试运转等项工作。

2) 技术准备

(1) 图纸会审。在收到工程图纸和有关设计文件后,组织工程技术人员认真核对图纸及其他文件,了解设计意图,理解业主的要求,检查施工图是否完整、齐全,是否符合相关规范的要求;各施工环节衔接是否合理,有无矛盾和错误;建筑与结构图与坐标、尺寸、标高及说明方面是否一致,技术要求是否明确;掌握拟建工程的特点和结构形式,提前提出问题,并组织召开图纸会审会,做好"图纸会审记录",作为指导施工的依据。

(2) 编制施工组织设计、方案。施工前应依据施工图纸编制施工组织设计,审核、审批后报监理,其中包括组织管理、技术措施和施工进度计划。根据工程特点和进度计划,提前做好专项施工方案编制计划,明确编制部门、编制时间、审批单位,并在报批时间前报监理审批。

(3) 生产准备。根据采用的施工组织方式,确定合理的劳动力组织,建立相应的专业和混合班组。按照开工日期和劳动力需要量计划,组织劳动力进场,安排好施工人员生活。进场前必须对所有职工进行入场教育工作,施工人员具备相应的岗位素质,特殊工种必须持有相应的技术等级证书上岗操作。

物资管理部门要制定各种设备进场计划,计划中要明确设备型号、使用时间、设备状态、操作人员要求、检修维护等要求。施工所需设备要在进场前完成检修,达到运转正常的条件,进场设备型号、数量、时间要满足施工计划要求。

(4) 组织管理。管理人员要学习岗位职责制度,在各自岗位中严格管理、细致施工,认真贯彻落实各项管理制度要求。

4. 施工程序和主要施工方法

1) 电气总体程序要求

施工程序依照标准:

IEC 60364-7-712:2002 《建筑物电气装置　第 7-712 部分:特殊装置或场所的要求　太阳能光伏(PV)电源供电系统》、GB 50217—2007《电力工程电缆设计规范》。

应按规定的施工规范、质量评定标准施工;组件支架与屋面的结合部分安装应牢固;电缆排布尽可能节省长度,采用桥架的铺设方式,线路清楚,便于检修;组件安装必须整齐美观。

2) 各工序流程

(1) 支架的安装流程:运输→分点→定位放线→验线→安装支架→自检。

(2) 太阳能电池组件的安装流程:运输→分点→检测→定位放线→验线→竖向支撑件装配→安装组件→安装压板→自检。

(3) 线缆的安装流程:运输→分点→检测→组件间串接电缆连接→引出电缆穿管、铺设(从太阳能电池方阵到接线箱)→接线→自检。

3) 组件安装注意事项

由于组件的串联数量多,开路电压较高,超过了安全电压范围,注意事项如表 1-7 所示。

表 1-7　组件安装注意事项

图　示	注　意　事　项
	为防止高电压和电流的产生,在连接电缆之前,可以先使用一块不透明材料将组件完全遮盖,然后再进行电缆连接。不要接触组件带电的末端或电线。但是,如果依据当地的安全法规,在操作过程中采取了适当的保护,上述的要求则是不必要的
	在安装时不要戴金属首饰
	使用被许可的绝缘工具
	在干燥的条件下进行安装,同时也确保所使用的工具的干燥
	组件主要被用在户外,在闪电时有被雷击的危险,接地电缆应该良好地连接到组件框架。 如果支撑框架由金属制作,支撑框架的表面应该进行电镀处理,具有良好的导电性能。接地电缆也应该良好地连接到金属材料的支撑框架上。 在组件框架的中部有一对预先打好的孔,这两个孔是专门用于安装接地电缆的。 组件的接地电阻必须小于 10 Ω

4）组件布线内容

组件布线包括以下内容：

（1）组件的布线应有支撑、固紧、防护等措施,导线应适当留有余量,布线方式应符合设计图纸的规定。

（2）应选用不同颜色的导线作为正极（红色）、负极（蓝色）和串联连接线。

（3）导线规格应符合设计规定。

（4）连接导线的接头应镀锡。截面大于 6 mm 的多段导线应加装铜接头（鼻子）,截面小于 6 mm 的单芯导线在组件接盒线打接头圈连接时,线头弯曲方向应与紧固螺钉方向一致,每处接线端最多允许两根芯线,且两根芯线间应加垫片,所有接线螺钉均应拧紧。

（5）组件布线完毕,应按施工图检查核对布线是否正确。

（6）组件接口处的连线应向下弯曲，防止雨水流入接线盒。

（7）组件连线和方阵引出电缆应用固定卡固定或绑扎在基座上。

（8）方阵布线及检测完毕，应盖上并锁紧所有接线盒盒盖。

（9）方阵的输出端应有明显的极性标志和子方阵的编号标志。

5）技术措施

（1）施工前应对电缆进行详细检查，规格、型号、截面、电压等级均须符合图纸要求，外观无扭曲、坏损等现象。电缆敷设前进行绝缘测定。例如工程采用 1 kV 以下电缆，用 1 kV 摇表摇测线间及对地的绝缘电阻不低于 10 MΩ。摇测完毕，应将芯线对地放电。

（2）电缆测试完毕，电缆端部应用橡皮包布密封后再用胶布包好。

（3）临时联络指挥系统应使用无线电对讲机。

（4）在桥架上多根电缆敷设时，应根据现场实际情况，事先将电缆的排列用表或图的方式画出来，以防电缆交叉和混乱。

电缆的搬运及支架架设：

（1）电缆短距离搬运，一般采用滚动电缆轴的方法。滚动时应按电缆轴上箭头指示方向滚动。如无箭头时，可按电缆缠绕方向滚动，切不可反缠绕方向滚动，以免电缆松弛。

（2）电缆支架的架设地点的选择，以敷设方便为原则，一般应在电缆起止点附近为宜。架设时，应注意电缆轴的转动方向，电缆引出端应在电缆轴的上方。

四、太阳能光伏发电系统的检查与试验

太阳能光伏发电系统安装完毕后，需要对整个系统进行检查和必要的试验，以便系统能正常启动、运转。系统运转开始后还需要进行日常检查、定期检查，以确保系统正常运转。

1. 太阳能光伏发电系统检查分类

太阳能光伏发电系统的检查可分成系统安装完成时的检查、日常检查及定期检查三种。

（1）系统安装完成时的检查。系统安装完成时的检查，检查内容包括目视检查及测量试验，如太阳能电池阵列的开路电压测量、各部分的绝缘电阻测量、对地电阻测量等。将观测结果和测量结果记录下来，为日后的日常检查、定期检查提供参考。

（2）日常检查。日常检查主要用目视检查的方式，一般一个月进行一次检查。如果发现有异常现象应尽快与有关部门联系，以便尽早解决问题。

（3）定期检查。定期检查一般 4 年或 4 年以上进行一次。检查内容根据设备的特性等情况而定。原则上应在地面上实施，根据实际需要也可在屋顶进行。

2. 太阳能光伏发电系统检查内容

太阳能光伏发电系统检查一般对各电气设备进行外观检查，包括太阳电池组件、阵列台架、连接箱、功率调节器、系统并网装置、接地等。

（1）太阳能电池组件的检查。太阳能电池组件的表面一般采用强化玻璃结构，具有抵御冰雹破坏的强度。一般要对太阳能电池组件进行钢球落下的强度试验，因此在一般情况下不必担心太阳能电池组件会发生破损现象。由于人为、自然因素使太阳能电池组件破损，有时虽

然可能未影响太阳能电池组件的正常发电,但若长期不予修理,雨水进入可能会导致太阳能电池发生故障,因此应尽早修理。由于太阳能电池的表面被污染后会影响发电,在雨水较少、粉尘较多的地区要进行定期检查,必要时应进行清洗。相反在雨水较多、粉尘较少的地区可借助大自然的力量而不必对太阳能电池的表面进行清洗。

(2)阵列台架的检查。太阳能电池阵列台架会因风吹雨淋而出现生锈、螺钉松动等现象,因此需要进行是否有铁锈、螺钉松动等检查,并进行必要的修理。另外,对于在屋顶用铁丝固定的太阳电池板,一两个月之后应对金属部件再次进行固定以防松动,经过再固定后一般不会松动。

(3)连接箱的检查。应定期检查连接箱的外部是否有损伤、生锈的地方。另外,应打开箱门检查保护装置是否动作,如果动作应及时更换或复位。

(4)功率调节器的检查。功率调节器具有故障诊断功能,故障发生时会自动表示故障的种类等信息。如果发现有故障,如发热、冒烟、异臭、异音等,应立即停机并与厂家联系进行检修。除此之外,应进行外观检查,如外箱是否变形、生锈等,是否脱落、变色,保护装置是否动作等,还应定期对吸气口的过滤装置进行清扫。

(5)系统并网装置的检查。系统并网装置一般安装在功率调节器中,因此应打开箱门对保护继电器进行确认。另外需要检查备用电源的蓄电池、其他设备是否脱落、变色等。

(6)配线电缆的检查。配线电缆在安装过程中可能会造成损伤,长期使用会导致绝缘电阻的降低、绝缘破坏等问题的出现,因此需要进行外观检查等,以确保配线电缆正常工作。

3. 太阳能光伏发电系统试验方法

对太阳能光伏发电系统一般需进行绝缘电阻试验、绝缘耐压试验、接地电阻试验、太阳能电池阵列的出力检查与测定、系统并网保护装置试验等。

1)绝缘电阻试验

太阳能光伏发电系统绝缘电阻的测量是关键测量项目,包括太阳能电池方阵的绝缘电阻测量、功率调节器绝缘电阻测量以及接地电阻的测量。一般在太阳能光伏发电系统开始运行前、运行中的定期检查以及确定事故点时进行。由于太阳能电池在白天始终有较高的电压存在,在进行太阳能电池电路的绝缘电阻试验时,要准备一个能够承受太阳能电池方阵短路电流的开关,先用短路开关将太阳能电池阵列的输出端短路。根据需要选用 500 V 或 1000 V 的绝缘电阻计(兆欧表),使太阳能电池阵列通过与短路电流相当的电流,然后测量太阳能电池阵列的各输出端子对地间的绝缘电阻。绝缘电阻值一般在 0.1 MΩ 以上。

功率调节器电路的绝缘电阻测试要根据功率调节器的额度(工作)电压选择不同电压等级的绝缘电阻计,绝缘电阻计为 500 V 或 1000 V 不同规格。试验项目包括输入回路的绝缘电阻试验以及输出回路的绝缘电阻试验。输入回路的绝缘电阻试验时,首先将太阳能电池与接线盒分离,并将功率调节器的输入回路和输出回路短路,然后测量输入回路与大地间的绝缘电阻。进行输出回路的绝缘电阻测量时,同样将太阳能电池与接线盒分离,并将功率调节器的输入回路和输出回路短路,然后测量输出回路与大地间的绝缘电阻。功率调节器的输入、输出绝缘电阻值一般在 0.1 MΩ 以上。

2）绝缘耐压试验

对于太阳能电池阵列和功率调节器，根据要求有时需要进行绝缘耐压试验，测量太阳能电池阵列电路和功率调节器电路的绝缘耐压值。测量的条件一般与前述的绝缘电阻试验相同。

进行太阳能电池阵列电路的绝缘耐压试验时，将标准太阳能电池阵列开路电压作为最大使用电压，对太阳能电池阵列电路加上最大使用电压的 1.5 倍的直流电压或 1 倍的交流电压，试验时间为 10 min 左右，检查是否出现绝缘破坏。绝缘耐压试验时一般将避雷装置取下，然后进行试验。

功率调节器电路的绝缘耐压试验时，试验电压与太阳能电池阵列电路的绝缘耐压试验相同，试验时间为 10 min，检查是否出现绝缘破坏。

3）接地电阻试验

太阳能光伏发电系统中的接地主要包括如下几个方面：

（1）防雷接地。避雷针、避雷带、低压避雷器、外线出线杆上的瓷瓶铁脚以及连线架空线路的电缆金属外皮都要接地，以便将流过的雷电引入大地。

（2）工作接地。逆变器、蓄电池的中性点、电压互感器和电流互感器的二次线圈接地。

（3）保护接地。太阳能电池组件机架、控制器、逆变器、配电柜外壳蓄电池支架、电缆外皮、穿线金属管道的外皮接地。

（4）屏蔽接地。电子设备的金属屏蔽接地。

（5）重复接地。低压架空线路上，每隔 1km 处接地。

接地电阻测量使用接地电阻计进行测量。接地电阻计包括一个接地电极以及两个辅助电极，有手摇式、数字式和钳式。

接地电阻试验的方法如图 1-16 所示，接地电极与辅助电极的间隔为 10 m 左右并成直线排列，将接地电阻计的 E、P（测量用电压电极）、C（测量用电流电极）端子分别与接地电极以及其他辅助电极相连，使用接地电阻计可测出接地电阻值。

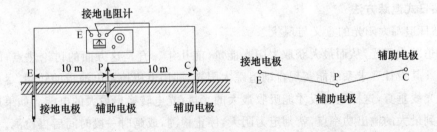

图 1-16　接地电阻试验的方法示意图

4）太阳能电池阵列的出力试验

为了使太阳能光伏发电系统满足所需出力，一般将多个太阳能电池组件并联、串联。判断太阳能电池组件串联、并联是否有误需要进行检查、试验。定期检查时可根据已测量的太阳能电池阵列的出力发现动作不良的太阳能电池组件以及配线存在的缺陷等问题。太阳能电池阵列的出力试验包括太阳能电池阵列的开路电压试验以及短路电流试验。

太阳能电池阵列出力试验时,首先测量各并联支路的开路电压,以便发现动作不良的并联支路、不良的太阳能电池组件以及串联接线出现的问题。通常由 36 片或 72 片电池片组成的电池组件,其开路电压约为 21 V 或 42 V 左右。如果若干组件串联,则其组件两端的开路电压约为 21 V 或 42 V 的整数倍。测量太阳电池组件两端的开路电压是否基本符合,若相差太大,则可能有组件损坏、极性接反或连接处接触不良等问题,可测量逐个组件的开路电压,找出故障。

5) 系统并网保护装置试验

系统并网保护装置试验包括继电器的动作特性试验以及单独运转防止功能等试验。系统并网保护装置的生产厂家不同,所采用的单独运转防止功能的方式也不同。因此,可以采用厂家推荐的方法进行试验,也可以委托厂家进行试验。

五、太阳能电池阵列利用效率的提高

目前,大规模推广太阳能光伏发电的主要障碍之一是过高的发电成本,如何更有效充分地利用太阳能电池阵列,从而降低太阳能光伏发电的成本就显得尤为必要。

1. 聚光方法

虽然太阳光辐射到我国地面的总能量高达 17000 亿吨标准煤,但单位面积上能量有限,在一类地区,如西藏,约为 1 kW/m^2。降低太阳能光伏发电成本的有效途径之一是采用聚光方法,以减少给定功率所需的太阳能电池阵列面积,用比较便宜的聚光器来部分代替昂贵的太阳能电池阵列。采用聚光方法以后,照射在太阳能电池阵列上的光强增加,一方面使太阳能电池阵列的温度升高,从而使输出特性变差;另一方面,光强增加后,需要的太阳能电池阵列的品质更高。2009 年 4 月 28 日,在西班牙托莱多(Toledo)召开的第二届聚光光伏峰会上,专家认为聚光光伏技术发展尚处在初级阶段,聚光光伏技术要取得成功,必须满足高功率和高浓度两个条件。与此同时,也要注意尽可能平衡功率和浓度之间的关系,以使开发的系统达到最优化。

2. 循日式追踪方法

1) 循日追踪太阳光的意义与现状

循日追踪太阳光,从而最大获取太阳光能量,前几年一直是这方面的讨论热点,研究方法层出不穷。其设计要求系统能实现自动追踪太阳光,即用电机控制电池板的转动,尽量使电池板与太阳光线垂直,这样电池板才能吸收最大的光量,光电转换出最大的电能。如果旋转一圈后还未找到最大的输出功率点,就判定为阴天,停止检测,或延时一段时间后再检测。

在循日式追踪控制系统设计安装环节,重点要考虑的是系统可靠性、系统寿命、系统成本、系统的可维修性等要素。在系统可靠性方面,重点要关注的是温度适应性、抗风强度、耐腐蚀性气体强度、电压等级、绝缘性、防雷措施等。

前些年,由于太阳能电池组件价格较贵,使用循日式追踪控制系统意义明显,近些年由于太阳能电池板价格愈发便宜,综合考虑能量输出、系统成本及系统寿命的情况下,使用循日式追踪控制系统的场合越来越少,但在场地限制、土地资源保护的前提下,循日式追踪控制系统仍然有它的应用空间。

2）太阳能跟踪控制方法

常用的太阳能跟踪控制方法主要有以下三种：匀速控制方法、光强控制方法以及时空控制方法。

（1）匀速控制方法。由于地球的自转速度是固定的，可以认为，早上太阳从东方升起经正南方向向西运动并落山，太阳在方位角上以 15°/h 匀速运动，24 h 移动一周。高度角等于当地纬度作为一个极轴不变。其跟踪过程是将固定在极轴上的太阳能电池板以地球自转角速度 15°/h 的速度转动，即可达到跟踪太阳、保持太阳能电池板平面与太阳光线垂直的目的。该方法控制简单，但安装调整困难，初始角度很难确定和调节，受季节等因素影响较大，控制精度较差。

（2）光强控制方法。在高度角和方位角跟踪时分别利用 2 只光敏电池作为太阳位置的敏感元件。4 只光敏电池安装在一个透光的玻璃试管中。如图 1-17 所示，每对光敏电池被中间隔板隔开，对称地放在隔板两侧。当电池板对准太阳时，太阳光平行于隔板，2 只光敏电池的感光量相等，输出电压相同。当太阳光略有偏移时，隔板的阴影落在其中 1 只光敏电池上，使 2 只光敏电池的感光量不等，输出电压也不相等。根据输出电压的变化来进行太阳能跟踪控制。该方法的特点是测量精度高、电路简单、易于实现，但在多云和阴天环境下会出现无法跟踪的问题。

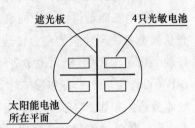

图 1-17 光敏电池安装位置图

（3）时空控制方法。太阳的运行轨迹是与时间、季节、当地经纬度等诸多复杂因素有关的。因此，可以将上述相关的数据预先输入到微处理器中通过程序查表并进行太阳方位角和高度角的计算，实现时间和空间上的同步，最终得出实际角度以实现精确的控制。该方法精度高，具有较好的适应性，但程序复杂，不易实现。

3. 太阳能电池方阵最大功率点跟踪方法

太阳能电池方阵输出特性具有非线性特征，并且其输出受光照强度、环境温度和负载情况影响。在一定的光照强度和环境温度下，太阳能光伏电池可以工作在不同的输出电压，但是只有在某一输出电压值时，光伏电池的输出功率才能达到最大值，这时光伏电池的工作点就达到了输出功率电压曲线的最高点，称之为最大功率点（Maximum Power Point，MPP）。因此，在光伏发电系统中，要提高系统的整体效率，一个重要的途径就是实时调整光伏电池的工作点，使之始终工作在最大功率点附近，这一过程就称为最大功率点跟踪（Maximum Power Point Tracking，MPPT）。

到目前为止出现了很多 MPPT 算法，最常用的四种方法是恒压法、扰动观察法、电导增量法、模糊控制法。

六、太阳能光伏建筑一体化

1. 太阳能光伏建筑一体化的定义

太阳能光伏建筑一体化（Building Integrated Photovoltaic，BIPV）技术即将太阳能发电

(光伏)产品集成或结合到建筑上的技术。其不但具有外围护结构的功能,同时又能产生电能供建筑使用。太阳能光伏建筑是"建筑物产生能源"新概念的建筑,是利用太阳能可再生能源的建筑。

太阳能光伏建筑一体化不等于太阳能光伏与建筑的简单结合。所谓太阳能光伏建筑一体化,不是简单的"相加",而是根据节能、环保、安全、美观和经济实用的总体要求,将太阳能光伏发电作为建筑的一种体系进入建筑领域,纳入建设工程基本建设程序,同步设计、同步施工、同步验收,与建设工程同时投入使用,同步后期管理,使其成为建筑有机组成部分的一种理念、一种设计、一种工程的总称。

2. 太阳能光伏建筑一体化原则

(1)生态驱动设计理念向常规建筑设计的渗透。建筑本身应该具有美学形式,而太阳能光伏发电系统与建筑的整合使建筑外观更加具有魅力。建筑中的太阳能电池组件使用不仅很好地利用了太阳能,极大地节省了建筑对能源的使用,而且丰富了建筑立面设计和立面美学。BIPV 设计应以不损害和影响建筑的效果、结构安全、功能和使用寿命为基本原则,任何对建筑本身产生损害和不良影响的 BIPV 设计都是不合格的设计。

(2)传统建筑构造与现代光伏工程技术和理念的融合。引入建筑整合设计方法,发展太阳能与建筑集成技术。建筑整合设计是指将太阳能应用技术纳入建筑设计全过程,以达到建筑设计美观、实用、经济的要求。BIPV 首先是一个建筑,它是建筑师的艺术品,其成功与否关键一点就是建筑物的外观效果。建筑应该从设计一开始,就要将太阳能光伏发电系统包含的所有内容作为建筑不可或缺的设计元素加以设计,巧妙地将太阳能光伏发电系统的各个部件融入建筑之中一体设计,使太阳能光伏发电系统成为建筑组成不可分割的一部分,达到与建筑物的完美结合。

(3)关注不同的建筑特征和人们的生活习惯。太阳能电池组件的比例和尺度必须与建筑整体的比例和尺度相吻合,与建筑的功能相吻合,这将决定太阳能电池组件的分格尺寸和形式,需要合适的比例和尺度。太阳能电池组件的颜色和肌理必须与建筑的其他部分相和谐,与建筑的整体风格相统一。例如,在一个历史建筑上,太阳能电池组件集成瓦可能比大尺度的太阳能电池组件更适合,在一个现代派的建筑中,工业化的太阳能电池组件更能体现建筑的性格。

(4)保温隔热的围护结构技术与自然通风采光遮阳技术的有机结合。精美的细部设计,不只是指 PV 屋顶的防水构造,而要更多关注的是具体的细部设计,太阳能电池组件要从一个单纯的建筑技术产品很好地融合到建筑设计和建筑艺术之中。

(5)太阳能光伏发电系统和建筑系统相结合。太阳能光伏发电系统和建筑是两个独立的系统,将这两个系统相结合,所涉及的方面很多,要发展太阳能光伏发电与建筑集成化系统,并不是太阳能电池制作者能独立胜任的,必须与建筑材料、建筑设计、建筑施工等相关方面紧密配合,共同努力,才能成功。

(6)建筑的初始投资与光伏工程生命周期内投资的平衡。综合考虑建筑运营成本及其外部成本,建筑运营体现在建筑物的策划、建设、使用及其改造、拆除等全寿命周期的各种活动中,建筑节能技术、太阳能技术以及生态建筑技术对与建筑运营具有重要影响。不仅要关注建筑初期的一次投资,更应关注建筑的后期运营和费用支出;不但要满足民众的居住需求,也要关注住房使用的耗能支出。另外,还应考虑二氧化碳排放等外部环境成本的增加等。

3. 太阳能光伏建筑一体化类型

太阳能光伏建筑一体化一般分为独立安装型和建材安装型两种类型。

(1)独立安装型。独立安装型是指普通太阳电池板施工时通过特殊的装配件把太阳电池板同周围建筑结构体相连。其优点是普通太阳电池板可以在普通流水线上大批量生产,成本低,价格便宜,既能安装在建筑结构体上,又能单独安装;其缺点是无法直接代替建筑材料使用,太阳能电池组件与建材重叠使用造成浪费,施工成本高。这种独立安装型一体化方式在设计时也并非是与建筑的简单"叠加",而是将其作为建筑的一种独立的设计元素加以整合,创造出独特的造型效果。

(2)建材安装型。建材安装型则是在生产时把太阳电池芯片直接封装在特殊建材内,或做成独立建材的形式,如屋面瓦单元、幕墙单元、外墙单元等,外表面设计有防雨结构,施工时按模块方式拼装,集发电功能与建材功能于一体,施工成本低。相比较而言,建材安装型的技术要求相对更高,因为它不仅用来发电,而且承担建材所需要的防水、保温、强度等要求。由于必须适应不同的建筑尺寸,很难在同一条流水线上大规模生产,有时甚至需要投入大量的人力进行手工操作生产,对于我国劳动力价格较低的国情而言,这种太阳能电池组件更有利于国际竞争。

真正意义上的光伏建筑一体化应该是建材安装型。

4. 建材安装型光伏建筑一体化

建材安装型分为四种方式:屋顶一体化、墙面一体化、建筑构件一体化和建筑立面 LED 一体化。

(1)屋顶一体化方式。屋顶一体化方式是指将太阳能电池组件做成屋面板或瓦的形式覆盖平屋顶或坡屋顶整个屋面。太阳能电池组件与屋顶整合一体化一是可以最大限度地接受太阳光的照射;二是可以兼做屋顶的遮阳板或者做成通风隔热屋面,减少屋顶夏天的热负荷。太阳能电池组件与屋顶的构造做法有两种方式,一种是兼为屋顶防水构造层次的部分,这时必须要求光伏系统具有良好的防水性能;另外一种是单独作为构造层次位于防水层之上,后者对于屋顶防水具有保护功能,可以延长防水层的使用寿命。图 1-18 所示为屋面瓦,图 1-19 所示为柏林火车站内部效果图,实现了发电与采光的融合统一。

(2)墙面一体化方式。墙面一体化方式是指太阳能电池组件与墙面材料一起进行集成。现代建筑支撑系统和维护系统的分离使太阳能电池组件能像木材、金属、石材、混凝土等预制板样成为建筑外围护系统的贴面材料。太阳能电池组件墙面一体化主要有太阳能电池组件外墙装饰板和太阳能电池组件玻璃幕墙两种方式。

太阳能电池组件玻璃幕墙是指透光型太阳能电池组件和玻璃集成制成的光电幕墙,也称光伏玻璃幕墙。该组件是由太阳电池芯片和双层玻璃板构成,芯片夹在玻璃板之间,芯片之间和芯片与玻璃板边缘之间留有一定的间隙,以便透光,芯片面积占总面积的 70%,也即透光率

图 1-18　屋面瓦

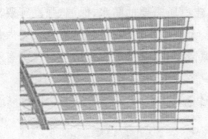 

图 1-19　柏林火车站内部效果图

为 30%，可以有效地解决幕墙的遮阳，在夏天就像把巨大的遮阳伞，有效降低了建筑的热负荷，同时为室内提供特殊的光照气氛，更因其特殊的颜色和肌理拓展了建筑的表现空间。现在太阳能电池组件价格和某些天然石材已经没有差别，我们相信今后随着太阳能电池组件的发展，成本只会越来越低，这就为太阳能电池组件在建筑的广泛应用创造了良好条件。光伏玻璃幕墙的出现，为建筑师展示建筑艺术作品多了一种新的选择，效果如图 1-20 和图 1-21 所示。

图 1-20　光伏玻璃幕墙示例一　　　　　　　图 1-21　光伏玻璃幕墙示例二

（3）建筑构件一体化方式。建筑构件一体化方式是指太阳能电池组件与建筑的雨篷、遮阳板、阳台、天窗等构件有机整合，在提供电力的同时可以为建筑增加美观的细部。太阳能电池组件和遮阳板的结合不仅可以为建筑在夏天提供遮阳，还可以使入射光线变得柔和，避免眩光，改善室内的光环境，而且可以使窗户保持清洁。应该注意到高效率的光伏系统并不一定是高效率的一体化系统，一体化建筑具有美观性之外，还要求一体化进行科学的计算和设计，满足建筑构件所要求的强度、防雨、热工、防雷、防火等技术要求。建筑构件一体化效果如图 1-22 所示。

图 1-22　光伏构件一体化效果示例

（4）建筑立面 LED 一体化（光电 LED 多媒体动态幕墙和天幕）。建筑立面 LED 一体化夹层由太阳能电池和 LED 半导体的透明基板构成，可放置在幕墙、屋面边框内构成的光电单元，可以模块化。常规交流供电系统作为 LED 供电电源，必须将电源转换成低压直流电才能使用，考虑到功率因素的影响和 LED 供电的特殊性，需要合理设计复杂控制转换电路，不仅增加了照明系统成本，又降低了能源的利用效率。太阳能光伏发电技术能与 LED 结合的关键在于两者同为直流电、电压低且能互相匹配。因此两者的结合不需要将太阳能电池产生的直流电转化为交流电，太阳电池组直接将光能转化为直流电能，通过串、并联的方式任意组合，可得到 LED 实际需要的直流电，再匹配对应的蓄能电池便能实现 LED 照明的供电和控制，无需传统的复杂逆变装置进行供电转换，因而这种系统将获得很高的能源利用效率、较高的安全性、可靠性和经济性。太阳能电池与 LED 半导体一体化是太阳能电池和 LED 技术产品的最佳匹配，集发电、照明、多媒体、建筑节能、动态幕墙和动态天幕为一体。

图 1-23 所示为北京某酒店 LED 多媒体动态幕墙。该工程的幕墙是太阳能电池板和 LED 相结合的多媒体动态幕墙，幕墙由 2300 块、9 种不同规格的光电板组成，如图 1-24 所示，面积达 2200 m²。该幕墙最大特点是能源循环自给，可以大幅度节约能源和运营成本。白天，每块玻璃板后面的太阳能电池将太阳能吸收储存起来，晚间则将储存的电能供应给墙体表面的 LED 显示屏。幕墙结构采用钢桁架支撑。光电幕墙电池板全部采用多晶硅芯片组装，多晶硅芯片本身纹理的不规则性更增加了建筑的立面效果。外侧玻璃采用不锈钢沉头螺栓连接，板块采用特殊工艺处理，突出背后的 LED 灯光效果。利用计算机软件控制 LED 灯光装置，LED 灯光通过电脑控制，在外幕墙表现出各种图像，能够播放、演示固定或活动的图案，具有

立体广告效应,增加了建筑的艺术效果。超大的屏幕和特有的低分辨率增强了媒体的抽象视觉效果,传统媒体正立面领域的高分辨率屏幕的商业应用,提供了一种具艺术特色的与城市环境进行交流形式。通过内置的用户定制软件,其"智能皮肤"使建筑内部与外部公共空间进行互动,将建筑物的玻璃幕墙转变为一种互动娱乐和公众活动环境,其夜景如图 1-25 所示。

图 1-23　某酒店幕墙

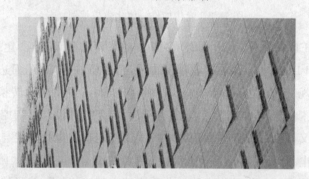

图 1-24　某酒店幕墙上的光电板

图 1-25　某酒店幕墙动态夜景

项目实施

1. 计算负载每天总耗电量

选取电压为 24 V 的蓄电池,将负载每天耗电量等效为蓄电池每天需提供能量,则每天耗电量:

$$Q = \sum I \cdot t = \left(\frac{10}{24} \times 4 + \frac{100}{24} \times 3 + \frac{5}{24} \times 1 \right) \text{A} \cdot \text{h} \approx 14.4 \text{A} \cdot \text{h}$$

2. 选择蓄电池容量

选蓄电池支持天数 S 为 7 天,放电深度 DOD 为 75%,η_{out} 取 0.95,蓄电池放电容量修正系数 K 取 1.2,则根据:

$$C = \frac{SQ}{\text{DOD} \cdot \eta_{out}} K$$

可算出蓄电池容量 C 为 141.5 A·h。根据蓄电池的规格,并留有一定余量,取 $C=200$ A·h。

3. 确定方位角倾角

因西安当地纬度 $\Phi=34°18'$,取组件安装倾角 $\beta=\Phi+10°=45°$。方位角取 0°,即正南方向安装。

4. 计算倾斜面上各月太阳辐射总量

由气象资料查得水平面上 20 年各月平均太阳辐射量 H、H_B 及 H_a,结合前面公式,计算出直接辐射分量 H_{BT}、天空散射辐射分量 H_{dT}、地面反射辐射分量 H_{rT} 及倾斜面(45°平面)上各月太阳辐射总量 H_T,结果见表 1-8。

表 1-8 计算倾斜面上各月太阳辐射总量数据表

月份	H/(mW·h/cm²)	H_B/(mW·h/cm²)	H_a/(mW·h/cm²)	n/天	δ/(°)	R_B	H_{BT}/(mW·h/cm²)	H_{dT}/(mW·h/cm²)	H_{rT}/(mW·h/cm²)	H_T/(mW·h/cm²)
1	219.0	91.6	127.4	16	−21.10	2.033	186.2	108.7	6.4	301.3
2	264.2	106.2	158.0	46	−18.29	1.899	201.7	134.9	7.7	344.3
3	327.6	123.7	203.9	75	−2.42	1.261	156.0	174.0	9.6	339.6
4	398.9	156.0	242.9	105	9.41	0.956	149.1	207.3	11.7	368.1
5	465.4	215.1	250.3	136	19.03	0.766	164.8	213.7	13.6	392.1
6	537.9	279.1	258.8	167	23.35	0.690	192.6	220.9	15.8	429.3
7	506.5	268.3	238.2	197	21.35	0.726	194.8	203.3	14.8	412.9
8	505.9	294.2	211.7	228	13.45	0.871	256.2	180.7	14.7	451.7
9	328.2	157.9	170.3	258	2.22	1.129	178.3	145.4	9.6	333.3
10	272.8	129.0	143.8	289	−9.97	1.514	195.3	122.7	8.0	326.0
11	224.3	98.6	125.7	319	−19.15	1.922	189.5	107.3	6.6	303.4
12	200.4	83.9	116.5	350	−23.37	2.173	182.3	99.4	5.9	287.6

其中:n 为从一年开头算起的天数。δ 为赤纬;R_B 为倾斜面上的直接辐射分量分水平面上直接辐射分量的比值。

5. 估算方阵电流

由表 1-8 可知, 倾斜面上全年平均日辐射量为 $357.5 \text{ mW} \cdot \text{h}/(\text{cm}^2 \cdot \text{d})$, 故全年平均峰值日照时数为:

$$T_{\text{m}} = \frac{357.5}{100} \text{ h/d} \approx 3.58 \text{ h/d}$$

取蓄电池充电效率为 $\eta_1 = 0.9$; 方阵表面的灰尘遮盖损失为 $\eta_2 = 0.9$, 算出方阵应输出的最小电流为:

$$I_{\text{min}} = \frac{Q}{T_{\text{m}} \eta_1 \eta_2} = \frac{14.4}{3.58 \times 0.9 \times 0.9} \text{ A} \approx 4.97 \text{ A}$$

由表 1-18 查出在 12 月份倾斜面上的平均日辐射量最小, 为 $287.6 \text{ mW} \cdot \text{h}/\text{cm}^2 \cdot \text{d})$ 时相应的峰值日照数最少, 只有 2.88 h/d。则方阵输出的最大电流为:

$$I_{\text{max}} = \frac{Q}{T_{\text{min}} \eta_1 \eta_2} = \frac{14.4}{2.88 \times 0.9 \times 0.9} \text{ A} \approx 6.17 \text{ A}$$

6. 确定最佳电流

根据 $I_{\text{min}} = 4.97 \text{ A}$ 和 $I_{\text{max}} = 6.17 \text{ A}$, 选取 $I = 5.4 \text{ A}$, 然后对蓄电池全年荷电状态进行检验, 方法是按月求出方阵输出的发电量:

$$Q_{\text{out}} = \frac{I N H_{\text{T}} \eta_1 \eta_2}{100} \text{ mW/cm}^2$$

式中: N 为当月天数。

各月负载耗电量为:

$$Q_{\text{load}} = NQ$$

两者相减, 如果 $\Delta Q = Q_{\text{out}} - Q_{\text{load}}$ 为正, 表示该月方阵发电量大于耗电量, 能给蓄电池充电。若 ΔQ 为负, 表示该月方阵发电量小于耗电量, 要用蓄电池储存的能量来补足。将方阵各月输出电量及负载耗电量以及蓄电池的荷电状态计算列表, 如表 1-9 所示。

表 1-9　方阵各月输出电量及负载耗电量及蓄电池的荷电状态数据表

月份	月电量/(A·h)			蓄电池荷电量/(A·h)		
	方阵输出	负载消耗	差值	开始	终了	占充满电量/%
1	408.6	446.4	−37.8	200	162.2	81.1
2	421.7	403.2	18.5	162.2	187.7	90.4
3	460.5	446.4	14.1	180.7	194.8	97.4
4	482.9	432.0	50.9	194.8	200	100
5	531.7	446.4	85.3	200	200	100
6	563.2	432.0	131.2	200	200	100
7	559.9	446.4	113.5	200	200	100
8	612.5	446.4	166.1	200	200	100
9	437.3	432.0	5.3	200	200	100
10	442.1	446.4	−4.3	200	195.7	97.9

续表

月份	月电量/(A·h)			蓄电池荷电量/(A·h)		
	方阵输出	负载消耗	差值	开始	终了	占充满电量/%
11	398.1	432.0	−33.9	195.7	161.8	80.9
12	390.0	446.4	−49.2	161.8	112.6	56.3
1	408.6	446.4	−37.8	112.6	74.2	37.1
2	421.7	403.2	18.5	74.2	92.7	46.4
3	460.5	446.4	14.1	92.7	106.8	53.4
4	482.9	432.0	50.9	106.8	157.7	78.9
5	531.7	446.4	85.3	157.7	200	100

由表 1-9 可见,即使从 10 月份开始,连续 7 个月蓄电池未充满,但最少时容量仍有 37.1%,即放电深度最大只有 62.9%,未超过 75%,所以取 $I=5.4$ A 是合适的。

如果计算结果放电深度远小于规定的 75%,则可减小方阵输出电流或蓄电池容量,重新进行计算。

7. 计算方阵电压

单只铅酸蓄电池工作电压为 2 V,故需 12 只单体电池串联才可达到系统的工作电压24 V。每只单体铅酸电池的工作电压为 2.0~2.35 V,取线路压降 $V_d=0.8$ V,则方阵工作电压为:

$$V=V_f+V_d=(12\times2.35+0.8) \text{ V}=29 \text{ V}$$

8. 计算最后功率

设太阳能电池的最高温度为 60℃,则可算出所需的方阵的输出功率为:

$$P=I_m\times V/[1-\alpha(t_{max}-25)]=5.4\times29/[1-0.5\%(60-25)] \text{ W}=189.8 \text{ W}$$

取 $P=192$ W。所以,最后取太阳电池方阵的输出功率为 192 W,可用 6 块 32 W 的组件(每块电压约为 16 V)2 串 3 并而成。蓄电池容量为 24 V,200 A·h,只要用 4 只 6Q-100 铅酸电池以 2 串 2 并的方式连接起来,即可满足需要。

 ## 水平测试题

一、单项选择题

1. 太阳每年投射到地面上的辐射能高达_____ kW·h,按目前太阳的质量消耗速率计,可维持 6×10^{10} 年。

　　A. 2.1×10^{18} 　　　　　　　　　　　　　B. 5×10^{18}

　　C. 1.05×10^{18} 　　　　　　　　　　　　D. 4.5×10^{18}

2. 在地球大气层之外,地球与太阳平均距离处,垂直于太阳光方向的单位面积上的辐射能基本上为一个常数。这个辐射强度称为_____。

　　A. 大气质量 　　　　　　　　　　　　　B. 太阳常数

　　C. 辐射强度 　　　　　　　　　　　　　D. 太阳光谱

3. 太阳能电池是利用_____的半导体器件。

    A. 光热效应   B. 热电效应

    C. 光生伏打效应   D. 热斑效应

4. 太阳能电池单体是用于光电转换的最小单元,其工作电压约为_____mV,工作电流为 $20\sim25$ mA/cm²。

    A. $400\sim500$ B. $100\sim200$

    C. $200\sim300$ D. $800\sim900$

5. 目前单晶硅太阳能电池的实验室最高效率为_____,由澳大利亚新南威尔士大学创造并保持。

    A. 17.8%   B. 30.5%

    C. 20.1%   D. 24.7%

6. 在太阳能电池外电路接上负载后,负载中便有电流通过,该电流称为太阳能电池的_____。

    A. 短路电流   B. 开路电流

    C. 工作电流   D. 最大电流

7. 下列表征太阳能电池的参数中,不属于太阳能电池电学性能的主要参数的是_____。

    A. 开路电压   B. 短路电流

    C. 填充因子   D. 掺杂浓度

8. 地面用太阳能电池标准测试条件为在温度为 25℃ 下,大气质量为 AM1.5 的阳光光谱,辐射能量密度为_____W/m²。

    A. 1 000   B. 1 367

    C. 1 353   D. 1 130

9. 太阳能光伏发电系统中,_____指在电网失电情况下,发电设备仍作为孤立电源对负载供电的现象。

    A. 孤岛效应   B. 光伏效应

    C. 充电效应   D. 霍尔效应

10. 在太阳能光伏发电系统中,太阳能电池方阵所发出的电力如果要供交流负载使用的话,实现此功能的主要器件是_____。

    A. 稳压器   B. 逆变器

    C. 二极管   D. 蓄电池

11. 当日照条件达到一定程度时,由于日照的变化而引起较明显变化的是_____。

    A. 开路电压   B. 工作电压

    C. 短路电流   D. 最佳倾角

12. 太阳能光伏发电系统中,太阳能电池组件表面被污物遮盖,会影响整个太阳能电池方阵所发出的电力,从而产生_____。

A. 霍尔效应　　　　　　　　　　B. 孤岛效应

C. 充电效应　　　　　　　　　　D. 热斑效应

13. 太阳能电池方阵安装时要进行太阳能电池方阵测试,其测试条件是太阳总辐照度不低于_____mW/cm^2。

A. 400　　　　　　　　　　　　B. 500

C. 600　　　　　　　　　　　　D. 700

14. 当控制器对蓄电池进行充放电控制时,要求控制器具有输入充满断开和恢复接通的功能。如对 12 V 密封型铅酸蓄电池控制时,其恢复连接参考电压值为_____。

A. 13.2 V　　　　　　　　　　B. 14.1 V

C. 14.5 V　　　　　　　　　　D. 15.2 V

15. 太阳能电池最大输出功率与太阳光入射功率的比值称为_____。

A. 填充因子　　　　　　　　　　B. 转换效率

C. 光谱响应　　　　　　　　　　D. 串联电阻

16. 太阳是距离地球最近的恒星,由炽热气体构成的一个巨大球体,中心温度约为 10^7 · K,表面温度接近 5800 K,主要由_____(约占 80%)和_____(约占 19%)组成。

A. 氢、氧　　　　　　　　　　B. 氢、氦

C. 氮、氢　　　　　　　　　　D. 氮、氦

17. 太阳能光伏发电系统的最核心的器件是_____。

A. 控制器　　　　　　　　　　B. 逆变器

C. 太阳能电池　　　　　　　　D. 蓄电池

18. 在衡量太阳电池输出特性参数中,表征最大输出功率与太阳电池短路电流和开路电压乘积比值的是_____。

A. 转换效率　　　　　　　　　　B. 填充因子

C. 光谱响应　　　　　　　　　　D. 方块电阻

19. 蓄电池的容量就是蓄电池的蓄电能力,标志符号为 C,通常人们用以下哪个单位来表征蓄电池容量_____。

A. 安培　　　　　　　　　　　　B. 伏特

C. 瓦特　　　　　　　　　　　　D. 安·时

20. 蓄电池放电时输出的电量与充电时输入的电量之比称为容量_____。

A. 输入效率　　　　　　　　　　B. 填充因子

C. 工作电压　　　　　　　　　　D. 输出效率

21. 蓄电池使用过程中,蓄电池放出的容量占其额定容量的百分比称为_____。

A. 自放电率　　　　　　　　　　B. 使用寿命

C. 放电速率　　　　　　　　　　D. 放电深度

22. 下列太阳能光伏发电系统器件中,能实现 DC - AC(直流-交流)转换的器件是_____。

A. 太阳能电池　　　　　　　　B. 蓄电池

C. 逆变器   D. 控制器

23. 太阳能光伏发电系统的装机容量通常以太阳能电池组件的输出功率为单位,如果装机容量 1 GW,其相当于_____W。

A. 10^3 B. 10^6

C. 10^9 D. 10^5

24. 一个独立太阳能光伏发电系统,已知系统电压 48 V,蓄电池的标称电压为 12 V,那么需串联的蓄电池数量为_____。

A. 1   B. 2

C. 3   D. 4

25. 在太阳能光伏发电系统中,最常使用的储能元件是下列哪种_____。

A. 锂离子电池   B. 镍铬电池

C. 铅酸蓄电池   D. 碱性蓄电池

二、填空题

1. 光学大气质量与太阳天顶角有关。当太阳天顶角为 0°时,大气质量为 1;天顶角为 48.2°时,大气质量为_____;天顶角为_____时,大气质量为 2。

2. 太阳能利用的基本方式可以分为四大类,分别为光—热、_____、_____、_____。

3. 太阳能电池的测量必须在标准条件(STC)下"欧洲委员会"定义的 101 号标准,其条件是光谱辐照度为_____W/m²、光谱为_____、电池温度为 25℃。

4. 在足够能量的光照射太阳电池表面时,在 PN 结内建电场的作用下,N 区的_____向 P 区运动,P 区的_____向 N 区运动。

5. 在太阳能电池电学性能参数中,其开路电压_____(填大于或小于)工作电压,工作电流_____(填大于或小于)短路电流。

6. 根据太阳能光伏发电系统使用的要求,可将蓄电池串并联成蓄电池组,蓄电池组主要有三种运行方式,分别为_____、定期浮充制、_____。

7. 太阳能光伏发电系统绝缘电阻的测量包括_____的绝缘电阻测量、功率调节器绝缘电阻测量以及_____的测量。

8. 太阳能光伏控制器主要由_____、开关元件和其他基本电子元件组成。

9. 太阳能光伏发电系统中,没有与公用电网相连接的光伏系统称为_____太阳能光伏发电系统;与公共电网相连接的光伏系统称为_____太阳能光伏发电系统。

10. 独立运行的光伏发电系统中,根据系统中用电负载的特点,可分为直流系统、_____系统、_____系统。

11. 太阳能电池有单晶硅太阳能电池、多晶硅太阳能电池以及非晶硅太阳能电池等。通常情况其光电转换效率最高的是_____太阳能电池,光电转换效率最低的是_____太阳能电池。

12. 在现代电力电子技术中,逆变器一般除了_____和控制电路以外,一般备有_____、辅助电路、输入和输出电路等。

13. 太阳能光伏发电系统最核心的器件是_____。

三、简述题

1. 太阳能光伏发电系统的运行方式有哪两种,选其中一种运行方式列出其主要组成部件。

2. 请画出太阳能电池直流模型的等效电路图,分别指出各部分的含义。

3. 充放电控制器在太阳能光伏发电系统中的作用是什么?

4. 太阳能光伏发电系统对蓄电池的基本要求有哪些?

5. 太阳能光伏发电系统要求光伏控制器有哪些基本功能?

6. 请简述太阳能光伏发电系统设计过程中接地包括哪几方面?

7. 请简述在太阳能光伏发电系统中防反充二极管的作用。

8. 什么叫光学大气质量?

9. 太阳能电池的光谱响应的意义是什么?请简答光谱响应的大小取决于哪两个因素?

10. 请简述太阳能光伏发电系统对蓄电池的基本要求。

11. 请简述蓄电池理论容量、实际容量及额定容量的含义。

12. 请简述太阳能光伏发电系统竣工技术文件包括哪些?

13. 请根据你对太阳能光伏发电系统的了解列举系统容量设计的步骤。

14. 请用图示方法简述太阳能光伏发电系统接地电阻的测量方法。

15. 什么是太阳能光伏建筑一体化(BIPV)技术?太阳能光伏建筑一体化的原则是什么?

四、综合题

1. 请阐述太阳能电池的工作原理。

2. 试述太阳能电池方阵的布线的注意事项。

3. 太阳能光伏发电系统竣工验收时应检查的项目包括哪些内容,请分别予以阐述。

4. 独立光伏发电系统由哪些部分组成,各组成部分的主要功能是什么?

5. 太阳能光伏发电系统工程验收时应注意的事项有哪些,请分别加以阐述。

6. 太阳能光伏发电系统的检查种类有哪几种?在何时进行?

7. 太阳能光伏发电系统的检查包括哪些内容?

8. 太阳能光伏发电系统的试验包括哪些内容?并就试验方法进行描述。

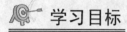 **项目二 太阳能电池组件设计与制作**

学习目标

通过完成 18 V/100 W 太阳能电池组件的制作,达到如下目标:

① 能根据客户要求,设计并组织制作太阳能电池组件。

② 掌握太阳能电池组件生产环节检验要求。

③ 熟练掌握太阳能电池组件制作流程和操作规程。

④ 了解分选仪、划片机、层压机、装框机和测试仪等组件生产设备的操作规程及要求。

⑤ 对不合格产品能够根据其具体情况分析原因,并对生产工艺进行改进。

项目描述

设计并制作 18 V/100 W 太阳能电池组件,合理选择太阳能电池片,制作符合要求的太阳能电池组件。所制作的组件必须美观整齐,符合工艺要求和性能要求。制作过程必须按照操作规范完成,不得违规操作。具体要求如下:

① 根据要求,合理选择太阳能电池片,进行组件结构规划。

② 根据设计的组件结构,按照太阳能电池组件生产流程,制作 18 V/100 W 太阳能电池组件。

③ 对制作好的组件进行性能测试,如不符合要求,分析原因,并采取相应的弥补措施。

④ 完成项目报告。(共同探讨)

 ## 相关知识

太阳能电池组件是太阳能光伏发电系统必须具备的部件之一,它完成太阳能能量的收集与转换功能,其性能优劣直接影响太阳能光伏发电系统的发电量、系统可靠性及寿命。因此,根据用户需求设计并制作符合用户需要的、质量可靠的太阳能电池组件是从事太阳能应用专业技能型人才必须具备的技能之一。

一、太阳能电池组件基础知识

1. 太阳能电池组件的概念

太阳能电池片不能直接做电源使用,必须将若干单体电池串、并联连接并严密封装成太阳能电池组件。

太阳能电池组件是一种具有封装及内部连接的、能单独提供直流电输出的、不可分割的最小

54

太阳能电池组合装置,也称太阳能电池板、光伏组件。太阳能电池组件组成结构如图 2-1 所示,其组成材料按从上到下的顺序为低铁钢化玻璃,EVA 胶膜,太阳能芯片(太阳能电池片),EVA胶膜,TPT 背膜,在这些材料的四周用铝合金边框固定。太阳能电池组件是太阳能光伏发电系统中的核心部分,也是太阳能光伏发电系统中最重要的部分,其作用是将太阳能转化为电能。

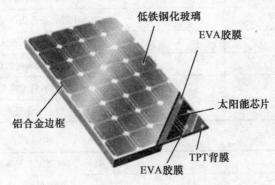

图 2-1 太阳能电池组件

2. 太阳能电池组件技术参数

太阳能电池组件铭牌或说明书上常标有一些常用的技术参数,不同厂家的参数表除型号外基本相同,技术参数可分为电气参数和机械参数两部分。

电气参数指太阳能电池组件在标准条件下($25℃$,AM 1.5,1000 W/m^2)的各项测量参数,具体包括组件的最大输出功率,即在标准条件下测量组件可以输出的最大功率;公差是指该型号组件最大输出功率的公差;最佳工作电压与最佳工作电流表示太阳能电池组件工作在标准条件下最大功率点处的输出电压与输出电流;开路电压表示太阳能电池组件在标准条件下开路输出电压;短路电流表示在标准条件下将组件短接流过的电流大小;电池片转换效率表示该型号太阳能电池组件采用的电池片将光能转换成电能的效率;工作温度表示该组件可以正常工作的环境温度范围;峰值功率温度系数、开路电压的温度系数和短路电流的温度系数表示在温度每上升 1 K 时,对应的峰值功率、开路电压和短路电流所上升或下降的百分比。

机械参数包括电池片采用的是单晶硅还是多晶硅,电池片的尺寸大小,电池片的数量,组件外框的尺寸,组件整体重量,采用钢化玻璃厚度及铝合金边框类型。接线盒后面参数表示防护等级。IP 是 Ingress Protection 的缩写,IP 等级是针对电气设备外壳对异物侵入的防护等级,如防爆电器、防水防尘电器,来源是国际电工委员会的标准 IEC 60529,这个标准在 2004 年也被采用为美国国家标准。在这个标准中,针对外壳对异物的防护,IP 等级的格式为 IP××,其中××为两个阿拉伯数字,第一标记数字表示接触保护和外来物保护等级,第二标记数字表示防水保护等级,数字越大表示其防护等级越佳。具体的防护等级可以参考表 2-1 和表 2-2。

此处以欧贝黎新能源科技股份有限公司的 EP125M/72-185 为例进行介绍,组件型号不同厂商表示不同,这里不作介绍。

1)电气参数

EP125M/72-185 电气参数如表 2-3 所示。其中,功率单位为瓦(W),电压与电流单位分

表 2-1 IP 防尘等级

号 码	防尘等级(第一个×表示)
0	没有保护
1	防止大的固体侵入
2	防止中等大小的固体侵入
3	防止小固体进入侵入
4	防止物体大于 1 mm 的固体侵入
5	防止有害的粉尘堆积
6	完全防止粉尘侵入

表 2-2 IP 防水等级

号 码	防水等级(第二个×表示)
0	没有保护
1	水滴滴入到外壳无影响
2	当外壳倾斜到 15°时,水滴滴入到外壳无影响
3	水或雨水从 60°角落到外壳上无影响
4	液体由任何方向泼到外壳没有伤害影响
5	用水冲洗无任何伤害
6	可用于船舱内的环境
7	浸在水中一定时间或水压在一定的标准以下,可确保不因浸水而造成损坏
8	于一定压力下长时间浸水

表 2-3 EP125M/72-185 电气参数表

	型 号	EP125M/72-185W
电气参数	最大输出功率 P_m/W	185
	公差/%	0/+3
	最佳工作电压 V_{mp}/V	35.59
	最佳工作电流 I_{mp}/A	5.262
	开路电压 U_{oc}/V	44.29
	短路电流 I_{sc}/A	5.696
	电池片转换效率 η_c/%	14.49
	最大系统电压/V	1000
	工作温度/℃	−40～85
	峰值功率的温度系数 T_k/P_m	−0.46%/K
	开路电压的温度系数 $T_k(V_{oc})$	−0.39%/K
	短路电流的温度系数 $T_k(I_{sc})$	+0.031%/K

别为伏特（V）与安培（A），温度单位为摄氏度（℃）。该型号组件最大输出功率为 185 W。该型号组件最大输出功率的允许范围为 185～190.55 W 之间。在最大功率点处的工作电压为 35.59 V，工作电流为 5.262 A，该组件的开路电压为 44.29 V，短路电流为 5.696 A，电池片将光能的 14.49% 转换为电能，组成光伏发电系统的最大电压为 1000 V，可在零下 40 摄氏度到零上 85℃ 之间正常工作。温度每升高 1 K，组件最大功率下降 0.46%，开路电压下降 0.39%，短路电流上升 0.031%。

2）机械参数

EP125M/72-185 机械参数如表 2-4 所示。机械参数中尺寸以毫米（mm）为单位。该型号组件采用每列 12 片 125 mm×125 mm 的单晶硅太阳能电池片串接，再用 6 列串联，制作而成。组件长 1580 mm，宽 808 mm，厚 35 mm，重 15 kg。制作组件的玻璃采用 3.2 mm 厚低铁超白钢化玻璃，边框选用阳极铝边框，接线盒防护等级在 IP67 级以上，即完全防止粉尘进入，可以浸在水中一定时间或水压在一定的标准以下，可确保不因浸水而造成损坏。

在进行组件加工时，也会有相关的参数要求，因此应在充分了解参数要求后才能进行设计与生产。

表 2-4　EP125M/72-185 机械参数表

型　号	EP125M/72-185W
太阳能电池片	单晶太阳能电池片 125 mm×125 mm
电池片数量	72(6×12)
组件尺寸	1580 mm×808 mm×35 mm
机械参数　质量	15 kg
玻璃	3.2 mm 厚度低铁超白钢化玻璃
边框	阳极铝边框
接线盒	IP67 以上

二、太阳能电池组件封装材料

1. EVA 太阳电池胶膜

EVA 太阳电池胶膜是以 EVA（乙烯与醋酸乙烯脂共聚物的树脂产品，化学式结构（CH2—CH2）—（CH—CH2），英文名称为 Ethylene Vinyl Acetate，简称 EVA）为主要原料，添加各种改性助剂，充分混拌后，经生产设备热加工成型的薄膜状产品，如图 2-2 所示。

EVA 胶膜是一种热固性的膜状热熔胶，常温下不发黏，便于裁切等操作。但加热到所需要的温度，经一定条件热压便发生熔融粘接与交联固化。在太阳能电池的封装材料中，EVA 太阳能电池胶膜是最重要的材料。EVA 太阳能电池胶膜的使用不当，将对太阳能电池组件产生致命的缺陷，其性能直接影响组件的功率和寿命。EVA 太阳能电池胶膜在较宽的温度范围内具有良好的柔软性、耐冲击强度和良好的光

图 2-2　EVA 太阳能电池胶膜

学性能、耐低温及无毒的特性。

1）EVA 的原理

EVA 是一种热融胶黏剂，常温下无黏性而且具有抗黏性，便于操作，经过一定条件热压便发生熔融粘接与交联固化，并且变得完全透明。长期的实践证明它在太阳电池封装与户外使用均获得相当满意的效果。

固化后的 EVA 能承受大气变化且具有弹性，它将太阳能电池片组"上盖下垫"，将太阳能电池片组密封，并和上层保护材料——玻璃、下层保护材料——TPT（聚氟乙烯复合膜），利用真空层压技术黏合为一体。EVA 和玻璃黏合后能提高玻璃的透光率，起着增透的作用，并对太阳能电池组件的功率只有增强作用。EVA 厚度在 0.4～0.6 mm 之间，表面平整，厚度均匀，内含交联剂，能在 150℃左右温度下固化交联。

EVA 主要有两种，一种是快速固化型，另一种是常规固化型，不同的 EVA 层压过程有所不同。采用加有抗紫外剂、抗氧化剂和固化剂，厚度为 0.4 mm 的 EVA 膜层作为太阳电池的密封剂，使它和玻璃、TPT 之间密封粘接。制作太阳能电池组件的 EVA 太阳能电池胶膜，主要根据透光性能和对环境的适应性能进行选择。

2）EVA 的性能

EVA 具有优良的柔韧性、耐冲击性、弹性、光学透明性、低温绕曲性、黏着性、耐环境应力开裂性、对环境的适应性、耐化学药品性、热密封性。EVA 和玻璃黏合后能提高玻璃的透光率，起着增透的作用，并对太阳能电池组件的功率只有增强作用。

EVA 的性能主要取决于分子量（用熔融指数 MI 表示）和醋酸乙烯脂（以 VA 表示）的含量。当 MI 一定时，VA 的弹性、柔软性、黏结性、相溶性和透明性提高，VA 的含量降低，则接近聚乙烯的性能。当 VA 含量一定时，MI 降低则软化点下降，而加工性和表面光泽改善，但是强度降低，分子量增大，可提高耐冲击性和应力开裂性。

不同的温度对 EVA 的交联度有比较大的影响，EVA 的交联度直接影响到组件的性能以及使用寿命。在熔融状态下，EVA 与晶体硅太阳电池片、玻璃、TPT 产生黏合，在这过程中既有物理反应也有化学反应。未经改性的 EVA 透明柔软，有热熔黏合性，熔融温度低，熔融流动性好。但是其耐热性较差，易延伸而低弹性，内聚强度低而抗蠕变性差，易产生热胀冷缩导致晶片碎裂，使得粘接脱层。

通过采取化学胶联的方式对 EVA 进行改性，其方法就是在 EVA 中添加有机过氧化物交联剂，当 EVA 加热到一定温度时，交联剂分解产生自由基，引发 EVA 分子之间的结合，形成三维网状结构，导致 EVA 胶层交联固化，当胶联度达到 60%以上时能承受大气的变化，不再发生热胀冷缩。

3）EVA 的性能指标

（1）固化温度。用于太阳能电池封装的 EVA 是专门设计的热固性热熔胶，即在加热熔融的同时会发生固化反应。当温度较低时，交联反应发生的速度很缓慢，完成固化所需要的时间较长，反之需要的时间就比较短。因此要选择一适宜的层压温度，使 EVA 在熔融中获得流动性，同时发生固化反应。随着反应的进行，交联度增加，EVA 失去流动性，起到封装的作用。

（2）交联度。用于太阳能电池封装的 EVA 在层压过程中发生了交联反应,形成了三维网状结构。EVA 胶膜有交联固化作用,EVA 胶膜加热到一定温度,在熔融状态下,其中的交联剂分解产生自由基,引发 EVA 分子间的结合,使它和晶体硅电池、玻璃、TPT 产生粘接和固化,三层材料组成为一体,固化后的组件在阳光下 EVA 不再流动,电池片不再移动。因为太阳能电池长期工作于户外,EVA 胶膜必须能经受得住不同地域环境和不同气候的侵蚀。因此 EVA 的交联度指标对太阳能电池组件的质量与寿命起着至关重要的作用;

（3）粘接强度。EVA 的粘接强度决定了太阳能电池组件的近期质量。EVA 常温下不发粘,便于操作,但加热到所需温度,在层压机的作用下,发生物理和化学的变化,将电池片、玻璃和 TPT 粘接。如果粘接不牢,短期内即可出现脱胶。

（4）其他指标。EVA 的耐热性、耐低温性、抗紫外线老化等指标对太阳能电池组件的功率衰减起着决定性的作用。

用作太阳能电池组件封装的 EVA,主要对以下几点性能提出要求:

① 熔融指数:影响 EVA 的融化速度。

② 软化点:影响 EVA 开始软化的温度点。

③ 透光率:对于不同的光谱分布有不同的透过率,这里主要指的是在 AM 1.5 的光谱分布条件下的透过率。

④ 密度:交联后的密度。

⑤ 比热:交联后的比热,反映交联后的 EVA 吸收相同热量的情况下温度升高数值的大小。

⑥ 热导率:交联后的热导率,反映交联后的 EVA 的热导性能。

⑦ 玻璃化温度:反映 EVA 的抗低温性能。

⑧ 断裂张力强度:交联后的 EVA 断裂张力强度,反映了 EVA 胶联后的抗断裂机械强度。

⑨ 断裂延长率:交联后的 EVA 断裂延长率,反映了 EVA 胶联后的延伸性能。

⑩ 张力系数:交联后的 EVA 张力系数,反映了 EVA 交联后的张力大小。

⑪ 吸水性:直接影响其对电池片的密封性能。

⑫ 交联率:EVA 的交联度,直接影响到它的抗渗水性及耐候性。

⑬ 剥离强度:反映了 EVA 与玻璃、EVA 与背板之间的粘接强度。

⑭ 耐紫外光老化:影响到组件的户外使用寿命。

⑮ 耐热老化:影响到组件的户外使用寿命。

⑯ 耐低温环境老化:影响到组件的户外使用寿命。

EVA 固化前后的主要性能参数见表 2-5 所示。

4）EVA 的使用要求

产品在收卷时有轻微拉紧,在放卷裁切时不应用力拉,建议留 2% 左右的纵向余量,裁切后放置半小时,让胶膜自然回缩后再层叠更好。初次使用新产品或设备时,应先采用模拟板层压试验,确认工艺条件合适后,再投入正式生产。不要用手直接接触 EVA 胶膜表面,以免影响粘接性能。不要让产品受潮,以免影响粘接性能或导致气泡的产生。打开包装或裁切后,建议在 48 h 内用完。不要用力拉胶膜,以免产生变形,影响使用性能。未用完的 EVA,要重新包装好。

表 2-5　EVA 固化前后主要性能参数

序号	性 能 名 称	单 位	参 考 数 据
1	熔融指数(固化前)	g/min	30
2	软化点(固化前)	℃	58
3	密度	g/cm³	0.96
4	比热容	J/(g·℃)	2.30
5	绝缘电阻	MΩ	1.45×10^6
6	击穿电压	kV/mm	19
7	抗拉强度	MPa	26
8	延伸率	%	420
9	透光率(固化后)	%	＞91.0
10	折射率		1.491
11	水吸收率(20℃,24 h)	%	＜0.01
12	收缩率(固化前测试,120℃,3 min)	%	＜5.0
13	完全交联度(150℃,15 min 与 160℃,30 min)	%	＞93.00
14	胶膜与玻璃的剥离强度(140℃、20 min 固化后)	N/cm	＞30
15	胶膜与 TPT 的剥离强度(140℃、20 min 固化后)	N/cm	＞20
16	耐紫外光老化(UV,1000 h)	%	90 以上
17	耐湿热老化(＋85℃,85％湿度,1000 h)	%	85 以上

在裁切、铺设过程中,最好设置除静电工序,以消除组件内各部件中的静电,从而确保封装组件的质量。批序号标签贴在每卷产品的纸芯内和包装箱外。建议使用时记录下批序号,以便发现质量问题时,可以追查原因。EVA 太阳能电池胶膜是太阳能电池组件封装的主要材料之一,其性能直接影响组件的功率和寿命。为了保证组件能在室外使用 20 年以上,必须正确地使用和加工,充分发挥 EVA 胶膜的性能,以达到理想的效果。

5)EVA 材料的区别

外观区别体现在以下几点:

① 厚度:根据不同的需要,可以分别采用 0.35 mm、0.45 mm、0.60 mm 和 0.80 mm 厚度的 EVA。

② 表面:绒面或平面。

③ 软硬:较软的 EVA 其熔点较低,反之则熔点较高。

内在区别体现在以下几点:

① 交联剂添加多,交联度高,但容易老化,易发黄;反之,则交联度低,不易发黄。

② 醋酸乙烯酯(熔体流动速率一定)含量高,EVA 的弹性、柔软性、耐冲击性、耐应力开裂

性、耐气候性、黏结性、相溶性、透明性和光泽度提高；反之，则强度、硬度、融熔点、屈伸应力和热变形性降低。

③ 熔体流动速率（醋酸乙烯酯一定）高，融熔体的流动性、黏度、韧性、抗拉强度、耐应力开裂性增加；反之，断裂伸长率、强度、硬度降低，但屈伸应力不受影响。

6）EVA 运输与贮存

EVA 胶膜应避光、避热、避潮运输，平整堆放，堆放高度不得多于四层，不得使产品弯曲和包装破损。EVA 胶膜的最佳贮存条件：放在恒温、恒湿的仓库内，其温度在 0℃～30℃之间，相对湿度小于 60%；避免阳光直照，不得靠近有加热设备或有灰尘等污染的地方，并应注意防火；贮存期不超出 6 个月，建议在 3 个月内使用完。贮存期以合格证上注明的生产日期为起始日。

2. 背板材料

白色背板对阳光起反射作用，对组件的效率略有提高，并因具有较高的红外反射率，还可降低组件的工作温度，有利于提高组件的效率。背板还可增强组件抗氧化性和抗渗水性。对于白色背板 TPT（见图 2-3），对入射到组件内部的光进行散射，提高组件吸收光的效率。背板可延长了组件的使用寿命，并提高了组件的绝缘性能，使其可以防止与空气接触，并且防止曝光。

图 2-3　TPT 背板材料

1）常用背板材料

一般常用材料有 TPT、TPE、PET、BBF 和其他含氟材料。市面常用品牌有德国 KREMPEL、韩国 SFC、奥地利 ISOVOLTA、日本 KEIWA250/300、日本 DNP、日本东洋铝业、美国 3MBBF、杭州帆度和杭州哈氟龙等。一般使用中以选择 TPT 材料的背板为主。下面对几种常用材料进行简单介绍。

（1）TPT（聚氟乙烯复合膜）背板。TPT 用在组件背面，作为背面保护封装材料。用于封装的 TPT 有三层结构：外层保护层 PVF 具有良好的抗环境侵蚀能力；中间层为 PET 聚脂薄膜具有良好的绝缘性能；内层 PVF 需经表面处理和 EVA 具有良好的粘接性能（PVF-PET-PVF——三层薄膜构成的背膜，简称 TPT）。

（2）PET 背板。聚苯二甲酸乙二醇酯是热塑性聚酯中最主要的品种，英文名为 polythylene terephthalate 简称 PET 或 PETP，俗称涤纶树脂，它是对苯二甲酸与乙二醇的缩聚物，与 PBT 一起统称为热塑性聚酯或饱和聚酯。

1946 年英国发明了第一个制备 PET 的专利,1949 年英国 ICI 公司完成测试,美国杜邦公司购买专利后,1953 年建立了生产装置,在世界上最先实现工业化生产。初期 PET 几乎都用于合成纤维(我国俗称涤纶、的确良)。20 世纪 80 年代以来,PET 作为工程塑料有了突破性的进展,相继研制成核剂和结晶促进剂。目前 PET 与 PBT 一起作为热塑性聚酯,成为五大工程塑料之一。PET 是乳白色或浅黄色高度结晶性的聚合物,表面平滑而有光泽。它耐蠕变、抗疲劳性、耐摩擦、尺寸稳定性好,磨耗小而硬度高,具有热塑性塑料中最大的韧性。电绝缘性能好,受温度影响小,但耐电晕性较差。无毒、耐气候性、抗化学药品稳定性好,吸水率低,耐弱酸和有机溶剂,但不耐热水浸泡,不耐碱。PET 树脂的玻璃化温度较高,结晶速度慢,模塑周期长,成型周期长,成型收缩率大,尺寸稳定性差,结晶化的成型呈脆性,耐热性低等。通过成核剂以及结晶剂和玻璃纤维增强的改进,PET 除了具有 PBT 的性质外,还有以下特点:

① 热变形温度和长期使用温度是热塑性通用工程塑料中最高的。

② 因为耐热高,增强 PET 在 250℃ 的焊锡浴中浸渍 10 s,几乎不变形也不变色,特别适合制备锡焊的电子、电器零件。

③ 弯曲强度 200 MPa,弹性模量达 4 000 MPa,耐蠕变及疲劳性也很好,表面硬度高,机械性能与热固性塑料相近。

(3) TPE 背板。TPE 又称热塑性弹性体,是通过对苯二甲酸 1,4-丁二醇及聚丁醇共聚而成,其硬段比例增大可增强物理刚性和化学稳定性,软段比例增大可提高柔韧性和低温性能。TPE 既具有橡胶的高弹性、高强度、高回弹性特征,又具有可注塑加工的特征,具有环保、无毒、安全,硬度范围广,有优良的着色性、耐候性、抗疲劳性和耐温性,触感柔软,加工性能优越,无须硫化,可以循环使用从而降低成本,既可以二次注塑成型与 PP、PE、PC、PS、ABS 等基体材料包覆粘合,也可以单独成型。

热塑性弹性体既具有热塑性塑料的加工性能,又具有硫化橡胶的物理性能,可谓是塑料和橡胶的优势组合。热塑性弹性体正在迅速占领原本只属于硫化橡胶的领地。近十余年来,电子电器、通讯与汽车行业的快速发展带动了热塑性弹性体的高速发展。TPE 具有硫化橡胶的物理机械性能和热塑性塑料的工艺加工性能。由于不需经过热硫化,使用通用的塑料加工设备即可完成产品生产。这一特点使橡胶工业生产流程缩短了 1/4,节约能耗 25%~40%,堪称橡胶工业又一次材料和工艺技术革命。

2) 太阳能电池组件对背板材料的基本要求

选择背板材料,要求选用材料具有粘结强度合适,良好的层间粘合性及和 EVA 的完美结合,适应外界能力较强,并具有很好的光学性能和耐候性、耐老化、耐腐蚀、不透气等基本要求,还应具有极好的抗氧化和抗潮湿性,良好的抗蠕变、抗冲击和抗疲劳性能,高冲击强度和良好的低温柔韧性和良好的对化学物质、油品、溶剂和气候的抵抗能力。此外,背板材料还应具有高抗撕裂强度及高耐摩擦性能和尺寸稳定性,以及高绝缘耐压强度。

几种常用背板材料的主要技术参数见表 2-6 所示。

封装用背板必须保持清洁,不得沾污或受潮,特别是内层不得用手指直接接触,以免影响 EVA 的粘接强度。背板不得有打折、破损、穿孔、脱层、鼓泡等外观缺陷。

表 2-6 背板材料技术参数

性质	标准	单位	数值 1	数值 2	数值 3
厚度		mm	0.17±0.02	0.29±0.03	0.35±0.03
PVF 薄膜		μm	37	37	37
PET 薄膜		μm	75	190	250
抗拉强度 长度方向	DIN EN ISO 527－3	N/10 mm	≥170	≥380	≥550
抗拉强度 横向方向		N/10 mm	≥170	≥300	≥500
伸长率 长度方向	IPV NO. 38	%	≥125	≥150	≥165
伸长率 横向方向		%	≥95	≥120	≥140
PVF 与 PET 之间 剥离强度	IPV EN 60674	N/5 cm	≥20	≥20	≥20
与 EVA 间剥离强度	DIN EN 60674	N/cm	≥40	≥40	≥40
失重(24 h、150℃)	ISO 15106－3	%	约 0.25	约 0.25	约 0.25
尺寸稳定性 长度方向	IEC 60243－1	%	约 1.5	约 1.5	约 1.5
(0.5 h、150℃)横向		%	约 1.0	约 1.0	约 1.0
水蒸气渗透率	IEC 60664－1	g/(m²d)	约 1.6	约 1.0	约 1.0
击穿电压		kV	约 18	约 22	约 28
最大系统电压		V/DC	715	930	1145

　　背板材料应避光、避热、避潮运输,平整堆放,不得使产品弯曲和包装破损。背板的最佳贮存条件是放在恒温、恒湿的仓库内,其温度在 0℃～40℃ 之间,相对湿度小于 60%。避免阳光直照,不得靠近有加热设备或有灰尘等污染的地方,并应注意防火。背板材料保质期为 12 个月。

3. 涂锡带

　　涂锡带(也称焊带,见图 2-4)用于太阳能组件生产时将太阳能电池片焊接连接并将组件电极引出,要求涂锡带具有较高的焊接操作性,良好的延伸性和力学性能,并具有良好的导电性能和抗腐蚀性,且要求寿命高,要求封装后使用寿命在 25 年以上。涂锡带基底材料为铜基材,它是在紫铜的基础上进行镀锡工艺的产物,选用 GB/T 11091—2005 中 TU1 无氧铜带,纯度≥99.99%。作为其核心基本材料的紫铜在合金带生产中占据十分重要的地位。涂锡带由无氧铜剪切拉制而成,所有外表面都有热镀涂层。

图 2-4 涂锡带

　　涂锡带按用途可分为互连带和汇流带两种,互连带用于将单片的太阳能电池串接,汇流带是把几列电池片组输出的电流汇集到一起后输出。按涂层可分为锡铅系和无铅系两种,锡铅系涂层材料为 SnPb40,表示锡铅比例为 60:40,其中还包含其他元素,如抗脱焊剂、抗腐蚀剂、抗氧化剂等;无铅系是因环境污染问题,提倡使用无铅涂锡带,其涂层材料分为 Sn—Ag、Sn—Au 和 Sn—Cu 几种。常见的有 Sn95Ag5 和 Sn97Ag3，选择银元素的主要好处是考虑其导电能力强，焊接后表面光亮，焊接容易。目前国内市面上主要的几个品牌有昆明三利特、无锡斯威克和上海胜佰等。随着欧盟 ROHS 指令的实施，光伏厂家选择使用无铅焊带成为一种必然，如何尽快完善无铅工艺是众多企业急需解决的问题。无铅涂锡带选用的焊锡有多种，下面简要介绍一下各种焊锡的优缺点。日系锡银铜焊锡（305），成分是 3％银，0.5％铜，96.5％锡，这种焊锡熔点 218℃，强度较高，流动性较差，在组件焊接过程中要保证较高的焊接温度，要求用户在选用电烙铁的时候要选择 90 W 以上电烙铁。欧系锡银焊锡，一般含锡 95.5％，含银 4.5％，这种焊锡熔点 221℃，焊接流畅性较好，焊锡强度足够满足太阳能电池组件的要求，缺点是价格昂贵。锡银铜铋或者锡银铜铟系焊锡，这类焊锡熔点较低，焊接相对容易（对照无铅而言），但是过低熔点的焊锡强度很差，焊锡硬而脆，不太适合太阳能电池组件的焊接。如果对各种组分的配比掌握的好，可以达到焊锡的强度要求和塑性要求，熔点一般比 305 焊锡低 5℃～10℃。涂锡带技术指标如表 2-7 所示。

表 2-7　涂锡带技术指标

序号	性能名称	要　　求
1	体积电阻率 TU1	≤1.724 Ω/cm；
2	抗拉强度	(M)≥200 MPa；(软)≥196 MPa；(半硬)≥245 MPa
3	延伸率	矫直带≥5％；未矫直带≥23％。
4	软硬状态	保证基材维氏硬度 HV(M)：50～60
5	成品体积电阻系数	(2.20±0.10)Ω/cm
6	涂锡厚度	0.01 mm≤单面≤0.045 mm
7	涂层熔化温度	锡铅系列 ≤ 189℃，无铅系列≤231℃
8	厚度公差	±0.005 mm
9	宽度公差	±0.01 mm
10	侧边弯曲度（镰刀弯度）	对于盘状包装产品，每 1000 mm 长合金带自中心处测量不超过 6 mm。对于轴状包装产品，每 1000 mm 长合金带自中心处测量不超过 4 mm
11	固液相线温度	180℃～185℃（含铅），221℃～231℃（无铅）
12	蛇行带	≤4/1000
13	折断率	行标 7 次（180°弯折为一次）以上
14	镰刀弯曲度	每米长度自中心处测量不超过 1.5 mm
15	外观质量	表面光滑，色泽发亮，边部不能有毛刺等

涂锡带一般选用的标准是根据电池片的厚度和短路电流的多少来确定涂锡带的厚度，涂锡带的宽度要和电池的主栅线宽度一致，涂锡带的软硬程度一般取决于电池片的厚度和焊接工具。手工焊接要求涂锡带的状态越软越好，软态的涂锡带在烙铁走过之后会很好地和电池片接触在一起，焊接过程中产生的应力很小，可以降低碎片率。但是太软的涂锡带抗拉力会降低，很容易拉断。对于自动焊接工艺，涂锡带可以稍硬一些，这样有利于焊接机器对涂锡带的调直和压焊，太软的涂锡带用机器焊接容易变形，从而降低产品的成品率。此外选择涂锡带时

还应考虑以下几点：

（1）较低的焊接温度（较低的焊接温度可以降低组件生产工艺的实现难度，有效地降低不良率）。同一材料封装时焊接温度提高的同时，焊接基材（涂锡合金带与硅片）之间的热应力差（Si 为 2～3 ppm/℃，Cu 为 16.5 ppm/℃，Sn63Pb37 为 23.3 ppm/℃ 等，铜基材的热膨胀系数是硅材料的 6.5 倍左右）也相应地提高，因此会间接导致各种不良现象（碎片，虚焊，焊接不牢）的上升。因此在焊接过程中，选用其涂敷层钎焊合金较低的熔点在作业过程中可以降低其焊接温度。

（2）涂层良好的可焊性。一般而言，在保证焊接质量的前提下，涂层可焊性越强，其焊接时间可以相应缩短，可以有效控制焊接不良的上升。

（3）良好的导电性能。涂敷成分良好的导电性能可以有效地降低电流传输过程中的损耗和热积累负面影响。

（4）良好的抗疲劳性。良好的抗疲劳性可以提高组件的机械强度及组件的使用寿命。

（5）涂层有害物质控制要求。一般而言组件生产厂家选用的无铅涂锡合金带必须完全符合欧盟 RoHS 环保指令规范。因全球范围内国家和地域情况的不同，有些地区尚未充分推进无铅化政策及组件生产工艺，传统的锡铅系列涂锡合金带仍是主导。

涂锡带在使用过程中应注意以下事项：

① 涂锡带在串联电池片的过程中一定要做到焊接牢固，避免虚焊、假焊现象的发生。生产厂家在选择涂锡带时一定要根据所选用的电池片特性来决定用什么状态的涂锡带。

② 焊接涂锡带使用的电烙铁根据不同的组件有不同的选择，焊接小型太阳能电池组件对烙铁的要求较低，无铅调温交流电烙铁（热磁铁控制）不适合焊接大面积的电池片。因为电池片的硅导热性能很好，烙铁头的热量会迅速传递到硅片上，瞬间使烙铁头的温度降低到 300℃ 以下，烙铁的温度补偿不足以保证烙铁的温度升高到 400℃，是不能保证无铅焊接的牢固性的，产生的现象是电池片在焊接过程中发生噼啪的响声，严重的立即使电池片出现裂纹，这是因为焊锡温度低引起的收缩应力造成的。

③ 烙铁头和涂锡带的接触端要尽量修理成和涂锡带的宽度一致，接触面要平整。焊接的助焊剂要选用无铅无残留助焊剂。在焊接无铅涂锡带的过程中，要注意调整工人的焊接习惯，无铅焊锡的流动性不好，焊接速度要慢很多，焊接时一定要等到焊锡完全溶化后再走烙铁，烙铁要慢走，如果发现走烙铁过程中焊锡凝固，说明烙铁头的温度偏低，要调节烙铁头的温度升高到烙铁头流畅移动、焊锡光滑流动为止。

涂锡带储存时应避光、避热、避潮，不得使产品弯曲和包装破损。其最佳贮存条件是放在恒温、恒湿的仓库内，其温度在 0℃～25℃ 之间，相对湿度小于 60%，并用棉布或软泡沫密封。

4. 钢化玻璃

钢化玻璃又称强化玻璃，是用物理的或化学的方法，在玻璃表面上形成一个压应力层，玻璃本身具有较高的抗压强度，不会造成破坏。当玻璃受到外力作用时，这个压力层可将部分拉应力抵消，避免玻璃的碎裂，虽然钢化玻璃内部处于较大的拉应力状态，但玻璃的内部无缺陷存在，不会造成破坏，从而达到提高玻璃强度的目的。众所周知，材料表面的微裂纹是导致材料破裂的主要原因。因为微裂纹在张力的作用下会逐渐扩展，最后沿裂纹开裂。而玻璃经钢化后，由于表面存在较大的压应力，可使玻璃表面的微裂纹在挤压作用下变得更加细微，甚至"愈合"。

钢化玻璃是平板玻璃的二次加工产品，钢化玻璃的加工可分为物理钢化法和化学钢化法。物理钢化玻璃又称为淬火钢化玻璃。它是将普通平板玻璃在加热炉中加热到接近玻璃的软化温度（600℃）时，通过自身的形变消除内部应力，然后将玻璃移出加热炉，再用多头喷嘴将高压冷空气吹向玻璃的两面，使其迅速且均匀地冷却至室温，即可制得钢化玻璃。这种玻璃处于内部受拉而外部受压的应力状态，一旦局部发生破损，便会发生应力释放，玻璃被破碎成无数小块，这些小的碎片没有尖锐棱角，不易伤人。在钢化玻璃的生产过程中，对产品质量影响最大的是如何使玻璃形成较大而均匀的内应力。而对产量影响最大的则是如何防止炸裂和变形。化学钢化玻璃是通过改变玻璃表面的化学组成来提高玻璃的强度，一般是应用离子交换法进行钢化。其方法是将含有碱金属离子的硅酸盐玻璃，浸入到熔融状态的锂（Li^+）盐中，使玻璃表层的 Na^+ 或 K^+ 离子与 Li^+ 离子发生交换，表面形成 Li^+ 离子交换层。由于 Li^+ 的膨胀系数小于 Na^+、K^+ 离子，从而在冷却过程中造成外层收缩较小而内层收缩较大，当冷却到常温后，玻璃便同样处于内层受拉，外层受压的状态，其效果类似于物理钢化玻璃。

应力特征成为鉴别真假钢化玻璃的重要标志。目前，在业内鉴别钢化玻璃与普通玻璃主要靠听，也就是说用手敲击玻璃，如果玻璃发出清脆响声，则说明玻璃是钢化玻璃，反之则为普通玻璃。

当玻璃均匀加热到钢化温度后骤然冷却时，由于内外层降温速度的不同，表层急剧冷却收缩，而内层降温收缩迟缓。结果内层因被压缩受压应力，表层受张应力。随着玻璃的继续冷却，表层已经硬化停止收缩，而内层仍在降温收缩，直至到达室温。这样表层因受内层的压缩形成压应力，内层则形成张应力，并被永久的保留在钢化玻璃中。由于玻璃是抗压强而抗拉弱的脆性材料，当超过抗张强度时玻璃即行破碎，所以内应力的大小及其分布形式是影响玻璃强度及炸裂的主要原因。另一种情况是玻璃在可塑状态下冷却时，不论是加热不均，还是冷却不均，只要在同一块玻璃上有温差，就会有不同的收缩量。在降至室温时，温度越高的地方降温越多，收缩量越大，玻璃也就越短。相反温度越低的地方降温少，收缩量也小，玻璃也就长。

由于钢化玻璃内部的应力分布已处于均衡的状态，当进行切割、钻孔等再加工时，因应力平衡破坏而引起破碎，所以一般不允许进行再加工。但是轻微的加工，例如对划伤、彩虹等缺陷进行抛光时，对产品性能并没有多大影响。钢化玻璃在热处理完成以后及使用过程中无直接外力的作用下会发生自行爆裂的现象。

钢化玻璃是普通平板玻璃经过再加工处理而成一种预应力玻璃。钢化玻璃相对于普通平板玻璃来说，具有两大特征（见后），使用时应注意的是钢化玻璃不能切割、磨削，边角不能碰击挤压，需按现成的尺寸规格选用或提出具体设计图纸进行加工定制。钢化玻璃强度是普通玻璃的数倍，抗拉度是后者的 3 倍以上，抗冲击力是后者 5 倍以上。钢化玻璃不容易破碎，即使破碎也会以无锐角的颗粒形式碎裂，对人体伤害大大降低。热稳定性好，在受急冷急热时，不易发生炸裂是钢化玻璃的又一特点。这是因为钢化玻璃的压应力可抵销一部分因急冷急热产生的拉应力之故。钢化玻璃耐热冲击，最大安全工作温度为 288℃，能承受 204℃ 的温差变化。

钢化玻璃按生产工艺分类，可分为垂直法钢化玻璃和水平法钢化玻璃，垂直法钢化玻璃是在钢化过程中采取夹钳吊挂的方式生产出来的钢化玻璃；水平法钢化玻璃是在钢化过程中采取水平辊支撑的方式生产出来的钢化玻璃。钢化玻璃按形状分类可分为平面钢化玻璃和曲面钢化玻璃两种。

组件生产过程中使用钢化玻璃封装并保护组件，其绒面便于与 EVA 之间进行有效粘结，增强组件的对阳光的吸收，提高组件的转换效率。

太阳能电池组件生产用到的钢化玻璃要求钢化玻璃强度高，其抗压强度可达 125 MPa 以上，比普通玻璃大 4～5 倍；抗冲击强度也很高。用钢球法测定时，1040 g 的钢球从 1～1.2 m 高度落下，玻璃可保持完好。太阳能电池组件生产使用的钢化玻璃的弹性比普通玻璃大得多，一块 1200 mm×350 mm×6 mm 的钢化玻璃，受力后可发生达 100 mm 的弯曲挠度，当外力撤除后，仍恢复原状，而普通玻璃弯曲变形只能有几毫米。

太阳能电池组件生产使用的钢化玻璃的钢化性能符合 GB 9963—1998，封装后的组件抗冲击力性能达到 GB 9535—98（地面用硅太阳能电池组件环境试验方法）中规定的性能指标。一般情况下，在太阳光谱响应的波长范围内（320～1100 nm）透光率要大于 91.6%。对大于 1200 nm 的红外光有较高的反射率，能耐太阳紫外线的辐射，透光率不下降。具体指标见表 2-8 和表 2-9。

表 2-8　太阳能电池组件钢化玻璃的性能要求

序号	性 能 名 称	要　求
1	太阳光透过比（3.2 mm 厚）	$\geqslant 91.6\%$
2	玻璃含铁量	$\leqslant 150\ ppmFe_2O_3$
3	泊松比	0.2
4	密度	2.5 g/cc
5	杨氏弹性模量	73 GPa
6	拉伸强度	42 MPa
7	半球辐射率	0.84
8	膨胀系数	$9.03 \times 10^{-6}/℃$

表 2-9　太阳能电池组件钢化玻璃的技术要求

序号	技术要求名称	要　求
1	厚度	3.2 mm ±0.1 mm
2	钢化粒度	国产玻璃：40/（5 cm×5 cm）； 进口玻璃：（70～80）/（5 cm×5 cm）
3	机械强度	重 227 g 的钢球，高度 1 m，自由下落正面砸下，玻璃完好无损
4	表面质量	平整、透明、光亮；无杂质、气泡、气线；无划痕、裂纹；四边垂直度；倒角
5	长度×宽度	符合图纸或协议要求，公差为±1 mm
6	软化点	720 ℃
7	退火点	550 ℃
8	应变点	500 ℃

在钢化玻璃的选择与使用过程中,技术人员常使用以下专业术语,在此简单介绍:

图案不清——局部花纹图案不清或者变形。

线条——压花玻璃表面呈现的线状条纹缺陷。

气泡——压花玻璃中的夹杂气体物。

划伤——在生产和储运、装卸过程中,玻璃表面被划伤的痕迹。

压痕(包括辊伤)——因压辊表面的原因造成玻璃板面的缺陷或表面花纹被破坏。

皱纹——压花玻璃表面呈现波纹状缺陷。

裂纹——玻璃表面的开裂缺陷。

夹杂物——嵌入玻璃表面或裹在玻璃板中的未熔化的混合料颗粒及其他杂质。

整体弯曲度——玻璃经高温强化和淬冷之后,整个玻璃表面因承受不均匀的温度或风压,导致出现弧形弯曲。

局部弯曲度(即波形度)——玻璃经高温强化和淬冷后,局部出现不同程度的 S 形或波浪形的变形。

在钢化玻璃贮存或使用过程中有时会出现自爆现象。钢化玻璃自爆往往是由于生产钢化玻璃原片内部存在一些结石而导致钢化玻璃破碎,在钢化玻璃自爆起始点处,会存在硫化镍结石,这些硫化镍结石在钢化玻璃生产过程中会把高温晶态(a-NiS)"冻结"。

据国外研究统计,钢化玻璃自爆率一般为 $0.1\%\sim0.3\%$。引起钢化玻璃自爆的主要原因是玻璃中硫化镍(NiS)相变而引起的体积膨胀。解决自爆的对策主要有:控制钢化应力,均质处理(HST)等。均质处理的有效性取决于均质炉的性能及均质工艺,必须重视炉内玻璃放置方式、均质温度制度、炉内气流走向以及对均质自爆机理及影响因素等。均质处理(HST)是公认的彻底解决自爆问题的有效方法。将钢化玻璃再次加热到 290℃ 左右并保温一定时间,使硫化镍在玻璃出厂前完成晶相转变,让今后可能自爆的玻璃在工厂内提前破碎。这种钢化后再次热处理的方法,国外称作"Heat Soak Test",简称 HST。我国通常将其译成"均质处理",也俗称"引爆处理"。

太阳能电池组件生产用的钢化玻璃应用木箱或集装箱(架)包装,箱(架)应便于装卸、运输。每箱(架)的包装数量应与箱(架)的强度相适应。一箱(架)应装同一厚度、尺寸、级别的玻璃,玻璃之间应采取防护措施。包装箱(架)应附有合格证,标明生产厂名或商标、玻璃级别、尺寸、厚度、数量、生产日期、本标准号和轻搬正放、易碎、防雨怕湿的标志或字样。玻璃应避光、避潮,平整堆放,用防尘布覆盖玻璃运输时应防止箱(架)倾倒滑动。在运输和装卸时需有防雨措施。太阳能电池组件生产用的钢化玻璃最佳贮存条件是在恒温、干燥的仓库内,其温度在 25℃ 左右,相对湿度小于 45%,玻璃要清洁无水汽,不得裸手接触玻璃两表面。

5. 铝型材

铝型材对太阳能电池组件的作用是保护玻璃边缘,提高组件的整体机械强度,结合硅胶打边增强了组件的密封度,便于组件的安装和运输。

铝型材应采用 6063－T5 铝合金材质。其中第一位数表示主要添加合金元素,第一位数为 6 时表示主要添加合金元素为矽与镁。第二位数表示原合金中主要添加合金元素含量或杂质成分含量经修改的合金,第二位数为 0 时表示表原合金。第三及第四位数为纯铝时表示原合金,第三及第四位数为合金时表示个别合金的代号。"-"后面的 Hn 或 Tn 表示加工硬化的状态或热处理状态的錬度符号,Hn 表示非热处理合金的錬度符号,Tn 表示热处理合金的錬度符号。

T5 由高温成型过程冷却,然后进行人工时效的状态。适用于由高温成型过程冷却后,不经过冷加工(可进行矫直、矫平,但不影响力学性能极限),予以人工时效的产品。

6063-T5 铝材,钢度达到 14 度,参考 GB/T 5237.1～5237.5—2004《铝合金建筑型材》以及 GB/T 3190—1996《变形铝及铝合金化学成分》、GB/T 9535—1998《地面用晶体硅太阳能电池组件设计鉴定和定型》等标准,确定组件外边框型材的选定以及来料的检验。

组件用金属边框为铝合金材料,为达到太阳能电池组件要求的机械强度及其他要求,参照GB/T 3190—1996《变形铝及铝合金化学成分》,采用国际通用牌号为 6063-T5 铝合金材料,成分如表 2-10 所示。

表 2-10　6063-T5 铝合金材料成分

硅 (Si)%	铁 (Fe)%	铜 (Cu)%	锰 (Mn)%	镁 (Mg)%	铬 (Cr)%	镍 (Ni)%	锌 (Zn)%
0.2～0.6	0.35	0.1	0.1	0.45～0.9	0.1		0.1
钛 (Ti)%	钙 (Ga)%	钒 (Va)%	其他每种 占比%	其他全部 占比%	铝 (Al)%		
0.1			0.05	0.15	Remainder		

太阳能电池组件要保证长达 25 年左右的使用寿命,铝合金表面必须经过钝化处理,表面氧化层的处理厚度参照太阳能组件进行标注。

铝型材的种类分为阳极氧化、喷砂氧化和电泳氧化三种,规格有 25 mm、28 mm、35 mm、45 mm、48 mm、50 mm 等。

阳极氧化也即金属或合金的电化学氧化,是将金属或合金作为阳极,采用电解的方法使其表面形成氧化物薄膜。金属氧化物薄膜改变了表面状态和性能,如表面着色、提高耐腐蚀性、增强耐磨性及硬度、保护金属表面等。

喷砂氧化是指一般经喷砂处理后,表面的氧化物全被处理,并经过撞击后表面层金属被压迫成致密排列,令金属晶体变小,硬度提高,比较牢固致密。

电泳氧化就是利用电解原理在某些金属表面上镀上一薄层其他金属或合金的过程。电镀时,镀层金属做阳极,被氧化成阳离子进入电镀液;待镀的金属制品做阴极,镀层金属的阳离子在金属表面被还原形成镀层。为排除其他阳离子的干扰,且使镀层均匀、牢固,需用含镀层金属阳离子的溶液做电镀液,以保持镀层金属阳离子的浓度不变。电镀的目的是在基材上镀上金属镀层(deposit),改变基材表面性质或尺寸。电镀能增强金属的抗腐蚀性(镀层金属多采用耐腐蚀的金属),增加硬度,防止磨耗,增加润滑性、耐热性,使表面美观。

铝型材硬度高,韦氏硬度要大于 12;具有耐热性、抗腐蚀性(抗酸雨、海风、紫外线);与组件安装后增强组件抗冲击性能(大风冲击及抗雪压)、扭曲性能(安装使用时间 20 年以上不变形)。

6. 硅胶

硅胶由含氟硅氧烷、交联剂、催化剂、填料等成分组成。在太阳能电池组件生产过程中,硅胶主要用于密封绝缘玻璃和太阳能电池板,黏结组件和铝边框,保护组件减少外力的冲击。硅胶可以防水防潮,耐化学介质,耐气候老化 25 年以上,具有不腐蚀金属、绿色环保的特点。它能在室温中固化,深层固化速度快,大约 3 h 后就可对组件的表面进行清洁工作,密封性好,对铝材、玻璃、TPT/TPE 背材、接线盒塑料 PPO/PA 有良好的粘附性。

硅胶可分为三类,分别是脱酸型硅胶、脱醇型硅胶和脱胴肟型硅胶。脱酸型硅胶透明性好,固化快,黏结强度高,有酸味,对金属略有腐蚀。脱醇型硅胶为中性,气味芳香,固化中等,对金属无腐蚀。脱胴肟型硅胶为中性,低气味,无腐蚀。

太阳能电池组件的封装一般会有三个地方用到硅胶材料:铝合金边框密封用硅胶,接线盒固定在电池板背后用硅胶粘接,有些接线盒里面灌封导热硅胶材料密封。太阳能电池组件专用密封胶是中性单组分有机硅密封胶。

用于太阳能电池组件的硅胶应该符合欧盟 ROHS 环保认证;符合 UL 防火认证;耐老化,85℃,85％湿度,1000 h 抗老化实验,胶体耐黄变,经 85℃ 老化测试,胶体表面未见明显黄变;－40℃～85℃ 高低温实验,具有良好的耐候性;经高温高湿环测,与各类 EVA 有良好的兼容性;胶体的工艺性优良,良好的耐形变能力;室温固化;有优异的黏结、密封强度,可以安全有效保护硅晶片不被污染、氧化。

国内代表性的产品有北京可赛新的 1527(天山)、上海回天的 906、信越的 KE45 和深圳天永诚等。

硅胶固化前后的主要技术参数见表 2-11 和表 2-12 所示。

表 2-11　硅胶固化前的技术参数

序号	参 数 名 称	参 数 要 求
1	外观颜色	外观白色或乳白色
2	相对密度/(g/cm³)	1.2～1.5
3	表干时间/min	5～10
4	完全固化时间/天	5～7
5	固化类型	脱醇、脱酸、脱酮肟

表 2-12　硅胶固化后的技术参数

序号	参 数 名 称	参 数 要 求
1	硬度	50±2
2	抗拉强度/MPa	2.0±0.2
3	扯断伸长率	200～300
4	剥离强度/(N/mm)	＞5
5	使用温度范围/℃	－60～260
6	体积电阻率/(Ω·cm)	≥2.0×10^16
7	介电常数(1.2 MHz)	2.9
8	阻燃等级	94-V0
9	介电强度/(kV/mm)	≥18

注:以上性能数据均在 25℃,相对湿度≥55％,固化 7 天后测试。仅供参考,具体数据请向供应商索取。

硅胶产品应贮存在干燥、通风、阴凉的仓库内,应避光、避热(温度 8℃～28℃)、避潮,无腐蚀性气体。在 25℃ 以下储存期约为一年。

硅胶应密封贮存,最好一次用完,避免造成浪费;若操作完成后,硅胶没有用完,应立即拧紧盖帽,密封保存。再次使用时,若封口处有少许结皮,将其去除即可,不影响正常使用。

硅胶产品属非危险品,但勿入口和眼,可按一般化学品运输。

7. 接线盒

太阳能电池组件接线盒主要由接线盒与连接器两部分组成,主要功能是连接并保护太阳能电池组件,同时将太阳能电池组件产生的电流传导出来供用户使用,如图 2-5 所示。接线盒应和接线系统组成一个封闭的空间,接线盒为导线及其连接提供抗环境影响的保护,为未绝缘带电部件提供可接触性的保护,为与之相连的接线系统减缓拉力。太阳能电池组件接线盒应为用户提供安全、快捷、可靠的连接解决方案。产品必须通过 TUV、IEC 认证和国家认证。接线盒组成部分及作用如表 2-13 所示。

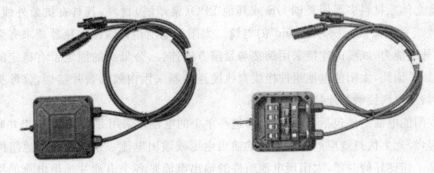

图 2-5 接线盒

表 2-13 接线盒组成部分及作用

序号	名　称	作　用
1	盒盖	密封盒体
2	盒体	支撑接线端子
3	接线端子	连接导线,安装二极管
4	二极管	单向导通
5	连接线	传导电流
6	连接器	连接电缆

接线盒要求外壳有强烈的抗老化、耐紫外线能力,符合室外恶劣环境条件下的使用要求。其自锁功能使连接方式更加便捷、牢固。此外,由于太阳能电池组件均为室外放置,因此接线盒必须应有防水密封设计。为保证产品安全性,接线盒还应具有科学的防触电保护功能,具有良好的安全性能。

接线盒防护等级要求满足 IP65 以上,相关参数要求如表 2-14 所示。

表 2-14　太阳能电池组件接线盒性能参数要求

序号	项　　目	说　　　明
1	工作电压	1000 V DC
2	工作电流	16 A
3	防护等级	IP65
4	连接电阻	<5 mΩ
5	主要材料	户外工程塑料；磷青铜镀银
6	温度范围	−40℃～85℃
7	焊带宽度	2～5 mm
8	电缆尺寸	4 mm²
9	连接器抗拉力	100 N
10	安全等级	ClassⅡ

接线盒盒体原材料多采用美国 GE 或其他 PPO（聚苯醚）材料，其具有抗紫外线的能力。接线盒连接线采用横截面积为 4 mm² 的电缆。太阳能电池组件线缆连接器要求有强烈的抗老化、耐紫外线能力，线缆的连接采用铆接与紧箍方式连接，公母头的固定带有稳定的自锁机构，开合自如。因此，太阳能电池组件接线盒线缆连接器采用内鼓形簧片接插，公母头插拔带有自锁机构，使电气接触与连接更加可靠。

一个太阳能电池组件包括多个电池片，这些单个的电池片采用并联、串联或串并联等形式连接在一起，经光生伏打效应产生所需要的输出电压或输出电流。当太阳能电池组件中所有的电池片都工作良好的时候，太阳能电池组件的输出电流是各个电池片输出电流的集合。然而，若一个或多个电池片的输出下降，不管是暂时地还是永久地，整个组件输出就肯定会受到影响。例如，若有一个电池片开路或输出电流减小了，那么与这个电池片相连的其他电池片的输出就会因此而受到阻碍；同样，若有一个电池片不能正常工作，例如被遮住了光线，则该电池片变成反向偏置而阻碍所有与之相串联的其他电池片正常输出；此外，若某一电池片仅仅是暂时被遮住，例如被树叶或是其他碎片暂时遮住，而其余的电池仍然正常工作，这样就会在该电池两端形成电位差，该电池又处于反向偏置状态，其结果就可能是该电池片永久性地损坏。为了解决这个问题，旁路二极管被用于太阳能电池组件中，关于旁路二极管知识在项目一中已介绍过，此处不再赘述。

接线盒二极管相关电性能参数如下所述：

（1）额定正向工作电流。二极管长期连续工作时允许通过的最大正向电流值。因为电流通过管子时会使管芯发热，温度上升，温度超过容许限度（硅管为 140℃ 左右，锗管为 90℃ 左右）时，就会使管芯过热而损坏。所以，二极管使用中不要超过二极管额定正向工作电流值。

（2）最高反向工作电压。加在二极管两端的反向电压高到一定值时，会将管子击穿，失去单向导电能力。为了保证使用安全，规定了最高反向工作电压值。

（3）反向电流。二极管在规定的温度和最高反向电压作用下，流过二极管的反向电流。反向电流越小，管子的单方向导电性能越好。值得注意的是反向电流与温度有着密切的关系，

大约温度每升高 $10℃$，反向电流增大一倍。

当不存在外加电压时，由于 PN 结两边载流子浓度差引起的扩散电流和自建电场引起的漂移电流相等而处于电平衡状态。当外界有正向电压偏置时，外界电场和自建电场的互相抑消作用使载流子的扩散电流增加引起了正向电流。外界有反向电压偏置时，外界电场和自建电场进一步加强，形成在一定反向电压范围内与反向偏置电压值无关的反向饱和电流。当外加的反向电压高到一定程度时，PN 结空间电荷层中的电场强度达到临界值产生载流子的倍增过程，从而产生大量电子空穴对及数值很大的反向击穿电流，称为二极管的击穿现象。

太阳能电池组件接线盒中旁路二极管工作电流应大于单体电池的短路电流。最大结温应大于二极管工作时自身的温度，它反应了二极管的耐热能力，如果二极管的工作温度长期超过该温度，则会导致该二极管的过热失效，结温要求大于 $150℃$。旁路二极管热阻反应了二极管的散热能力，热阻小能使二极管及时散热，不致于热失效。因此热阻越小，则散热越好，二极管因为过热失效的可能性就越小。二极管的自身压降越小越好，因为电流一定，若压降大，则发热大，有可能使二极管失效，压降小能减少自身的发热。反向击穿电压应大于与其并联电池开路电压的叠加值。例如，常见的 72 片单体电池串联组件的接线盒中用 10SQ050 型肖特基二极管，其反向工作电压为 50 V，最大平均电流 10 A，最大结温度 $200℃$。此外，还应按 IEC61215 测试太阳能电池组件接线盒内旁路二极管发散热量是否满足要求。

温度升高时，二极管的正向压降将减小，每增加 $1℃$，正向压降 V_D 大约减小 $2\,mV$，即具有负的温度系数。二极管负温度系数，随着温度升高，晶体管的正向导通压降（饱和压降）变小，允许通过的正向平均电流变小，而实际电流变大，烧坏管子。二极管在高温下会软击穿，如果电流还没有限制住，就会进入不可恢复的击穿。温度越高，压降越小。二极管是不容许直接并联的，否则非烧不可。若二极管直接并联，其中一只二极管 D_1 温度升高，因此载流子数目增加，导致电阻值降低，从而正向导通压降变小，而加在整个并联二极管阵列两端的电压不变，由于二极管 D_1 的电阻值降低，正向导通压降变小，导致流过二极管 D_1 的电流增大，以增大正向导通压降，维持并联二极管阵列两端的电压不变，电流增大了，温度继续升高，电流继续增大，而随着温度升高（$>150℃$），二极管允许通过的正向平均电流变小，烧坏管子。如果是正温度系数的二极管，随着温度升高，电阻值变大，正向导通压降变大，导致流过二极管 D_1 的电流减小，温度变小，电流又增大，自动均流。

这两年来因为二极管的问题造成退货事件已有多起，主要是因为二极管的结温太低，而接线盒的散热不好，造成二极管的热击穿，并带有接线烧毁等。在 IEC61215 二版中增加了二极管发热测试，其方法如下：

把组件放在 $75℃$ 烘箱中至热稳定，在二极管中通组件的实际短路电流，热稳定后（例如 1 h 后），测量二极管的表面温度，根据以下公式计算实际结温：

$$T_j = T_{case} + RUI$$

其中：R 为热阻系数，由二极管厂家给出；T_{case} 为二极管表面温度（用热电偶测出）；U 为二极管两端压降（实测值）；I 为组件短路电流。计算出的 T_j 不能超过二极管规格书上的结温范围。

以扬杰的 10SQ050 型二极管为例，如果实测外壳温度是 $150℃$，用在 72 片 125 电池片

180 W 的组件上,其结温为:

$$T_j = (150 + 3 \times 0.5 \times 5.4)\ ℃ = 158.1\ ℃$$

低于规格书中的最大结温 T_j,所以没有问题。

如果是 156 的片子,通的电流大,发热大,外壳温度假设测得 165 ℃,那么实际结温为:

$$T_j = (165 + 3 \times 0.5 \times 8)\ ℃ = 177\ ℃$$

高于规格书中的最大结温 175 ℃,测试失败。

所以,对于这个测试,选择二极管时可以考虑以下几个因素:额定正向工作电流越大越好,最大结温越大越好,热阻越小越好,压降越小越好,反向击穿电压一般 40 V 就足够了。

8. 助焊剂

助焊剂通常是以松香为主要成分的混合物,是保证焊接过程顺利进行的辅助材料。溶于甲、乙醇、异丙醇、醚、酮类,不溶于苯、四氯化碳。助焊剂主要作用有:

(1)去除氧化物,去除被焊接材质表面油污。破坏金属氧化膜使焊锡表面清洁,有利于焊锡的浸润和焊点合金的生成。

(2)防止再氧化。能覆盖在焊料表面,防止焊料或金属继续氧化。

(3)降低被焊接材质表面张力。增强焊料和被焊金属表面的活性,降低焊料的表面张力。

(4)焊料和焊剂是相熔的。可增加焊料的流动性,进一步提高浸润能力。

(5)辅助热传导。能加快热量从烙铁头向焊料和被焊物表面传递。

(6)增大焊接面积。合适的助焊剂还能使焊点美观。

其中比较关键的作用为去除氧化物与降低被焊接材质表面张力。

在整个焊接过程中,助焊剂通过自身的活性物质作用,去除焊接材质表面的氧化层,同时使锡液及被焊材质之间的表面张力减小,增强锡液流动、浸润的性能,帮助焊接完成,所以它的名字叫"助焊剂"。对助焊剂工作原理进行一个全分析,就是通过助焊剂中活化物质对焊接材质表面的氧化物进行清理,使焊料合金能够很好地与被焊接材质结合并形成焊点,在这个过程中,起到主要作用的是助焊剂中的活化剂等物质,这些物质能够迅速地去除焊盘及元件管脚的氧化物,并且有时还能保护被焊材质在焊接完成之前不再氧化。在去除氧化膜的同时,助焊剂中的表面活性剂也开始工作,它能够显著降低液态焊料在被焊材质表面所体现出来的表面张力,使液态焊料的流动性及铺展能力加强,并保证锡焊料能渗透至每一个细微的钎焊缝隙;在锡炉焊接工艺中,当被焊接体离开锡液表面的一瞬间,因为助焊剂的润湿作用,多余的锡焊料会顺着管脚流下,从而避免了拉尖、连焊等不良现象。

助焊剂的作用过程其实就是溶剂受热蒸发,焊剂覆盖在基材和焊料表面,使传热均匀,放出活化剂与基材表面的离子状态的氧化物反应,去除氧化膜,使熔融焊料表面张力小,润湿良好,覆盖在高温焊料表面控制氧化,改善焊点质量。

助焊剂的主要原料为有机溶剂、松香树脂及其衍生物、合成树脂表面活性剂、有机酸活化剂、防腐蚀剂、助溶剂、成膜剂,简单地说是多种固体成分溶解在多种液体中形成均匀透明的混合溶液,其中各种成分所占比例各不相同,所起作用不同。

有机溶剂主要为酮类、醇类、酯类中的一种或几种混合物,常用的有乙醇、丙醇、丁醇、丙酮、甲苯异丁基甲酮、醋酸乙酯、醋酸丁酯等。作为液体成分,其主要作用是溶解助焊剂中的固体成分,使之形成均匀的溶液,便于待焊元件均匀涂布适量的助焊剂成分,同时它还可以清洗脏物和金属表面的油污、天然树脂及其衍生物或合成树脂。

含卤素的表面活性剂活性强,助焊能力高,但因卤素离子很难清洗干净,离子残留度高,卤素元素(主要是氯化物)有强腐蚀性,故不适合用作免洗助焊剂的原料。不含卤素的表面活性剂活性稍弱,但离子残留少。表面活性剂主要是脂肪酸族或芳香族的非离子型表面活性剂,其主要功能是减小焊料与引线脚金属两者接触时产生的表面张力,增强表面润湿力,增强有机酸活化剂的渗透力,也可起发泡剂的作用。

有机酸活化剂是由有机酸二元酸或芳香酸中的一种或几种组成,如丁二酸、戊二酸、衣康酸、邻羟基苯甲酸、葵二酸、庚二酸、苹果酸、琥珀酸等,其主要功能是除去引线脚上的氧化物和熔融焊料表面的氧化物,是助焊剂的关键成分之一。

防腐蚀剂是为了减少树脂、活化剂等固体成分在高温分解后残留的物质。

助溶剂是为了阻止活化剂等固体成分从溶液中脱溶的趋势,避免活化剂不良的非均匀分布。

成膜剂的作用是引线脚焊锡过程中,所涂覆的助焊剂沉淀、结晶,形成一层均匀的膜,其高温分解后的残余物因有成膜剂的存在,可快速固化、硬化、减小黏性。

助焊剂具有以下特性:

(1) 化学活性(chemical activity)。要达到一个好的焊点,被焊物必须要有一个完全无氧化层的表面,但金属一旦曝露于空气中会生成氧化层,这种氧化层无法用传统溶剂清洗,此时必须依赖助焊剂与氧化层起化学反应,当助焊剂清除氧化层之后,干净的被焊物表面才可与焊锡结合。

(2) 热稳定性(thermal stability)。当助焊剂在去除氧化物反应的同时,必须还要形成一个保护膜,防止被焊物表面再度氧化,直到接触焊锡为止。所以助焊剂必须能承受高温,在焊锡作业的温度下不会分解或蒸发,如果分解则会形成溶剂不溶物,难以用溶剂清洗,W/W级的纯松香在280℃左右会分解,此时应特别注意。

(3) 不同温度下的活性。

① 好的助焊剂不只是要求热稳定性,在不同温度下的活性亦应考虑。

② 助焊剂的功能即是去除氧化物,通常在某一温度下效果较佳,例如 RA 的助焊剂,除非温度达到某一程度,氯离子不会解析出来清理氧化物,当然此温度必须在焊锡作业的温度范围内。又如使用氢气作为助焊剂,若温度是一定的,反映时间则依氧化物的厚度而定。

③ 当温度过高时,亦可能降低其活性,如松香在超过 600 ℉(315℃)时,几乎无任何反应,如果无法避免高温时,可将预热时间延长,使其充分发挥活性后再进入锡炉。也可以利用此特性,将助焊剂活性纯化以防止腐蚀现象,但在应用上要特别注意受热时间与温度,以确保活性纯化。

(4) 润湿能力(wetting power)。为了能清理材料表面的氧化层,助焊剂要能对基层金属有很好的润湿能力,同时亦应对焊锡有很好的润湿能力以取代空气,降低焊锡表面张力,增加其扩散性。

（5）扩散率(spreading activity)。助焊剂在焊接过程中有帮助焊锡扩散的能力,扩散与润湿都是帮助焊点的角度改变,通常"扩散率"可用来作助焊剂强弱的指标。

如想让助焊剂具有良好的助焊效果,应选择熔点低于焊料,表面的张力、黏度、密度要小于焊料,不能腐蚀母材的助焊剂。在焊接温度下,应能增加焊料的流动性,去除金属表面氧化膜,焊剂残渣容易去除。在焊接过程中电池片表面滞留的残留物尽可能的少,且其残留物具有稳定的化学性质,对电池片无后续腐蚀性,安全可靠,不会产生有毒气体和臭味,以防对人体的危害和污染环境,满足欧盟 RoHS 环保指令规范的助焊剂。

买来的助焊剂可以通过简单的检测判断是否可以使用。首先可以进行目测,检验是否透明,是否有沉淀、分层或异物。然后可采用 PH 试纸进行检测对比。因为助焊剂的成分是很难测出的,如果要想了解助焊剂溶剂是否挥发,可以简单地从密度上测量,如果密度增大很多,就可以断定溶剂有所挥发。

助焊剂在敞开的环境中溶剂挥发较快,易导致助焊剂内 PH 值的变化,由此对涂锡合金带的腐蚀作用会有所加强(涂锡合金带发黄、发黑),因此涂锡合金带在用助焊剂浸泡过程中,需定期对助焊剂 PH 值进行监控,可通过添加稀释剂来控制其 PH 值,以期减小助焊剂的不良影响。

涂锡合金带浸泡助焊剂时应注意浸泡时间一般而言在 2~3 min 较适宜,涂锡合金带浸泡既充分,又不会因浸泡时间过长对涂锡合金带有较大腐蚀作用。涂锡合金带烘干时应注意助焊剂在活化温度(预热温度一般为 90℃~120℃左右)时,助焊效达到最佳。一般而言,在封装过程中焊接时,尽量控制好涂锡合金带的预热温度,可以有效提高其焊接质量。

涂锡合金带表面的助焊剂烘干或风干时过于干燥,因助焊剂内扩散剂扩散润湿性变差,助焊性能反而有所降低。涂锡合金带表面的助焊剂烘干或风干后,表面若有明显的助焊剂溶液覆盖时,焊接后涂锡合金带两侧缝隙或焊锡毛细孔内残留的助焊剂溶液,会导致层压后组件焊带边缘出现气泡现象。因此在涂锡合金带烘干或风干时,因尽量做到表面不能有明显溶液颗粒,又不能把助焊剂溶液完全烘干。

助焊剂在贮存时应注意:

① 由于助焊剂易燃,因此必须远离火源或相关禁止之氧化物。

② 必须采用密闭容器封装,单独储存于无阳光直射及良好通风之处,存放于儿童不可触及之范围。

③ 只可在通风良好处使用,并随时保持容器密封。

④ 小心操作和注意个人清洁,以避免皮肤和眼睛接触,避免吸入助焊剂烟雾。

⑤ 戴橡胶手套以防止皮肤接触,用后洗手。

助焊剂残渣会对基板有一定的腐蚀性;降低电导性,产生迁移或短路;非导电性的固形物如侵入元件接触部分,会引起接合不良;树脂残留过多,粘连灰尘及杂物;影响产品的使用可靠性。

三、太阳能电池组件生产设备

1. 划片机

太阳能电池组件生产使用的划片机是半导体激光划片机,它是一种将太阳能电池片切割成需要大小、合适的输出功率的一种设备,如图 2-6 所示。其工作原理是利用高能激光束照射在电池片表面,使被照射区域局部熔化、气化,从而达到划片的目的。因激光是经专用光学系统聚焦后成为一个非常小的光点,能量密度高,其加工是非接触式的,对电池片本身无机械冲压力,不会造成电池片变形。且其热影响极小,划线精度高,广泛应用于太阳能电池片的划片。

在使用时应注意首先要确定紧急开关处于正常状态,打开电源开关,打开水循环,启动制冷系统按钮,打开氪灯开关,打开电脑开关,启动计算机,调出划片程序,按下工作平台启动按钮,走一空循环正常后开始工作。

平时应该注意设备的日常保养,主要保养项目包括:

① 冷却水每月更换(按每天平均使用 8 h,每月使用 22 天)。

② 真空泵油每 2 个月更换(按每天平均使用 8 h,每月使用 22 天)。

③ 氪灯一年更换(看使用量)。

④ 每次使用完后用擦镜纸擦拭镜头。

⑤ 划片机及工作环境保持洁净。

2. 单片测试仪

单片测试仪又称太阳能电池分选机,它是专门用于太阳能电池片电性能参数的分选和结果记录的一种设备,如图 2-7 所示。通过模拟太阳光谱光源,对电池片的相关电参数进行测量,根据测量结果将电池片进行电气分类。一般设备具有校正装置,输入补偿参数,进行自动/手动温度补偿和光强度补偿,且具备自动测温与温度修正功能。

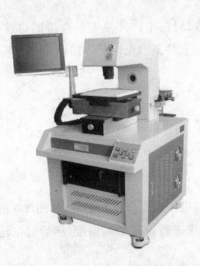

图 2-6　太阳能电池片激光划片机

图 2-7　单片测试仪

使用时应注意先按顺序打开总电源开关、计算机电源开关、单片测试仪电子负载电源开关、单片测试仪光源电源开关。调整探针到两主栅线位置,打开测试软件,开始校正与其相对应的标准组件,注意调整电流、电压和光强线的位置,调整电压、电流的修正系数使其达到标准数值,做好记录后进行测试。

开始测试后,先调"光强调节"旋钮,将标准电池片(组件)置于测试台上,点动触发开关,根据测量结果反复调节"光强调节"按钮,使光强曲线平顶部分与 AM1.5 紫线完全重合。

再调"负载调节"钮,使电压曲线与电流曲线相交,交点在光强曲线与 AM1.5 直线交点下方。

单片测试仪的日常保养项目包括:

① 检查氙灯是否老化。

② 检查单片测试仪探针是否要更换。

③ 注意保持单片测试仪的清洁。

3. 电烙铁

太阳能电池组件生产过程中需要用电烙铁(见图 2-8),主要用于对电池片的单焊、串焊、汇流、返工等环节。

图 2-8　电烙铁

在使用时应根据生产需要调整电烙铁的温度,根据生产产品安装合适的烙铁头,插上电源,打开开关,加焊锡或助焊剂将互联条和电池片、互联条和汇流条焊接在一起。

电烙铁的保养项目包括:

① 表面清洁。

② 每班使用完毕,将烙铁头上加上焊锡保养。

③ 每班之前将海绵加水,每班之后清洗干净。

④ 电烙铁长时间不用要切断电源。

4. 焊接加热板

焊接加热板主要用于对电池片进行预热,一般采用铝合金材料制成,如图 2-9 所示。在使用时应先打开电源,打开加热板,根据生产工艺要求进行设置加热温度,然后对电池片进行预热,等温度稳定后才能进行焊接。

焊接加热板的保养项目包括:

① 加热板表面保持清洁。

② 加热板温度严禁超过 60 ℃。

③ 加热板表面不能划伤。

5. 叠层中测台

叠层中测台用于在上面进行叠层,它还能够对叠层后的产品进行检测,看是否有功率输出,以便在层压前及时发现产品的质量隐患,便于返工维修,如图 2-10 所示。

图 2-9 焊接加热板　　　　　图 2-10 叠层中测台

在使用时应先打开电源,按照明按钮,打开照明光源后叠层,等组件叠完后,把鳄鱼夹按照正负极分别夹在组件的输出端引线上,按测试光源按钮,然后按测试按钮,进行对组件的测试。根据测试要求,调节测试光源的时间,测试完后,时间继电器会自动断开,测试光源熄灭。记录好测试的数据,再将鳄鱼夹取回放置原位。

叠层中测台日常保养项目包括:

① 工作台面上保持清洁。

② 避免长时间打开测试光源(碘钨灯)。

③ 鳄鱼夹的夹口处要牢固。

④ 测试台上的玻璃表面不能有划伤。

6. 组件封装层压机

组件封装层压机是制造太阳能电池组件所需的一种重要设备,简称层压机。它是把 EVA、太阳能电池片、钢化玻璃、背膜(TPT、PET 等材料)在高温真空的条件下压成具有一定刚性整体的一种设备,如图 2-11 所示。

图 2-11 组件封装层压机

在使用时应先打开水循环,再打开机器总电源开关,控制器自动进入层压程序,在自动层压触摸屏中点击"自动加热",设定工艺参数,加热到指定温度后走一空循环看机器是否运转正常,确认后开始层压组件,其步骤如下:

准备工作(检查组件放到层压机运转台上)→打开上盖(上室真空−0.1 MPa,下室为大气压 0.00 MPa）→点击进料（组件完全进入层压机内，可前后调整）→下降（上室保持真空－0.1 MPa，下室抽真空到－0.1 MPa）→上室充气（上室真空表由－0.1 MPa 变为 0.00 MPa，下室仍保持真空－0.1 MPa 不变）→下室充气（上室保持真空 0.00 MPa 不变，下室由－0.1 MPa变为 0.00 MPa）→开盖（自动出料，返回至原点，上室自动抽真空）。

层压机保养项目包括：

① 循环水：每周更换一次，水温在 25℃左右。

② 真空泵：真空泵油每月更换一次。

③ 橡胶毯：每天做组件之前先检查是否完好。

④ 导热油：可视管中看不到油位时应加油。

⑤ 设备应每天保持清洁。

7. 装框机

装框机由气缸、直线导轨及钢结构机架组成，可以实现组件层压完毕后组件的铝合金边框固定，如图 2-12 所示。它可以有效简化人工的作业难度，节约时间，提高了产品的质量。装框机适用于多种型材，包括有螺钉与无螺钉铝合金边框的组框。组框的外形尺寸在设定的范围内通过锁紧齿条定位，任意调整尺寸，并通过可调气缸进行精度微调，可满足用于不同组框尺寸的要求。

图 2-12　装框机

装框前应注意装框机模块尺寸要与组件铝型材实际尺寸一致。在使用时应先打开电源/气源开关，将检查过后打完硅胶的"L"边铝型材放到装框机上，将组件玻璃面向上卡入型材凹槽内，装入另一边"L"边铝型材，打开气动阀门，让组件四角紧密拼接在一起，检查对角线、拼角处缝隙和高低落差是否符合要求。

装框机日常保养应定期检查气缸是否能正常工作，设备水平度是否符合要求，保证设备的清洁度。

8. 组件测试仪

组件测试仪是一种专门用于单晶硅、多晶硅、非晶硅太阳能电池组件进行电性能测试的设备，如图 2-13 所示。它可以测量光伏组建的 $I-V$ 曲线、短路电流、开路电压、峰值功率、峰值功率点电压、电流、定电压点电流、填充因子、转换效率等电气参数。

其使用方法与日常保养注意事项与单片测试仪基本相同,在此不再赘述。

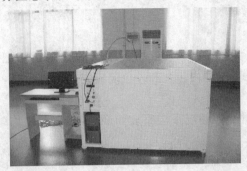

图 2-13 组件测试仪

9. 气动胶枪

胶枪是一种打胶(或挤胶)的工具,需要施胶的地方就有可能会用到,广泛用于生产施工行业。气动胶枪是依靠压缩空气为动力,去推动胶的底部。较手动胶枪而言,它可减轻操作者的劳动强度,提高工作效率及打胶的质量。在组件生产过程中,气动胶枪主要用于组件装框环境和电池盒安装环节,如图 2-14 所示。

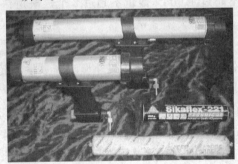

图 2-14 气动胶枪

在使用前应先进行试生产,试生产需要调整空气压力,打开电源,机器会自动充气,当充气完成后,机器会自动停止。等到气压降下来之后,机器有自动充气的过程。

气动胶枪日常保养项目包括:检查传动马达与连接气管是否正常,过滤器要求每班放水。

四、太阳能电池组件来料检验

1. 晶体硅太阳能电池片

1)检验内容及检验方式

(1)检验内容:电池片厂家,纸箱包装及内包装,电池片外观,尺寸,厚度,电性能,可焊性,细栅线印刷。

(2)检验方式:品管抽检(按厂家自定的抽样规则抽样),生产外观全检。

2)工具设备

单片测试仪,千分尺,游标卡尺,烙铁,刀片,橡皮。

3）材料

涂锡带,TPT,EVA,玻璃。

4）检验方法

（1）厂家包装外观：包装良好,厂名、产品名称、产品型号或标记、制造日期、生产批号、标称厚度、转换效率、合格标识,电池内包装和外包装应完好无损。

（2）外观目测。

① 与表面成35°角日常光照情况下观察表面颜色,目视颜色均匀一致,无明显色差花斑、水痕、手印、划痕及污垢。

② 隐裂：电池片有隐裂、肉眼可见的裂纹,均视为不合格。

③ 背面铝背电极完整,表面平整,边界清晰,无明显凸起的"铝珠",鼓泡累计面积不大于5 mm²。背膜烧结：用层压机,温度130℃～145℃,超过10 min。冷却到室温后,用刀片划开1 cm的宽度,用大于50 N的拉力,铅膜不随EVA脱落,则认为合格。

④ 受光面栅线：主栅线均匀完整,栅线印刷清晰、对称;细栅线允许不超过2 mm的脱落;栅线印刷偏离,明显两次印刷的返工片视为不合格;断点的总长不超过60 mm。

⑤ 崩边：每一边不超过两处崩边,崩边间距≥30 mm,深度≤0.5片子厚度。

⑥ 电池边缘缺角面积不超过1 mm²,数量不超过2个。缺角：一边有一处崩边,面积不大于5 mm²;一边有两处崩边,面积不大于3 mm²。

⑦ 电池的崩边、钝形缺口等外形缺损的尺寸要求：长度不大于1.5 mm,由边缘向中心的深度不大于0.5 mm,同一片电池上正面出现此类外形缺损数量不超过两处,同时不允许电池上有V形缺口。

（3）尺寸。厂家提供的尺寸±0.5 mm视为符合要求。

图2-15、图2-16所示为多晶硅和单晶硅太阳能电池的尺寸要求。

表2-15　多晶硅太阳能电池的尺寸要求

尺寸/mm	103×103	125×125	150×150	156×156
尺寸公差/mm	±1.0	±1.0	±1.0	±1.0
垂直度	90°±0.3°			
厚度偏差/μm	±30			
总厚度偏差/μm	60			

表2-16　单晶硅太阳能电池的尺寸要求

尺寸/mm	103×103	125×125	150×150	156×156
（准方）直径/mm	135.0	150.0或165.0	203.0	203.0
尺寸公差/mm	±1.0	±1.0	±1.0	±1.0
垂直度	90°±0.3°			
厚度偏差/μm	±30			
总厚度偏差/μm	60			

注：①厚度偏差：电池厚度的测量值与标称厚度允许的最大差值。

②总厚度偏差：在一系列点的厚度（包含电极厚度）测量中,被测电池的最大厚度与最小厚度的差值。

（4）弯曲度。正放电池片于工作台上，以塞尺测量电池的弯曲度，"125片"的弯曲度不超过 0.75 mm，电池的弯曲变形，一般情况下用电池的弯曲度来衡量。

（5）电性能。按来料总数的 2‰进行抽测，功率偏差在合同约定范围之内。

（6）可焊性。用符合该电池片的互联条，使用 60 W 烙铁，温度 320℃～380℃。将互联条撕开后，主栅线上留下均匀的银锡合金，则认为该电池片具有可焊性。

（7）细栅线印刷。用橡皮在同一位置来回擦 10 次，栅线不脱落则认为合格。

（8）减反射膜与基体材料的附着强度的测试采用胶带试验测定黏合性的方法，胶带附着强度不小于 44 N/mm，减反射膜不脱落。

（9）热循环试验。经－40℃～85℃温度循环 5 次后，电池的外观性能符合要求，电池的转换效率衰减不超过 3%，电极应无变色现象。

（10）电极的附着强度和电极/焊点的抗拉强度试验采用同一方法。将一根长 150 mm，宽 1.7 mm 的焊锡条引线焊接在电池电极上，焊接长度为 10 mm，焊接质量以不虚焊为准，在与焊接面成 45°角对引线施加拉力，逐渐加大拉力，在拉力不低于 2.49 N 的情况下持续 10 s 以上。

5）注意事项

① 开封时，不能用刀片从直接碰到电池片的地方划，应选择从硬隔板处下刀。

② 不能用裸手接触电池片。因为如果手上有汗液，会破坏 PN 结，同时汗液中含有 NaCl，会和表面的减反射膜产生反应，导致短路漏电，并降低电池片和 EVA 的粘接强度。

③ 要轻拿轻放。

2. EVA 薄膜

1）检验内容及检验方式

（1）检验内容：生产厂家，规格型号，外包装情况，保质期限，外观，厚度均匀性，测试 EVA 与玻璃黏结强度，EVA 与背板的黏结强度，交联度，软化点。

（2）检验方式：品管抽检，生产中再抽检，生产人员外观检查。

2）检验工具

千分尺，卷尺，美工刀，拉力器，交联度测试仪，烘箱，电子秤等。

3）材料

TPT 背板，小玻璃，碎电池片。

4）检验方法

（1）来料确认生产厂家、规格型号、外包装情况、保质期限。

（2）检查外观，确认 EVA 表面现象：EVA 表面无折痕、无污点、平整、半透明、无污迹、压花清晰（检验要求依据品质部检验规范）。

（3）根据供方技术标准进行几何尺寸检查（宽度、厚度±0.05 mm），用精度 0.01 mm 测厚仪测定，在幅度方向至少测五点，取平均值，厚度符合协定厚度，允许公差为±0.03 mm。用精度 1 mm 的钢尺测定，幅度符合协定厚度，允许公差为±3.0 mm。

（4）新的厂家来料要求对方提供层压参数范围。

（5）取样 EVA 做陪片，测试 EVA 与玻璃、背板的黏结强度（冷却后）。

① EVA 与玻璃:在陪片背板中间划开宽度 1 cm,刀片划开一点,然后用拉力计拉开(拉力不小于 20 N 为合格)。

② EVA 与 TPT:将拉下的 EVA 与 TPT 小条用刀开口,一端夹住,另一端用拉力计拉开(拉力不小于 20 N 为合格)。

(6) 取样 EVA,做 EVA 的交联度试验:取 0.5 g 已交联过的 EVA 样放入 120 目不锈钢网袋里,放置于沸点 140 ℃的二甲苯中沸腾回流 5 h 后取出,放于干净的器皿中晾干(大约 10 min)后,放入烘箱(温度约 120℃)中烘 3 h 取出[交联度=(未溶样的重量/原样重)×100%]。

(7) 测试 EVA 的软化点:在层压机升温时,可裁一块 EVA 放于加热板上,观察 EVA 软化情况。

(8) 测 EVA 的均匀性:

① 裁剪一片 EVA,不加其他材料,放入层压机中进行层压,观察层压后的 EVA 表面均匀情况(如均匀则合格,如不均匀或有洞则不合格或层压参数有问题)。

② 取相同尺寸的 10 张胶膜进行称重,然后对比每张胶膜的重量,最大与最小之间不得超过 1.5%。

5) 透光率检验

① 取胶膜尺寸为 50 mm×50 mm,用 50 mm×50 mm×1 mm 的载玻玻璃,以玻璃/胶膜/玻璃三层叠合。

② 将上述样品置于层压机内,加热到 100℃,抽真空 5 min,然后加压 0.5 MPa,保持 5 min,再放入固化箱中,按产品要求的固化温度和时间进行交联固化,然后取出冷却至室温。

③ 按 GB 2410 规定进行检验。

6) 耐紫外光老化检验

将胶膜放置于老化箱内连续照射 100 h 后,目测对比。

7) 检验规则

按厂家出厂批号进行样品抽检,有一项不符合检验要求,对该批号产品进行全检,如果仍有不符合相关检验要求的,判定该批次为不合格来料。

8) 注意事项

(1) 初次使用新设备时,应先采用模拟板层压试验,确认工艺条件合适后,再投入正式生产。

(2) 不要用手直接接触 EVA 胶膜表面,不要让产品受潮,以免影响粘接性能或导致气泡的产生。

(3) 抽检之后将 EVA 密封包好。

(4) EVA 不要长时间裸露于空气中,以免吸潮及沾上灰尘。

(5) 记录好取样时的温度及湿度。

3. TPT 背板

1) 检验内容及检验方式

(1) 检验内容:厂家,规格型号,外包装情况,保质期限,厚度均匀性,外观,背板与 EVA 的黏结强度,背板层次黏结强度。

　　(2) 检验方式:抽检,生产过程中再抽检,生产人员外观全检。

　　2) 检验工具

　　千分尺,卷尺,美工刀,拉力器等。

　　3) 材料

　　小玻璃,EVA,碎电池片。

　　4) 检验内容

　　(1) 来料确认生产厂家、规格型号、外包装情况、保质期限。

　　(2) 检查外观,确认背板表面情况,抽检 TPT 表面无褶皱,无明显划伤。检验要求依据品质部检验规范而定。

　　(3) 根据供方技术标准进行几何尺寸检查(宽度、厚度±0.02 mm),用精度 0.01 mm 测厚仪测定,在幅度方向至少测五点,取平均值,厚度符合协定厚度,允许公差为±0.03 mm。用精度 1 mm 的钢尺测定,幅度符合协定厚度,允许公差为±3.0 mm。

　　(4) 取样背板做陪片,测试与 EVA 的黏结强度。

　　(5) 取样背板做层次黏结强度:划开背板层间,夹紧一边,另一边用拉力计测试(大于 4 N 为合格)。

　　(6) 厚度值取 5 个点(随机测取),用精度 0.01 mm 测厚仪测定,在幅度方向至少测五点,取平均值,厚度符合协定厚度,允许公差为±0.03 mm。

　　(7) 抗拉强度,纵向≥170 N/10 mm,横向≥170 N/mm。

　　(8) 抗撕裂强度,纵向≥140 N/mm,横向≥140 N/mm。

　　(9) 耐压要求:根据背板自身厚度及厂家提供参数进行检测。

　　5) 注意事项

　　(1) 不要用手直接接触背板表面(手上汗液会降低背板与 EVA 的黏结强度)。

　　(2) 背板不能打折、破损。

　　(3) 没有用完的包好。

　　(4) 防潮。

4. 钢化玻璃

　　1) 检验内容及检验方式

　　(1) 检验内容:厂家,外观,厚度,尺寸,钢化强度,规格型号,包装。

　　(2) 检验方式:抽检,生产过程中外观全检。

　　2) 检验工具

　　千分尺,卷尺,1040G 钢球,冷光灯。

　　3) 材料

　　EVA,TPT 背板,碎电池片。

　　4) 检验方法

　　(1) 来料确认生产厂家、规格型号、外包装情况。

（2）检查外观，确认玻璃表面现象：

① 无霉点、水纹、结石、裂纹、缺角的情况发生。

② 划伤：钢化玻璃表面允许每平方米内宽度小于 0.1 mm，长度小于 20 mm 的划伤数量不多于 4 条；每平方米内宽度 0.1～0.5 mm，长度小于 12 mm 的划伤不超过 1 条。

③ 钢化玻璃允许每米边上有长度不超过 10 mm，自玻璃边部向玻璃板表面延伸深度不超过 2 mm，自板面向玻璃另一面延伸不超过玻璃厚度 1/3 的爆边。

④ 气泡：钢化玻璃内部不允许有长度小于 1 mm 的集中的气泡。对于长度大于 1 mm，但是不大于 6 mm 的气泡，每平方米不得超过 6 个。

- 圆形气泡：

$L<0.5$ mm 的不计，但不能密集存在；

0.5 mm$\leqslant L<1.0$ mm 的气泡，每平方米玻璃$\leqslant 4$个；

1.0 mm$\leqslant L<2.0$ mm 的气泡，每平方米玻璃$\leqslant 2$个；

2.0 mm$<L$ 的气泡，不允许存在。

- 线形气泡：

宽度在 0.5 mm 以内，长度在 5 mm 以内的线形气泡$\leqslant 2$个/m^2；

宽度在 0.5 mm 以上不允许存在。

⑤ 表面不得有烧焦现象，玻璃的边不得存在完全未倒角的部分。

（3）根据供方技术标准检查几何尺寸及允许偏差。

玻璃边长 L 允许偏差应符合规定：$L<1\,000$ mm 时，允许公差±0.5 mm；$1\,000$ mm$<L<2\,000$ mm 时，允许公差±0.5 mm，厚度 3.2 mm±0.2 mm。对角线误差为两对角线长度之差在 0.2% 以内。

（4）钢化玻璃不允许有波形弯曲，弓形弯曲不允许超过 0.2%。

（5）表面清洁度：玻璃表面无异物粘连，无水气、水痕、手印和任何油污。

（6）取样玻璃，测试耐冲击强度：将 1 040 g 钢球从玻璃正上方 1～1.2 m 处，自由落体砸在玻璃上，玻璃不碎裂即为合格，仅限一次。

（7）取样 EVA 做黏结强度试验，黏结强度大于 20 N 为合格。

（8）厚度值取 6 个点（长各取 2 个点，宽各取 1 个点）。

（9）钢化玻璃在可见光波段内透射比不小于 90%。

5）注意事项

玻璃应避光、避潮，平整堆放，用防尘布覆盖玻璃。相对湿度小于 45%，玻璃要清洁无水汽，不得裸手接触玻璃两表面。钢化玻璃四边角应小心保护，玻璃正反两面要注意保护，不能划伤。

5. 涂锡铜带

1）检验内容及检验方式

（1）检验内容：生产厂家，规格，型号，外包装情况，保质期限，外观，厚度均匀性，重量，可焊性，折断率，电阻率，耐腐蚀性及抗拉强度。

(2)检验方式:品管抽检,生产外观全检。

2)检验工具

钢尺,放大镜,老虎钳,电烙铁,电池片千分尺,游标卡尺,台秤,欧姆表。

3)材料

电池片。

4)检验方法

(1)外包装目视良好,检查保质期限、规格型号及生产厂家。

(2)检查外观,确认焊带表面现象(是否存在黑点、锡层不均匀、扭曲等现象),涂锡带表面光滑,色泽发亮,边部不能有毛刺。

(3)根据供方技术标准进行几何尺寸检查(宽度±0.12 mm,厚度±0.02 mm)并测量重量。

(4)进行折断率测试,取来料规格长度为相同的涂锡带10根,弯折180°,向一个方向弯折7次,检验折断率,7次弯折应不断。

(5)进行可焊性试验,把涂锡带浸入助焊剂后晾干可施焊。

(6)用欧姆表测试电阻率(标准)$\leqslant 0.017\ 25\ \Omega mm^2/m$。

(7)抗腐蚀性能。将带材喷稀 NaCl 溶液,晾干,置入温度为(35 ± 2)℃,相对湿度为90%的恒温恒湿箱内试验48h后取出。用20~50倍放大镜观察,无明显变化则可认为无腐蚀,当产生白色或白灰色斑点及其他腐蚀迹象时则同视为腐蚀。将带材放入温度为35℃的5%盐水中,恒温12~24 h,晾干1 h,过12 h后用20倍放大镜观察焊带,当产生白色或白灰色斑点及其他腐蚀迹象时则同视为腐蚀。

(8)抗拉强度及伸长率测定。将镀锡铜带按正常焊接工艺对电池片进行单片焊接,并用拉力计对焊接的焊带进行拉力检测。要求拉力>2.5 N 时焊带与电池片焊接部仍焊接牢固,不能剥离。

5)检验规则

以每一个主要(基材)原料合同定货量为一批,但不能少于100 g。每批产品应由供方质检部门进行检验,填写产品质量证明书。需方应对收到的产品按本标准的规定进行检验。如检验结果与本标准的规定不符时需在15日之内通知供方,由供需双方协商解决。如有争议由法定质量检验部门仲裁检验。各项检验结果中,若有一项不合格,应从该批产品中取双倍试样对不合格项目进行复检。若复检结果仍不合格,则判定该批产品为不合格。

6. 接线盒

1)检验内容及检验方式

(1)检验内容:生产厂家,型号规格,外观,材质,连接器抗拉力,引线与卡口及二极管管脚的咬合力,盒盖的咬合力,二极管反向耐压,接触电阻。

(2)检验方式:品管抽检,生产过程中生产人员外观全检。

2)检验工具

拉力计,耐压测试仪,欧姆表。

3）材料

涂锡带。

4）检验方法

（1）检查接线盒厂家，型号规格（目测）。

（2）检查外观：包括外观缺陷、标识、线缆规格（目测）。

（3）检查二极管数量及规格要求，以及接线盒内部标识是否正确（目测）。

（4）连接器抗拉力测试：将连接器接到接线盒上，然后将接线盒夹住，用拉力计夹住连接器施加拉力（大于 100 N 为合格）。

（5）引线卡口咬合力：将汇流条装进卡口，用拉力计夹住施加拉力（大于 40 N 为合格）。

（6）二极管管脚咬合力：用拉力计夹住二极管施加拉力（大于 20 N 为合格）。

（7）盒盖咬合力：连续开闭三次，仍需专用工具才能打开为合格。

（8）二极管耐压测试：用耐压测试仪来测试（1 000 V DC）。

（9）接触电阻：用欧姆表测试连接器连接后的接触电阻（小于 5 mΩ）。

7. 铝型材

1）检验内容及检验方式

（1）检验内容：规格尺寸，表面硬度，氧化膜厚度，型材弯曲度，外观，材质。

（2）检验方式：品管抽检，生产人员外观全检。

2）检验工具

卷尺，硬度计，膜厚仪，塞规，游标卡尺，平台（加工好的型材可以使用）。

3）检验方法

（1）来料确认生产厂家、规格型号、外包装情况（型材不涂油，其包装、运输、储存参照 GB/T 3199—2007 执行，包装形式由双方合同约定），最好外包塑料薄膜运输。

（2）检查外观，正常视力，在自然散射光条件下，不使用放大器，被检型材放在距观察者眼睛 0.5 m 处，进行长达 10 s 的观察：

① 型材表面平整，不允许有裂纹、起皮、凸点、腐蚀和气泡等缺陷存在。

② 型材表面不存在氧化不良，如局部明显色差、麻点。

③ 对于面积性的缺陷，如压坑、磨损、没有深度的面积不大于 5 mm^2，有深度小于 0.2 mm 的面积小于 2 mm^2。

④ 型材表面允许有轻微的压坑、碰伤、擦伤存在，其允许深度（表面划痕允许值）见表 2-17 所示。

表 2-17　型材表面划痕允许值

		深度/长度	0≤L≤5 mm	5 mm≤L≤10 mm	10 mm≤L≤20 mm	20 mm≤L≤40 mm
划痕	装饰面	≤0.2 mm	4 个/根	2 个/根	1 个/根	不允许存在
		>0.2 mm	不允许存在			
	非装饰面	≤0.2 mm	4 个/根	3 个/根	2 个/根	1 个/根
		0.2 mm<L≤0.5 mm	3 个/根	2 个/根	1 个/根	不允许存在

⑤ 模具挤压痕深度允许值见表 2-18 所示。

表 2-18　模具挤压痕深度允许值

合　金	模具挤压痕深度
6063	≤0.03 mm
6063A	

（3）颜色、色差。按 GB/T 14952.3—1994 执行。电解着膜色差至少应达到 1 级,有机着膜色差至少应达到 2 级。 一次性抽样,若不合格,不加抽,但可由供方逐根检验,合格者交货。

（4）根据技术图纸进行几何尺寸检验(具体尺寸见相对应图纸)。长度检验使用最小刻度为 1 mm 的钢卷尺测量,厚度检验使用卡尺或与此同等精度的器具测量型材的任意部位,测量结果的算术平均值即为厚度值,并以毫米(mm)为单位,精确到小数点后 2 位。

（5）取样做硬度测试(硬度＞13),可用韦氏硬度计进行检测。用硬度计在一根型材内表面进行测试。测试 3～5 个点的硬度,取平均值为测试硬度。

（6）取样做膜厚测试(氧化膜厚度＞15 μm)测定方法按照 GB/T 8014.1—2005 和 GB/T 4957—2003 规定方法进行。检测出不合格品数量达到规定上限时,应另取双倍数量型材复验,不合格数不超过上规定的允许不合格品数上限的双倍为合格,否则判整批不合格。但可由供方逐根检验,合格者交货。

（7）边框内径测量(如螺钉孔,则根据设计尺寸及螺钉具体尺寸,尺寸偏差要在许可范围内;如是拼角素材,则要根据设计尺寸及素材实际尺寸检测)。

（8）型材弯曲度/扭拧度测量:将型材放置于平台上(平台要基本水平)观察,将型材紧贴在平台上,借自重使其到稳定时,沿型材长度方向测量得到的型材底面与平台最大间隙要求≤1.5 mm。

（9）型材端头允许有因深加工产生的局部变形,其纵向长度不允许超过 5 mm。

以上各项缺陷不允许相对集中,总计装饰面不允许超过 4 个/m,非装饰面不允许超过 6 个/m。

（10）氧化膜的耐蚀性、耐候性和耐磨性试验参照国标 GB/T 5237.2—2000 相关规定,氧化膜的耐蚀性采用铜加速醋盐雾试验(CASS)和滴碱试验检测,CASS 试验按 GB/T 10125—2012 规定的方法执行。CASS 试验结果按 GB/T 6461—2002 定。

滴碱试验:在(35±1)℃下,将大约 10 mg、100 g/L、NaOH 溶液滴至型材试样的表面,目视观察液滴处直至产生腐蚀冒泡,计算其氧化膜被穿透时,也可用仪器测量氧化膜穿透的时间。

氧化膜耐候性试验按 GB/T 16585—1996 规定的方法进行,太阳能电池组件对耐蚀、耐磨、耐候性要求较高。 一次性抽样,若不合格,不加抽,并判整批不合格。

（11）力学性能检验。型材的拉伸试验按 GB/T 228—2002 的规定执行。型材的维氏硬度试验按 GB/T 4340.1—2009 的规定执行。韦氏硬度试验采用韦氏硬度计测量。6063-T5,6063A-T5G 型材的室温力学性能应符合表 2-19 的规定。

表 2-19　型材力学性能检验要求

合金	合金状态	壁厚/mm	拉伸试验			硬度试验		
			抗拉强度 σ_b/MPa	规定非比例伸长应力 $\sigma_{p0.2}$/MPa	伸长率/%	试样厚度/mm	维氏硬度 HV	韦氏硬度 HW
			不 小 于					
6063	T5	所有	160	110	8	0.8	58	8

4）注意事项

（1）不能碰伤型材；

（2）型材内径和螺钉（素材）尺寸不能有太大偏差。

8. 硅胶

1）检验内容及检验方式

（1）检验内容：生产厂家，规格型号，外包装情况，保质期限，材质，与背板的黏结实验，延伸实验，指干时间，与 EVA 的化学性能试验。

（2）检验方式：品管抽检，生产中跟踪。

2）检验工具

胶枪，美工刀，秒表，紫外线箱，高低温交变箱，拉力计。

3）材料

各种背板，各种 EVA，小玻璃，型材。

4）检验方法

（1）来料确认生产厂家、规格型号、外包装情况、保质期限和产品说明书。

（2）外观：在明亮环境下，将产品挤成细条状进行目测，产品应为细腻、均匀膏状物或黏稠液体，无结块、凝胶、气泡。各批之间颜色不应有明显差异。一般硅胶为白色或乳白色，无刺激性气味，不许有塌糊或固化现象。打开底部密封塞，观察底部硅胶有无固化及空洞现象。

（3）指干时间：将产品用胶枪在实验板上成细条状，立即开始计时，直至用手指轻触胶条而不沾手指时，记录从挤出到不沾手所用的时间（10 min≤所用时间≤30 min）。

（4）拉伸强度及伸长率：按 GB/T 528—2009 标准规定方法进行，拉伸强度≤1.6 MP，伸长率≥300%。做硅胶的延伸实验。在玻璃表面均匀打出一条硅胶，（记录打出时间，至用手触摸不沾手时间，测指干时间）待固化后进行（记录固化时间，硅胶条粗细，原始长度，拉伸后长度≥300%）。

（5）剪切强度：按 GB/T 7124—2008 标准规定方法进行，剪切强度≥1.3 MPa。

（6）硬度：按 GB/T 531.1—2008 标准规定方法进行。

（7）取样做所用背板的黏结实验：在不同的背板上各打一条硅胶，固化后，观察黏结情况。

（8）在层压后的不同 EVA 上打出硅胶，待硅胶固化后，置于室温条件下放置并观察（该试验需时间比较长）。

5）注意事项

（1）储存注意温度、湿度。

（2）使用中注意气压不能过大。

（3）每次开瓶尽量用完，用不完要密封好。

9. 助焊剂

1）检验内容及检验方式

（1）检验内容：生产厂家，外包装情况，保质期限，PH 值，可焊性。

（2）检验方式：取样检验。

2）检验工具

PH 试纸。

3）材料

涂锡带，电池片。

4）检验方法

因为助焊剂的成分是难以测出的，如果要想了解助焊剂溶剂是否挥发，可以简单地从密度上测量，一定时间后，如果密度增大很多，就可以断定溶剂有所挥发。

（1）来料确认生产厂家、外包装情况、保质期限、PH 值。

（2）闻气味，初步断定是用何种溶剂，例如甲醇味道比较小但很呛，异丙醇味道比较重一些，乙醇有醇香味。虽然供应商也可能用混合溶剂，但需要求供应商提供成分报告。

（3）确定样品，应要求供应商提供相关参数报告，并与样品对照，交货时应按原有参数对照，出现异常时应检查密度、酸度值等。

（4）PH 值：用 PH 试纸检测（5～6 之间，弱酸性）。

（5）取样助焊剂做可焊性试验（可用棉签蘸样涂于互联条及电池片主栅线上试焊，如无虚焊则合格）。

5）注意事项

（1）经常检测 PH 值。

（2）使用时不要溅入眼睛、口鼻中及皮肤上。

（3）不用时将助焊剂密封保存，防止挥发增加酸性。

五、太阳能电池组件常规试验操作

（一）剥离强度试验

① 取样 EVA 做陪片，测试 EVA 与玻璃、背板的黏结强度（冷却后）。

② 按平时一次固化工艺进行固化。

③ EVA 与玻璃剥离强度：在陪片背板中间划开宽度 1 mm，刀片划开一点，然后用拉力计拉开（拉力不小于 20 N 为合格）。

④ EVA 与 TPT 剥离强度：将拉下的 EVA 与 TPT 小条用刀开口，一端夹住，另一端用拉力计拉开（拉力不小于 20 N 为合格）。

（二）交联度试验

交联度试验的原理是 EVA 胶膜经加热固化形成交联，采用二甲苯溶剂萃取样品中未交联部分,从而测定出交联度。在生产线上随机抽取试样,抽样数量为每批(100 卷)不少于3 个。

固化方法为在层压机内一次固化。具体操作如下:

① EVA 胶膜试样裁取 100 mm×200 mm,编好号。

② 层压机设定温度为 138℃,待层压机升温到达设定温度并恒温 10 min 以上。

③ 打开层压机,将准备好的试样放入层压机内,按玻璃/胶膜/TPT 层压,层压时间按厂家提供参数设定。

④ 固化完成后,取出冷却。

取出固化好的胶膜,用剪刀将胶膜剪成 3 mm×3 mm 以下的小颗粒。剪取 120 目的不锈钢丝网 60 mm×120 mm,洗净后烘干,先对折成 60 mm×60 mm,两侧再折 5 mm×2,做成 40 mm×60 mm 的袋,称重为 W_1(精确到 0.001 g)。将试样放入不锈钢丝网袋内,试样量为 1.0 g 左右,称重为 W_2(精确到 0.001 g)。用 22 号细铁丝封住袋口做成试样包,称重为 W_3(精确到 0.001 g)。试样包用细铁丝悬吊在回流冷凝管下的烧杯中,烧杯内加入 1/2 的二甲苯溶剂,加热至 140℃左右,使溶剂沸腾回流 5 h,回流速度保持在 20~40 滴/min。回流结束后,取出试样包冷却并去除溶剂,然后放入 140℃的烘箱内烘 3 h,取出试样包,在干燥器中冷却 20 min,称重为 W_4(精确到 0.001 g)。通过公式 2-1 计算结果。

$$C=\left(1-\frac{W_3-W_4}{W_2-W_1}\right)\times 100\%$$

式中:C 为交联度(%);W_1 为空袋重量(g);W_2 为装有试样的袋重(g);W_3 为试样包重(g);W_4 为经溶剂萃取并干燥后的试样包重(g)。

(三)耐压绝缘试验

(1)检验装置:有限流装置的直流绝缘测试仪。

(2)检验方法:在周围环境温度、相对湿度不超过 75% 的条件下,进行以下检验:

① 将组件引出线短路后接到直流绝缘测试仪的正极。

② 将组件暴露的金属部分接到直流绝缘测试仪的负极。

③ 以不大于 500 V/s 的速度增加绝缘测试仪的电压,直到等于 1 000 V 加上两倍的系统最大电压,维持此电压 1 min,如果系统的最大电压不超过 50 V 时,应以不大于 500 V/s 的速度增加直流绝缘测试仪的电压,直到等于 500 V,维持此电压 1 min。

④ 在不拆卸组件连接线的情况下,降低电压到零,将绝缘测试仪的正负极短路 5 min。

⑤ 拆去绝缘测试仪正负极的短路。

⑥ 按照步骤①和②的方式连线,对组件加一不小于 500 V 的直流电压,测量绝缘电阻。

(3)技术要求。

① 组件在检验步骤③中,无绝缘击穿(小于 50 μA)或表面无破裂现象。

② 绝缘电阻不小于 50 MΩ。

(四)玻璃钢化程度破碎试验

(1)试样从制品中随机抽取。

（2）试验步骤：

① 将钢化玻璃试样放在相同尺寸的另一块试样上，并用透明胶带纸沿周边粘牢。

②在试样的最长边中心线上距离周边 20 mm 左右的位置，用尖端曲率半径为 0.2 mm±0.05 mm 的小锤或冲头进行冲击，使试样破碎。

③ 除去距离冲击点 80 mm 范围内的部分，然后将碎片最大的部分，用 50 mm×50 mm 的矩形在钢化玻璃表面上画出。

④ 试样在 50 mm×50 mm 区域内的碎片数必须超过 40 个，且允许有少量长条形碎片，其长度不超过 75 mm，其端部不是刀状，延伸至玻璃边缘的长条形碎片与边缘形成的角不大于 45°。

项目实施

1. 太阳能组件设计

太阳能组件的基本设计思路首先是要根据客户对组件电压要求来设计电池片片数，每片电池不论大小，额定输出电压均为 0.5 V，本项目要求制作额定输出电压为 18 V 的太阳能电池组件，18 V÷0.5 V＝36，因此需 36 片电池片。再据客户对组件功率要求来确定单片电池片的功率，该组件要求额定输出功率为 100 W，100 W÷36＝2.78 W，因此每片电池片最大输出功率应不小于 2.78 W。本项目实施过程中选择了欧贝黎新能源科技股份有限公司的 125M－2BB 系列电池片，该电池片为单晶硅电池片，大小为 125 mm×125 mm，共分为 9 个等级，最大输出功率为 2.65 W～2.88 W，其中 6 级片最大输出功率为 2.81 W，符合设计要求。然后再根据客户需求来设计组件外观尺寸，采用 36 片电池片，可将电池片设计成每组 6 块电池片串焊，然后用汇流条将 6 组进行串联，也可每组 9 块电池片串焊，然后将 4 组采用汇流条串联。电池片与电池片之间选用 2 mm 间距。

2. 太阳能组件生产工艺

1）划片

（1）划片操作流程。

工作时必须穿工作衣、工作鞋，戴工作帽、口罩、指套；清洁工作台面，清理工作区域地面，做好工艺卫生，工具摆放整齐有序；检查辅助工具是否齐全、有无损坏等，如不完全及时申领。

工作前要准备激光划片机，辅助工具需要游标卡尺、镊子、刀片、酒精、无尘布，所需材料是初检好的电池片。

本工序是以初检好的电池片为原材料，在激光划片机上编写划片程序，将电池片按要求的电性能及尺寸进行切割。

① 按操作规程打开切片机，检查设备是否正常，输入相应程序。

② 不出激光情况下，试走一个循环，确认电气机械系统正常。

③ 置白纸于工作台上，出激光，调焦距，调起始点。

④ 置白纸于工作台上，出激光（使白纸边缘紧贴 x 轴、y 轴基准线上，并不能弯曲），试走一个循环。

⑤ 置电池片于工作台上（背面向上），出激光，调节电流进行切割，试划浅色线条后，再次测量，电池片大小是否在公差范围内。

⑥ 切割完毕，按操作规程关闭机器。

（2）操作程序的注意事项及质量要求。

每次作业必须更换指套，保持电池片干净，不得裸手触及电池片；要严格按照操作规程进行操作；按照所需尺寸进行坐标调整；要注意电池片的厚度均匀。

电池片大小在公差范围内±0.02 mm；电池片不得有隐裂；切断面不得有锯齿现象；激光切割深度目测为电池片厚度的 2/3。

2）电池片分选

（1）电池片分选操作流程。工作时应穿工作服、鞋，戴手套（或指套）、工作帽；清理工作台面，保持台面整洁；准备流转盒、泡沫垫、流转单；将电池片从仓库内领出。

工作所需材料有电池片、指套、标准电池片；设备有单片测试仪。

① 电性能测试是指尽量使每个组件内各电池片功率在设计范围内。

• 校准标准片（方法见设备的使用和保养中的单片测试项）；

• 从包装箱内取出一包电池片，用刀片划开包装袋；

• 将外观良好的电池片拿到单片测试仪上进行电性能测试；

• 保存所测数据（V_{oc}、I_{sc}、P_m、V_m、I_m、FF、η、R_s、R_{sh}）；

• 根据所测数据分挡（理论上应以 I_{sc} 为主要参数，由于设备存在不同误差，生产上以实测功率来分挡）。

② 外观分选如图 2-15 所示。

• 放若干个较厚的泡沫垫一一排列，以便分选电池片的颜色；

• 右手轻轻拿起电池片边上中心部位距离眼睛约 30 cm 处，在一定的光照度下检查每片电池片是否有色差、破片、裂纹、缺角、崩边、栅线印刷不良、正极鼓包等不良现象；

• 每 72 片为一个组件，每 11 片之间用泡沫垫隔开，编写流转单。流转单上写明电池片生产厂家、电池片等级、型号规格、操作人员姓名等，进入下一道工序。

（a）外观分选　　　　　　　（b）数电池片　　　　　　　（c）填好流转单

图 2-15　外观分选操作流程

（2）质量要求及注意事项。

电池片必须按技术要求及实测功率分挡；测试环境温度应控制在 25℃ 左右；测试仪在连

续操作 2 h 后需重新用标准片校准；确保电池片清洁无损伤；外观颜色均匀一致；电池片的外观缺陷根据检验规范要求。

电池片分选时严禁裸手接触电池片；作业时，电池片要轻取轻放；开机测试前应对标准片进行校准，测试不同规格电池片时要用不同规格的标准片进行校准；定时检查设备是否完好；测试时眼睛避免直视光源，以防伤害眼睛；在电池片拆包前先要检查外包装有无破损现象，如有则拍照记录并上报，若无破损可拆包检查电池片；每开一包要尽快用完，防止氧化。若无法用完，则要进行密封保存。

3）单片焊接

（1）单片焊接操作流程。

穿工作衣、鞋，戴指套（或手套），以防止裸手触摸电池片，手部的汗液将会影响电池片和 EVA 的交联强度；清洁工作台面，保持环境整洁；根据技术要求裁剪相应长度的互联条，将互联条以适当用量放入助焊剂盒浸泡约 3 min；每次更换烙铁头和每天开始焊接前须检查恒温电烙铁的实际温度和标称温度是否相符，并作相应调整和记录，防止电烙铁温度变化影响焊接质量；新到的电池片必须试焊，每天正式焊接前也应试焊，检查焊接质量。

所需材料有太阳能电池片，图纸所要求的互联条、助焊剂、酒精；需要的设备有恒温电烙铁、加热板、单焊操作台；辅助用品有指套、物料盒、棉签。

单片焊接的操作流程如图 2-16 所示。

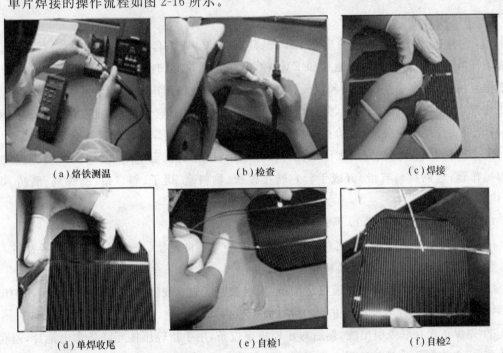

| （a）烙铁测温 | （b）检查 | （c）焊接 |
| （d）单焊收尾 | （e）自检1 | （f）自检2 |

图 2-16　单片焊接的操作流程

① 按序列号，从流转盒内轻取电池片的一边，检查有无破片、缺角及其他不良，负极（正面）向上，平放在加热板上。

② 取浸泡过助焊剂的互联条,与主栅线对正,互联条的前端距电池片边沿约 2～3 mm,对于主栅线不是完整的矩形的电池片,焊接起点位置应调整到主栅线尖部结构的底端。

③ 以手指轻压互联条和电池片,避免相对位移,持电烙铁以均匀平稳的速度从上向下焊接(平均每条栅线 3～5 s)。

④ 目测自检,质量不合格的进行返工。若返工时使用了助焊剂,应及时用酒精清洗,如焊接过程需换片,在流转单上做好记录,并交给相关人员更换,如图 2-16(f)所示。

⑤ 焊接好的电池片放入流转盒中并用泡沫垫隔开。

⑥ 质量合格的填写流转单,进入下一道工序。

(2) 质量要求及注意事项。

单片焊接要求焊接表面光亮,无锡珠和毛刺;当把已焊上的互联条拆下时主栅线上应留下均匀的银锡合金;互联条要均匀、平直地焊在主栅线内,焊带与电池片主栅线的错位符合检验规范要求;无脱焊、虚焊和过焊、侧焊,保证良好的电性能;具有一定的机械强度,沿 45°方向轻拉互联条不脱落;电池片表面清洁,单片完整;互联条选用与主栅线规格吻合,符合技术要求。

单片焊接时要小心烫伤;电池片要轻拿轻放,以免损坏;焊接前首先检查电池片有无不良;互联条裁剪平直;晾干的互联条在规定的时间内用完,防止助焊剂过度挥发影响焊接效果。

4) 串焊

(1) 串焊操作流程。串焊时应穿工作衣、鞋,戴指套(或手套),以防止裸手接触到电池片,手部的汗液和油脂将会影响电池片和 EVA 的交联强度;要清理工作台面,保持环境整洁,防止电池片污损;每次更换烙铁头和每天开始焊接前须检验恒温电烙铁的实际温度和标称温度是否相符,并作相应调整和记录,防止电烙铁温度性能变化影响焊接;每批次的电池片必须试焊,每天正式焊接前也应试焊,检查焊接质量,观察烙铁温度及焊接速度是否合适。

所需材料有单片焊接好的太阳电池片及互联条;设备有恒温电烙铁、焊接模板(加热板)、串焊操作台;辅助材料有指套(或手套)、转接模板、物料盒、镊子、斜口钳、助焊剂、酒精、焊剂杯、棉签、无纺布。

串焊的操作流程如图 2-17 所示。

① 从流转盒内取电池片,注意有无脱焊或破片等不良现象(按流程进行补焊或换片),电池片正极(反面)向上放入焊接模板相应位置。

② 使电池片的左下角紧贴模板定位条,根据兼顾底边直线度和相邻电池片间距均匀度的原则微调,互联条与背电极对正并均匀焊在背电极内。

③ 先焊正极互联条引出线,然后对正模板定位条,用手指轻压住互联条和电池片,避免相对位移,用电烙铁距电池片边沿 5～10 mm 处起焊,以均匀平稳的速度向下焊接,保证正反面焊接光亮。

④ 目测自检,质量不合格的进行返工,若返工时使用了助焊剂,应及时用酒精清洗。

⑤ 质量合格的作好流转单记录,从焊接模板将电池串转入至转接模板上,注意转入转接

模板前应推移电池串至模板边沿,以防止碎片和电池串变形。

⑥ 放置电池串的转接模板摆放至暂存架。

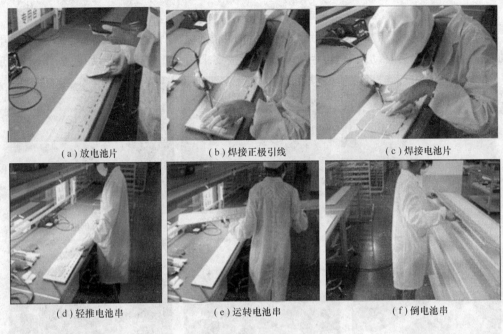

（a）放电池片	（b）焊接正极引线	（c）焊接电池片
（d）轻推电池串	（e）运转电池串	（f）倒电池串

图 2-17　串焊操作流程

（2）质量要求及注意事项。串焊焊接应表面光亮,无锡珠和毛刺;互联条要均匀、平直地焊在背电极内,每一单串电池片的底边在同一直线上,错位<0.5 mm;无脱焊、虚焊、过焊或侧焊,保证电池片良好的电性能;负极焊接表面仍然保持光亮;电池片表面清洁,单片完整,无破裂现象。

串焊时要小心烫伤;电池片要轻拿轻放,以免损坏;由焊接模板倒向转接模板时稍往自身方向倾斜避免电池串滑到地上。

5）叠层

（1）叠层操作流程。叠层时应穿工作衣、鞋,戴指套(或手套),以防止裸手接触到电池片,手部的汗液和油脂将会影响电池片和 EVA 的交联强度;要清理工作台面,保持环境整洁,防止电池片污损;应根据图纸要求领取材料。

叠层所需材料有电池串、钢化玻璃、EVA、背板、汇流条;设备需要叠层台、电烙铁;工具应准备叠层模板、剪刀、手术刀、镊子、斜口钳、指套(或手套)、酒精、无纺抹布、3M 胶带、白胶带、焊锡丝。

叠层的操作步骤如图 2-18 和图 2-19 所示。

① 将玻璃绒面向上放在叠层台上,检查有无污垢、划伤及气泡等,有不合格现象应立即向组长汇报,合格的清洗玻璃表面,如图 2-18（a）所示。

② 取一片 EVA,抖平,检查有无异物、污垢(若有,清除)或孔洞(若有,填补),绒面向上均匀覆盖玻璃,每边至少超出玻璃 5 mm,将叠层模板按要求放在玻璃两端,如图 2-18（b）所示。

③ 两手握转接模板靠身体侧，将电池串按极性倒在铺有 EVA 的玻璃上的相应位置，注意动作协调，防止电池串变形，如图 2-18(c)所示。

④ 检查电池片有无裂纹或严重虚焊、脱焊，若有及时返工。

⑤ 按设计要求调整电池串四边到玻璃边沿的距离（优先保证引出线端尺寸）和电池串之间的距离（抬起或前后拉动调整，再用工具微调），按要求用 3M 胶带固定，如图 2-18(d)所示。

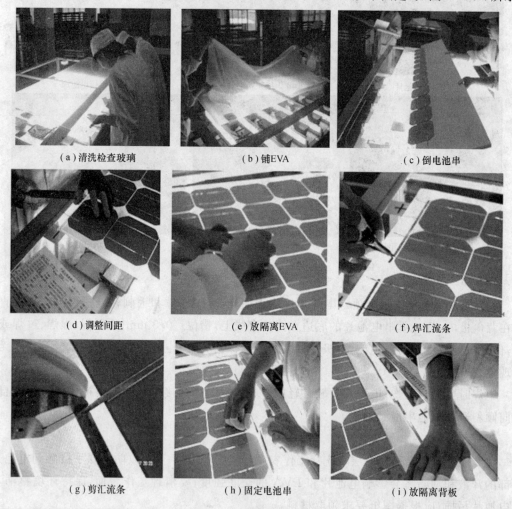

图 2-18 叠层操作流程 1

⑥ 按设计要求贴序列号（注意方向），加锡焊接汇流条和引出线（汇流条在下，用镊子夹起，焊接部分保持光亮），再按设计要求将引出线引出，如图 2-19(a)所示。

⑦ 放置隔离 EVA、背板，卡住外汇流条，用 3M 胶带固定引出线，检查有无异物。

⑧ 取一片 EVA，抖平，检查有无异物、污垢（若有，清除）或孔洞（若有，填补），绒面向着电池片均匀覆盖玻璃，引出汇流条。

⑨ 取背板，检查有无污损、划伤、褶皱，有标记面向着电池片铺平（若无标记根据技术要求），均匀覆盖玻璃，引出汇流条。

⑩ 按引出线正负极夹好鳄鱼夹,打开碘钨灯,检测电流电压值是否符合要求,关闭碘钨灯,做好记录,合格的填写流转单,不合格的查明原因。

⑪ 用白胶带固定组件四角(也可用电烙铁将组件背板和 EVA 四角焊牢),用铅笔抄写序列号于引出线下方,检查确认合格后,放入指定地点,注意抬放时手不得挤压电池片,如图 2-19(h)所示。

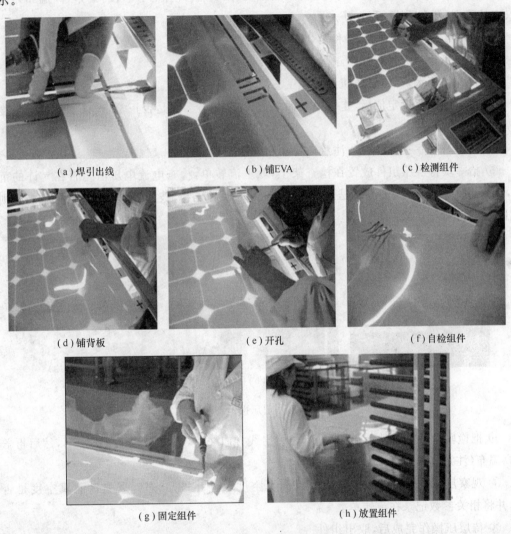

(a)焊引出线　　　　　　　(b)铺EVA　　　　　　　(c)检测组件

(d)铺背板　　　　　　　　(e)开孔　　　　　　　　(f)自检组件

(g)固定组件　　　　　　　　　(h)放置组件

图 2-19　叠层操作流程 2

(2)质量要求及注意事项。叠层布局符合设计要求;EVA、背板要满盖玻璃,超出边界 5 mm以上;叠层过程中,保持内部无杂质、污物、手印、涂锡带残余等;电池串正负极摆放正确,汇流条平直光亮;玻璃、背板、EVA 的绒面朝向电池片;焊接到位、牢固,电池片完好。

叠层时要小心烫伤;电池串要轻拿轻放,以免损坏;对于某些无法确定是否会影响组件质量的情况要作好记录,并隔离和上报;引出线应注意平直,以免在层压过程中造成电池片碎裂;对于按设计要求生产的组件,应有相对固定的电流电压值,应做好记录,有异常的隔离并及时上报。

6）层压

（1）层压操作流程。层压工作时必须穿工作衣、工作鞋，戴工作帽和绝热手套；做好清洁卫生（包括层压机内部和高温布的清洁）；要确认紧急按钮处于正常状态；并检查循环水水位及清洁程度。

层压工作所需材料是叠层好的组件、层压机；工具需要绝热手套、四氟布（高温布）、美工刀、文具胶带、汗布手套、手术刀。

层压的操作程序如图 2-20 和图 2-21 所示。

① 检查行程开关是否处于正常状态；

② 打开循环水，开启层压机并按照工艺要求设定相应的工艺参数。

③ 待温度升至设定值后，走一个空循环，全程监视各参数是否正常，确认层压机真空度达规定要求。

④ 试压，铺好一层高温布，注意正反面和上下布的区分。

⑤ 抬一块待层压组件放置在检查架上，取下流转单，检查电流电压值是否在允许的范围内，察看组件中电池片、汇流条是否有明显位移，是否有异物，破片等其他不良现象，如有则退回上道工序，如图 2-20(a) 所示。

（a）搬运　　　　　　　　　（b）检查　　　　　　　　　（c）放置组件

图 2-20　层压操作流程 1

⑥ 把检验合格的组件玻璃面向下，与引出线方向一致，平稳放入层压机中部，然后再盖一层高温布（注意高温布方向），进行层压操作。

⑦ 观察层压工作时的相关参数（温度、真空度及上、下室状态），尤其注意真空度是否正常，并将相关参数记录在流转单。

⑧ 待层压操作完成后，取出组件。

⑨ 冷却后揭下高温布并清理，注意高温布保持平整，如图 2-21(e) 所示。

⑩ 检查组件符合工艺质量要求并冷却到一定程度后，修边（玻璃面向下，刀具斜向约 45°，注意保持刀具锋利，防止拉伤背板边沿），如图 2-21(h) 所示。

⑪ 经检验合格后放到指定位置，若不合格则隔离等待返工。

（2）层压检查：

① 层压前检查。层压前应检查组件内序列号是否与流转单序列号一致；流转单上电流、电压值等是否未填或未测等，是否符合要求；检查组件极性（一般左正右负）；引出线长度不能

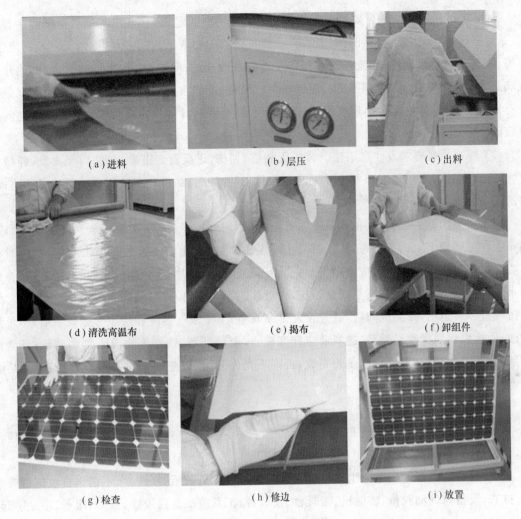

（a）进料	（b）层压	（c）出料
（d）清洗高温布	（e）揭布	（f）卸组件
（g）检查	（h）修边	（i）放置

图 2-21　层压操作流程 2

过短（防止与接线盒连接时长度不够）、不能折弯；背板是否有划痕、划伤、褶皱、凹坑、是否完全覆盖玻璃、正反面是否正确；EVA 的正反面、大小、有无破裂、污物等；玻璃的正反面、气泡、划伤等；组件内的锡渣、焊花、破片、缺角、头发、黑点、纤维、互联条或汇流条的残留等；隔离背板是否到位、汇流条与互联条是否剪齐或未剪；检查间距（电池片与电池片、电池片与玻璃边缘、电池串与电池串、电池片与汇流条、汇流条与汇流条、汇流条到玻璃边缘等间距）是否符合设计要求。

　　② 层压中观察。层压过程中应打开层压机上盖，上室真空表为 −0.1 MPa，下室真空表为 0.00 MPa，确认工艺参数符合要求后进料；组件被完全放入层压机内部后点击下降按钮；上、下室真空表都要达到 −0.1 MPa（抽真空）（如发现异常按"急停"，改手动将组件取出，排除故障后再试压一块组件），等待设定时间走完后上室充气（上室真空表显示 −0.00 MPa），下室真空表仍然保持 −0.1 MPa 开始层压；层压时间完成后下室放气（下室真空表变为 0.00MPa，上室真空表仍为 0.00 MPa），放气时间完成后开盖（上室真空表变为 −0.1 MPa，下室真空表不变）出料。

③ 层压后检查。层压后要检查背板是否有划痕、划伤,是否完全覆盖玻璃、正反面是否正确、是否平整、有无褶皱、有无凹凸现象出现;组件内有无锡渣、焊花、破片、缺角、头发、纤维、色差等;隔离背板是否到位、汇流条与互联条是否剪齐或未剪;间距(电池片与电池片、电池片与玻璃边缘、串与串、电池片与汇流条、汇流条与汇流条、汇流条到玻璃边缘等的间距);互联条是否有发黄现象;组件内是否出现气泡或真空泡现象;是否有导体异物搭接于两片电池片之间造成短路。

(3) 外观质量要求及注意事项。背板无划痕、划伤,正反面要正确;组件内无头发、纤维等异物,无气泡、碎片;组件内部电池片无明显位移,间隙均匀;组件背面无明显凸起或者凹陷;组件汇流条之间间距符合图纸要求。

层压机应由专人操作,其他人员不得靠近;修边时要注意安全(人身安全和产品安全);高温布上应无残留 EVA、杂质等,清理时防止高温布褶皱;钢化玻璃边角受撞击易碎,抬放时须小心保护;层压前摆放组件,应平抬平放,手指不得按压电池片;放入组件后,迅速层压;检查循环水位及水温、行程开关和真空泵是否正常;会区别手动和自动状态,防止误操作;出现异常情况按"急停"后退出,排除故障后,首先恢复下室真空;下室放气速度和层压参数设定后,不可随意改动;橡胶毯属贵重易耗品,进料前应仔细检查,避免利器、铁器等物混入划伤胶毯;开盖前必须检查下室充气和上室真空是否完成,否则不允许开盖,以免损伤设备;每次更换参数后必须走一空循环,试压一块组件。

7) 组件装框

(1) 组件装框操作流程。工作时必穿工作衣、鞋,戴工作帽;做好工艺卫生,清洁整理台面,创造清洁有序的装框环境。

所需材料有层压好的电池组件、铝边框、硅胶、酒精、擦胶纸、接线盒、不锈钢自攻螺钉或素材、抹布;设备有气动胶枪、装框机、工具台、预装台;工具应准备橡胶锤、剪刀、镊子、小一字起、卷尺、角尺。

组件装框的操作流程如图 2-22 和图 2-23 所示。

① 按照图纸选择相对应的材料,铝型材,并对其检验,筛选出不符合要求的铝型材,将其摆放到指定位置,如图 2-22(a)所示。

② 对层压完毕的电池组件进行表面清洗,同时对上道工序进行检查,不合格的返回上道工序返工。

③ 用螺丝钉(素材将长型材和短型材作直角连接,拼缝小于 0.5 mm)将边型材和 E 型材作直角连接,并保证接缝处平整,如图 2-22(b)所示。

④ 在铝合金外框的凹槽中均匀地注入适量的硅胶,如图 2-23(a)所示。

⑤ 将组件嵌入已注入硅胶的铝边框内,并压实(45°拼角型材要先将素材和型材拼装卡紧)。

⑥ 用螺钉将铝边框其余两角固定,并调整玻璃与边框之间的距离,如图 2-23(b)所示。

⑦ 用补胶枪对正面缝隙处均匀地补胶。

⑧ 除去组件表面溢出的硅胶,并进行清洗。

（a）选材

（b）拼框

（c）检查

图 2-22　组件装框流程 1

⑨ 将组件移至装框机上紧靠一边,关闭气动阀,将其固定(45°拼角型材要用压角机将余下两角压紧)。

⑩ 打开气动阀,翻转组件,将组件抬到装框台上,用适当的力按压 TPT 四角,使玻璃面紧贴铝合金边框内壁,按压过程中注意 TPT 表面。

⑪ 用补胶枪对组件背面缝隙处进行补胶(四周全补)并用工具去除四角毛刺,如图 2-23(c)所示。

⑫ 按图纸要求将接线盒用硅胶固定在组件背面,并检查二极管是否接反。

⑬ 对装框完毕的组件进行自检(有无漏补、气泡或缝隙)。

⑭ 符合要求后在"工艺流程单"上做好纪录,将组件放置在指定区域,如图 2-23(f)所示,待组件硅胶固化后进入下道工序(夏季 4 h,冬季 6 h)。

（a）注胶

（b）装框

（c）补胶

（d）接线盒打胶

（e）安装接线盒

（f）组件堆放

图 2-23　组件装框流程 2

（2）质量要求及注意事项。铝合金框两条对角线小于 1 m 的误差要求小于 2 mm，大于等于 1 m 的误差小于 3 mm；外框安装平整、挺直、无划伤；组件内电池片与边框间距基本相等；组件正面与铝边框无可视缝隙，背板与铝边框接缝处无缝隙；接线盒内引线根部必须用硅胶密封、接线盒无破裂、隐裂、配件齐全、线盒底部硅胶厚度 1～2 mm，接线盒位置准确，与四边平行，接线盒四周硅胶密封；组件铝合金边框背面接缝处高度落差小于 0.5 mm；组件铝合金边框背面接缝处缝隙小于 1mm；铝合金边框四个安装孔孔间距的尺寸允许偏差±0.5 mm。

抬未装框组件要轻拿轻放，注意不要碰到组件的四角；注意手要保持清洁；将已装入铝框内的组件从周转台抬到装框机上时应扶住四角，防止组件从框内滑落；清理正面硅胶时注意不要划伤铝边框及玻璃；组件电池片正上玻璃面不能残留硅胶，必须清洗干净；去除四角毛刺时注意不要划伤铝型材；接线盒不能翘起。

8）组件清洗

（1）组件清洗操作流程。工作时必须穿工作衣、鞋，佩戴手套、工作帽；做好工艺卫生，清洁整理台面。

清洗前先检查待清洗组件流转单上的装框记录，看是否符合硅胶固化时间要求，如图 2-24 所示。

所需材料有待清洗的组件、无水酒精、抹布、美工刀片、美纹纸；设备有清洗操作台；工具有酒精壶。

图 2-24　组件清洗流程

① 检查组件是否合格或异常情况（有异常及时向班组长汇报），用刀刮去组件正面残余硅胶，注意不要划伤型材。

② 用干净抹布沾酒精擦洗组件正面及铝合金边框。

③ 用干净抹布去除组件反面 TPT 上的残余 EVA 和多余硅胶。

④ 去除铝合金框表面贴膜。

⑤ 对清洗好的组件作最后检查，保证质量。

⑥ 清理工作台面，保证工作环境清洁有序。

（2）质量要求及注意事项。

组件整体外观应干净明亮；TPT 完好无损、光滑平整、型材无划伤、玻璃无划伤；玻璃正面无残留 EVA 及硅胶。

组件应轻拿轻放;注意不要划伤铝型材、玻璃;注意不要划伤 TPT。

9) 组件测试

(1) 组件测试操作流程。工作时必须穿工作衣、鞋,佩戴手套、工作帽;做好工艺卫生,清洁整理台面。

所需材料有清洗好的组件、标准组件、标签打印纸;设备有组件测试仪、绝缘测试仪、打印机。

组件测试操作如图 2-25 所示。

(a)组件电性能测试

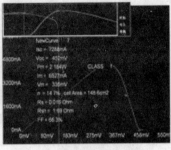
(b)组件测试数据

(c)组件耐压测试

图 2-25　组件测试操作流程

① 按顺序打开总电源开关→计算机电源开关→组件测试仪电子负载电源开关→组件测试仪光源电源开关(机器预热 15 min,目的是让机器稳定一下)。

② 打开测试软件,开始校正标准组件。

③ 把待测组件相对应的标准组件放在测试仪上,将测试仪输入端红色的鳄鱼夹与组件的正极连接,黑色的鳄鱼夹与组件的负极连接。

④ 触发闪光灯(闪光灯是模拟太阳光做的),调整电子负载和光源电压,使测试速度和光强曲线匹配。

⑤ 触发闪光灯,调整电压修正系数和电流修正系数,使测试结果与标准组件的开路电压、短路电流数值基本相一致。

⑥ 校正结束,取下标准组件。

⑦ 将待测试的组件放上测试仪台面,取下流程单将测试仪输入端红色的鳄鱼夹与组件的正极连接,黑色的鳄鱼夹与负极连接。

⑧ 检查组件外观是否有不良。

⑨ 触发闪光灯,使测试速度和光强曲线匹配,一般测 2~3 次,在右侧对话框内输入该组件的序列号,点击保存按钮。

⑩ 取下组件进行绝缘测试,绝缘测试仪的一端将组件的输出端短接,另一端接组件的铝边框,漏电流为 0.5 mA,以不大于 500 V/s 的速率增加绝缘测试仪的电压,直到等于 2 400 V 时,维持此电压 1 min,观察组件有无击穿现象。

⑪ 在流程单上准确填写测试数据。

⑫ 把组件放置在指定地点。

⑬ 重复步骤⑦~⑫继续测试下一块组件。

⑭ 关机时按照步骤①逆向关机(或按照机器使用说明书关机)。

(2)质量要求及注意事项。组件测试要正确记入相关参数,按测得功率分挡;测试数据在设计允许范围内;耐压测试背板无绝缘击穿或表面无破裂现象。

测量不同的组件须用与之功率、规格对应的标准组件进行校准;开机测量前应对标准组件重新校正;测试环境应在 $T=(25\pm2)$℃,密闭环境下;测试仪输入端与组件的正、负极应连接正确,接触良好;测试时人眼不可直视光源,避免伤害眼睛;绝缘测试时,手不可触摸组件,以防电击;保持组件表面清洁,抬时注意不要划伤型材和玻璃;不可以将红色的鳄鱼夹与黑色的鳄鱼夹夹在一起。

10)组件包装

(1)组件包装操作流程。组件工作人员必须穿工作衣、鞋,佩戴手套;应做好工艺卫生,保持周围环境干净整洁。

所需材料有包装箱、包装带、瓦楞纸板、标签、透明胶带、缠绕薄膜、美纹纸、护角、托盘、手套;设备应准备打包机、包装台、工具柜、缠膜台;工具有剪刀、美工刀、十字螺丝刀、一字螺丝刀、封箱器、手动打包机、手动胶枪。

组件包装的操作流程如图 2-26 所示。

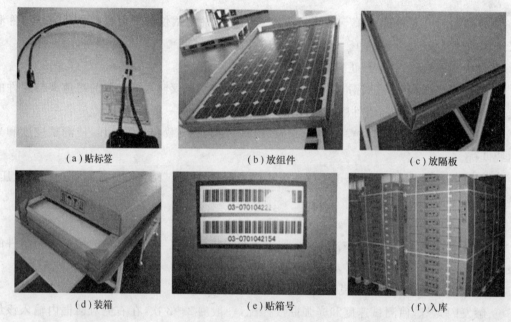

| （a）贴标签 | （b）放组件 | （c）放隔板 |
| （d）装箱 | （e）贴箱号 | （f）入库 |

图 2-26　组件包装流程

按检验规范对组件进行检查;将对应的标签贴在距接线盒 30 cm 处(或根据客户要求),抹平,不能有气泡;将清洗完毕的组件装上引出线,引出线自然弯成弧状,距末端 10 cm 处用美纹纸固定;每个包装箱内装入两块组件,组件之间用瓦楞纸板隔开,组件四个角用护角包住装入包装箱;装箱之前记录所装入组件的序列号;将包装箱抬上打包机工作台面打包;将装箱完毕的组件堆放到指定托盘(按客户要求堆放)并贴上标签;取纸制护角(护角长度为从托盘顶部到最上面一层纸箱的高度)卡在堆放好纸箱的四个角,如图 2-26(d)所示;将 PE 膜绑在托盘的一个纸筒上,再用 PE 膜将货物与托盘缠绕在一起,PE 膜放出所绕边长的 1/2～2/3 向上呈 45°角均匀、用力拉伸到一个边长,把 PE 膜贴在纸箱上,从货物的低、中、高三个不同高度分别按三层、二层、三层的层数缠绕并封顶;绕完货物后用力将 PE 膜拉断,使 PE 膜自身粘接在一起;将缠绕好的一摞放在指定地点。

(2)质量要求及注意事项。组件包装时不允许有任何杂物带入包装箱内;包装箱胶带密封整齐,打包规范;标签的粘贴牢固、整齐、美观、无气泡;缠绕膜缠好后包装箱不可有外漏。

组件包装应轻拿轻放;组件包装箱摆放整齐,引出线插入到位,固定螺丝要拧紧;引出线正负极正确;包装后的组件一定要做好记录;缠绕膜要拉紧;组件装箱时 TPT 面向外,玻璃对玻璃。

3. 组件生产过程检验

为确保对生产过程中的产品进行有效质量控制,品管部或组件车间是用于太阳能电池组件的检验。组件车间各工岗负责按标准生产并自检,品管员负责抽检并做好检验记录。

(1)划片。首批检验合格后方可批量生产,两小时复检一次。不考虑电池片原始公差,划片尺寸精度为±0.5 mm,用游标卡尺测量。借助放大镜目测切断深度为电池片厚度的 2/3。掰片后,电池片不得有大于 1 mm² 的缺角。用手拿电池片距眼睛一尺左右的距离目测,横断面不得有锯齿现象。电池片不得有裂纹。

(2)分选。由品管员每个工作日均衡时间抽检,各工岗负责自检。具体分挡标准按作业指导书要求;确保电池片清洁无指纹、无损伤;所分组件的电池片无严重色差。

(3)单焊。由品管员每个工作日均衡时间抽检,各工岗负责自检。互连带选用必须符合设计文件;保持烙铁温度在 320℃～350℃之间(特殊工艺须另调整),每日对烙铁温度抽检三次;当把已焊上的互连带焊接取下时,主栅线上应留下均匀的银锡合金;互连带焊接光滑,无毛刺,无虚焊、脱焊,无锡珠、堆锡、喷锡、漏白线等现象;焊接平直、牢固,用手沿 45°左右方向轻提焊带不脱落;焊带均匀的焊在主栅线内,焊带与电池片主栅线的错位不能大于 0.5 mm,最好在 0.2 mm 以内,单片无短路现象,互联条焊接起点距电池片边缘大约 2 mm;电池焊接表面清洁干净,无污垢、焊锡珠、毛发等异物。电池片的颜色基本一致,无明显花斑,无针孔,不得有裂纹、划痕,无明显崩边,同一块组件内不得混入两种电池片;对因在焊接时使用助焊剂造成的发白、水渍现象,要及时用酒精进行清洗。

(4)串焊。由品管员每个工作日均衡时间抽检,各工岗负责自检。焊带均匀的焊在主栅线内,焊带与电池片的背电极错位不能大于 0.5 mm;每一单串各电池片的主栅线应在一条直线上,错位不能大于 1 mm;每一单串各电池片的底边在同一直线上,错位<0.5 mm;互连带焊接光滑,无毛刺,无虚焊、脱焊、过焊、翘起,无锡珠、拉尖现象,保证良好的电性能;具有一定的机械强度,沿 45℃方向轻拉互联条,不脱落;负极焊接表面仍然保持光亮;电池片表面保持清洁,焊接表面无异物;单片完整,不允许有破损、暗裂、针孔现象。保持焊接工装表面清洁,无焊锡,烙铁氧化物等杂物。

(5)叠层。由品管员每个工作日均衡时间抽检,各工岗负责自检。叠层好的组件定位准确,串与串之间间隙一致,误差±0.5 mm;串接条正、负极摆放正确;汇流条选择符合图纸要求,汇流条平直,无折痕划伤及其他缺陷;EVA、TPT 要盖满玻璃。玻璃无划伤、无崩边、无杂质,EVA 平整清洁,无杂物、无变色现象,背膜清洁干净无污物、无划伤。拼接过程保持组件中无杂质、污物、纸屑、手印、焊锡、焊带条等残余部分;焊接好的组件定位准确,胶带粘接平整牢固,不可贴到电池片上;玻璃、TPT、EVA 的"毛面"向着电池片;组件序列号号码贴放正确,与隔离 TPT 上边缘平行,隔离 TPT 上边缘与玻璃平行;组件内部单片无破裂、无针孔、无缺角,不得有裂纹,无明显崩边,表面无助焊剂。涂锡带多余部分要全部剪掉,剪后的互联条,汇流带端面整齐,无歪斜、无漏剪现象;电流电压要达到设计要求;所有焊接点应平直牢固,无虚焊、漏焊,无短路隐患;不同厂家的 EVA 不能混用;生产跟踪单要填准确,做好工艺卫生。

(6)层压。由品管员每个工作日均衡时间抽检,各工岗负责自检。太阳能电池极性排列正确;引出线应平直,无漏焊,无短路隐患;剪后的互联条、汇流带端面整齐,无歪斜;电池片无裂纹,无缺角现象,表面无明显的助焊剂。组件电池串间距及在板面中的位置要均匀;组件内单片无破裂、无裂纹、无明显位移,串与串之间距离不能小于 1 mm;焊带及电池片上面不允许有气泡,其余部位 0.5～1 mm² 的气泡不能超过 3 个,1～1.5 mm² 的气泡不能超过 1 个;组件内部清洁干净,不能有纸屑、焊锡、互联条等异物,钢化玻璃和背膜层间无明显杂质,庇点及脱层变色现象;EVA 的凝胶率不能低于 75%,每批 EVA 测量二次,TPT、EVA、玻璃粘接度符合标准;层压工艺参数严格按照内部设定参数;背面平整,凸点不能超过 1 mm,不能存在鼓泡、折皱、划伤现象;组件内部不应该存在真空泡及 EVA 未溶,胶带突起等现象;玻璃正反两面无划伤现象,内部无裂纹现象;修边时,TPT 与玻璃边缘齐平,允许偏差 -0.5 mm;电池板的厚度适宜,能够装框。

(7)装框。由品管员每个工作日均衡时间抽检,各工岗负责自检。外框安装平整、挺直、无划伤及其他不良、无硅胶;边框密封要严,边框边角处不得露缝,不得有毛刺;铝合金边框两条对角线小于 1 m 的误差小于 2 mm,大于等于 1 m 的误差小于 3 mm;铝合金边框四个安装孔孔间距的尺寸允许偏差±0.5 mm;接线盒无破裂、隐裂、配件齐全;旁路二极管的极性正确,标识清晰;接线盒内插线必须牢固,接触良好;接线盒底部硅胶厚度 1～2 mm;接线盒位置准确,与四边平行,接线盒四周硅胶密封;组件与铝边框之间不能有缝隙,拼角边框四角毛刺要去除干净;铝边框拼角美观,接缝处缝隙小于 0.5 mm,高度落差小于 0.5 mm。

(8)清洗。由品管员每个工作日进行均衡抽检。玻璃表面无残留 EVA、硅胶及其他灰尘等脏物;铝边框干净无污物;背板无残留 EVA 及其他污物;玻璃、背板及铝边框无划伤及其他不良。

(9)组件测试。电性能全检。测试前先检查外观等,确认无任何问题后,再进行测试;测试时,测试曲线、功率等要符合要求,电池板的各项电气参数符合标准,允许偏差为设定值的±3%;按照仪器操作的作业指导书进行测试,每两小时对测试仪进行校正一次。

(10)耐压测试。抽检。将组件引出线短路后接到测试仪的正极,组件暴露的金属部分接到测试仪的负极,以不大于 500 V/s 的速率加压,直到 1000 V 的系统最大电压,维持 1 min;如果开路电压小于 50 V,则所加电压为 500 V,无绝缘击穿(小于 50 μA)或表面无破裂现象。

（11）包装入库前检查。由品管员每个工作日均衡时间抽检，各工岗负责自检，组件表面及层间应无裂纹、油污、疵点、擦伤、气泡；互联条、汇流条排列整齐，不变色，不断裂；单体电池及串并连焊点应无虚焊、脱焊和碎裂；密封材料应无脱层、变色现象，层间如气泡，应在标准允许范围之内；铝边框应用硅胶填满，与组件接缝处无可视缝隙；接线盒应与 TPT 连接牢固，接线盒内，组件"＋，－"引线标识清楚准确，连接牢固，密封圈没有脱落；铝边框应平直、无毛刺、表面氧化层无划伤现象；标签的粘贴牢固、整齐（与相应的边平行）；连接器安装牢固，应能承受组件自重；背板及玻璃无划伤；包装符合合同要求，松紧适度，不得损坏包装箱；组件的序列号与包装箱外贴箱号一致。

4. 太阳能电池组件成品检验

太阳能电池组件合格品是指无明显缺陷，符合设计文件要求的产品。这类产品或许存在轻微缺陷，但这些轻微缺陷不影响组件的输出功率、使用寿命、安全及可靠性，不影响用户对产品的使用。

（1）外观检验。对于太阳能电池组件的电池片，必要时可使用放大镜检验，要求无扩大倾向的裂纹，也不允许有 V 形缺口。300 mm 钢直尺、游标卡尺检测电池片缺损，要求每块电池片不超过 1 个；每块组件不超过 3 个面积小于 1 mm×5 mm 的缺损。

对于太阳能电池组件的栅线检验，采用 300 mm 钢直尺检验。首先不允许出现主栅线缺失的情况，对于缺失长度在 3 mm 以下的副栅线总量不得超过 10 mm。主栅线与副栅线间断点应小于 1 mm，不能允许有两个平行断条存在。主栅线与串联带之间脱焊的长度，电池片前端应小于 5 mm，电池片后端应小于 10 mm。串联条偏离主栅线长度应小于 20 mm，偏离量应不大于主栅线宽度的 1/3，且总偏离数量应少于 5 处。

采用 300 mm 钢直尺检验汇流带和串联带。汇流带边缘未剪切的串联带长度应不大于 1 mm，串联带边缘未剪切汇流带的长度不大于 2 mm。相邻单体电池间距离应不小于 1.5 mm，汇流带和电池之间、相邻汇流带间的距离应不小于 2 mm，汇流条、互联条、电池片等有源区距组件玻璃边缘的距离应不小于 7 mm。串联条与汇流条的焊接应浸润良好，焊接可靠。

太阳能电池组件检验包括异物检验，要求成品中不能有头发与纤维。其他异物应宽度不大于 1 mm，面积不大于 15 mm²，整块组件中异物数量不能超过三个。

位于边缘 5 mm 内，且距电池片、汇流条等有源元件 7 mm 以上的气泡属于合格范围。不在此范围内的气泡，要求单个气泡最长端应不超过 2 mm，整块组件不能超过三个气泡。组件背部不得存在有"弹性"的可触及气泡，不能延伸到玻璃边缘，不能连通两导电部件。

对于成品的玻璃检验要求不允许存在裂痕或碎裂，表面划伤宽度不能大于 0.1 mm，长度不超过 30 mm，每平方米不超过 3 条划伤。玻璃中长度在 0.5 mm～1.0 mm 的圆气泡，每平方米不得超过 5 个；长度在 1 mm～2 mm 的圆气泡，每平方米不得超过 1 个；宽度小于 0.5 mm，长度在 0.5 mm～1.5 mm 的线泡，每平方米不得超过 5 个；长度在 1.5 mm～3 mm 的线泡，每平方米不得超过 2 个。

检验 EVA 和背膜，要求无明显缺陷及损伤，返工（修）后不能产生背表面塌陷，背表面不存在褶皱。

对于边框检验,要求几何尺寸符合设计要求,边框凹槽内硅胶填量达 2/3。手感牢固、可靠,无松垮感。要求合格品划痕单个长度小于 30 mm,宽度小于 0.2 mm,每米划痕个数小于 2 个。

太阳能电池组件成品检验表面污染,要求不存在除电池印刷浆料和浸锡粘连以外的沾污,每片电池片沾污面积≤20 mm²,沾污片不超过 3 片。每块组件上使用相同材料、相同工艺制造的电池片,减反射膜和绒面成片缺失总面积小于 1 cm²,且每个组件少于 5 个电池片有此类缺陷。整块组件颜色没有明显的反差,无形成有色沉淀的水渍。

太阳能电池组件成品检验接线盒,应按图纸要求,接线盒与边框间固定牢固,与背膜间粘接胶条无间断,有少量粘胶挤出。接线盒与背膜间无明显间隙,接线盒不得翘起。引出线插入插片的深度应大于 5 mm,输出极性正确,接头和电缆无损坏。

(2) 电气性能检验。电气性能检验要求选用氙灯光源,光谱为 AM1.5,环境温度为 25℃±2℃,辐照度为 1 000 W/m² 的环境下进行。测试时,要按照设备操作规程使用设备,使用工作标准电池组件校对设备,使工作标准电池组件的测试值与标称值相差在±0.5% 以内。测试分挡,每 2 h 内用工作标准电池组件标定一次设备,保证测试质量,电参数应符合设计文件的要求。

(3) 包装、贮存和运输:

① 包装。采用纸质材料包装箱包装,每箱两块。产品外包装箱上应依照产品设计文件,标明规定的信息。

② 运输。使用集装箱运输。

(4) 储存。产品贮存环境应满足下列条件:温度不高于 35℃;相对湿度不大于 70%;无腐蚀性气体气味。储存过程中应有防撞击、防挤压、防潮湿等措施,保证先进先出。

5. 太阳能电池组件常见质量问题案例分析

为了提前了解组件生产中常见的质量问题,这里我们对太阳能电池组件常见质量问题进行简单介绍,便于了解太阳能电池组件常见质量问题,从而在工作中采取措施,减少组件故障率,提高生产效率,降低成本。

(1) 电池片色差(见图 2-27)。电池片存在色差会影响组件整体外观。其产生的原因可能是分选失误,在分选时应注意从同一角度看电池片颜色(正视),入眼的第一感觉;也可能是因为其他工序换片时造成,要求由专人负责换片,以破片换好片时尤其要注意电池片颜色,以减少此类问题的出现。

(2) 电池片缺角(见图 2-28)。电池片缺角会影响组件整体外观、使用寿命及电性能等。产生的原因可能是标准不明确或是焊接收尾打折太深或离电池片太近。

(3) 电池片栅线印刷问题(见图 2-29)。电池片栅线印刷错误会影响组件外观及电性能,具体分为主栅线缺失、细栅线缺失和栅线重复印刷三类问题。

(4) 电池片表面脏(见图 2-30)。电池片表面脏会影响组件使用寿命。产生的原因可能是由于裸手接触原材料,残留汗液造成;也可能是由于电池片制作过程没有清洗干净;或是由于工作台面有污染物,粘在电池片上。

图 2-27　电池片色差

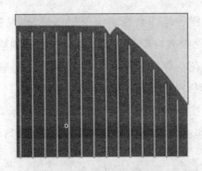

图 2-28　电池片缺角

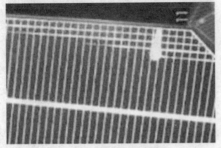

（a）栅线重复印刷

（b）细栅线缺失

图 2-29　电池片栅线印刷问题

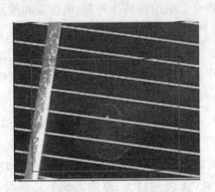

图 2-30　电池片表面脏

（5）焊接不良。焊接不良分为多种情况。

① 虚焊。虚焊会影响组件电性能及使用寿命。可能造成的原因：烙铁头不良；电烙铁温度不均衡；电烙铁焊接温度低；焊接力度轻、焊接速度快；电池片主栅线氧化；涂锡带或助焊剂可焊性不好；涂锡带、电池片或助焊剂储存过期；涂锡带锡层薄。在生产过程应注意避免此类问题的出现。

② 过焊。过焊也会影响组件电性能及使用寿命。可能造成的原因：电烙铁焊接温度过高；焊接力度重或焊接速度慢；重复焊接；材料可焊性不好；电烙铁温差大。

③ 侧焊。侧焊也会影响组件电性能及使用寿命。可能造成的原因包括焊接手势不对；烙铁头不平；涂锡带厚度不均匀。

④ 堆锡。堆锡会影响组件层压质量,易造成组件破片。可能造成的原因:焊接力度太重;焊接收尾处没有将焊锡带走;涂锡带表面锡层溶化速度过快。

⑤ 焊花。焊花会影响组件外观。可能造成的原因包括串焊力度太重;串焊时烙铁温度过高;串焊模板槽深不够,如图 2-31 所示。

⑥ 焊接偏移。焊接偏移如图 2-32 所示,它会影响组件外观、电性能及使用寿命。可能造成的原因包括互联条太软;互联条扭曲变形;焊接手势不对。

图 2-31　焊花

图 2-32　焊接偏移

⑦ 脱焊。脱焊会影响组件电性能及使用寿命。可能造成的原因:焊接手势太轻或速度太快;烙铁焊接温度太低;没有浸泡助焊剂;电池片或涂锡带可焊性不够。

(6) 异物。组件中有异物会影响组件整体外观、电性能和使用寿命。产生的原因:生产现场控制不当、工作台面未能保持整洁;车间内有员工整理头发;工作时没有按照要求戴工作帽、穿工作服;工作人员的责任心不强;个别员工戴围巾进入操作现场;随便让无关人员进出车间。

(7) 电池片氧化。电池片氧化会影响组件外观、使用寿命及电性能。产生的原因:电池片裸露空气中时间过长,应注意调整工序间的生产均衡;加助焊剂焊接后没有清洗,导致氧化,应注意焊接后将助焊剂清洗干净;电池片来料时间太长,保存条件不符合要求,在开封后未能及时用完,应注意先来先用,保持仓储环境。

(8) EVA 未溶(真空泡或缺失)。EVA 未溶会影响组件外观、电性能及使用寿命。可能造成的原因:EVA 自身问题(EVA 收缩过大、厚度不均匀),此时应更换 EVA;没有找到合适的工艺参数(温度高、层压时间长、上室压力大等),此时应试验合适的层压参数。

(9) 层压后组件内气泡。层压后组件内气泡会影响组件外观及使用寿命。可能造成的原因:EVA 过保质期,应注意仓库先进先出原则,领料时注意查看进货时间;EVA 保管不善而受潮,应注意改善仓储环境;EVA 熔点过高;橡胶毯有裂痕或破损;下室不抽真空;不层压导致或层压压力小;层压机密封圈破损;真空速率达不到;工艺参数不符(抽真空时间短、层压温度高);调试合适参数;EVA 上沾有酒精未完全挥发,应注意待 EVA 上的酒精完全挥发再使用;电池片上残留助焊剂和 EVA 起反应,应注意将电池片上的助焊剂清洗干净;互联条上的涂层(金属漏洞);焊接工艺问题(虚焊)导致;玻璃和 EVA 边缘受到污染;绝缘层的结构问题(不是所有背材都能做绝缘条);异物导致。

(10) 焊接破片。焊接破片会影响组件外观、电性能及使用寿命。可能造成的原因:电池片自身隐裂;互联条太硬,不同电池片应用不同规格的互联条;焊接手势太重,平时要以正确的方式多加练习,找到合适的手势;电烙铁温度过高,应找到合适工艺参数,通过大量试验、生产;堆锡;电池片焊好后积压过多;焊接收尾处打折太深或离电池片太近。

图 2-33　层压后破片

(11) 层压后破片(见图 2-33)。层压后破片会影响组件外观、电性能及使用寿命。可能造成的原因:电池片自身隐裂,叠层应在灯光下仔细检查;焊接时打折过重导致电池片隐裂,应调整焊接方法;层压前,操作人员抬组件时压到电池片,进料时不注意,抬组件时应护住四角,不要压到背板上;异物、锡渣、堆锡在电池片上导致层压后破片,应保持工作台面整洁、各自工序自检、互检;上室压力过大经常出现破片而且在同一位置,应定时检查层压机,调整层压参数;互联条太硬,应选择合适的互联条;叠层人员剪涂锡带时用力过大,电池片产生隐裂,应注意手势及力道;充气速度不合适,应调节充气速度;叠层人员在倒电池串时产生碰撞,导致电池片隐裂;引出线打折压破。

(12) EVA 交联度不符合要求。EVA 交联度不符合要求会影响组件使用寿命。可能造成的原因:机器温度过高或过低,应调试合适的温度和层压时间;层压时间过长或过短;机器温度不均衡经常点温或加注导热油;EVA 自身交联剂质量问题;EVA 储存不当,受光或受热。

(13) EVA 脱层。EVA 脱层影响组件使用寿命。可能造成的原因:玻璃内部不干净,应将玻璃预先清洗;EVA 自身问题;层压时间过短或没有层压,应检查设备或延长层压时间;冷热循环后 EVA 脱层,配方不完善。

(14) EVA 发黄(见图 2-34)。EVA 发黄会造成透光率下降,影响组件采光,影响电性能及使用寿命。可能造成的原因:EVA 自身问题;EVA 与背材之间的搭配性不协调;EVA 与玻璃之间的搭配性不协调;EVA 与硅胶之间的搭配性不协调。

(15) 层压后组件位移。层压后组件位移影响组件外观、电性能及使用寿命。可能造成的原因:串与串之间位移,叠层时没有固定好,间隙不均匀,串焊时应尽量焊在一条直线上;汇流条位移,可能由于层压抽真空造成,可考虑分段层压(有些层压机有此功能),也可能是由于互联条太软造成,需要更换合适的互联条;整体位移,没有固定或层压放置组件时有倾斜,仔细检查有无固定,往层压机上放置时注意不要倾斜。

(16) 焊带发黄发黑(见图 2-35)。焊带发黄发黑影响组件整体外观、电性能及组件使用寿命。可能造成的原因:助焊剂的腐蚀性强或焊带自身抗腐蚀性不强;EVA 的配方体系与焊带不符;焊带表面镀层的致密程度不够。

(17) 背板划伤。背板划伤影响组件外观及使用寿命。可能造成的原因:层压后抬放、修边、装框、测试、清洗或包装等操作错误;装框拆框导致,拆框时应注意保护背板;背板本身存在划伤,裁剪时应注意检查及叠层时检查。

(18) 背板褶皱(见图 2-36)。背板褶皱影响组件外观。可能造成的原因有:层压过程导致,此时应检查设备温度是否过高;EVA 收缩率是否过大,此时应更换参数;背板自身质量软,此时应更换背板或调整参数。

图 2-34　EVA 发黄

图 2-35　焊带发黄

（19）背板鼓包。背板鼓包影响组件外观。大量鼓包出现在片与片之间，可能是 EVA 收缩率大，此时应检查该批次 EVA；如果是互联条质地软造成，此时应更换合适的互联条。

（20）背板脱层。背板脱层影响组件使用寿命，可能造成的原因：背板的毛面部分黏结效果不好，此时应更换背板；上室压力小，应注意调整层压设置参数；如果是因为不层压导致，此时应检查设备；如果因为 EVA 的黏结强度不够，此时应调整参数或更换 EVA；如果组件太热时修边或用手拉角，也可能造成背板脱层，应注意组件应冷却到室温再修边，在组件热的时候，禁止用手拉组件的角。

（21）背板凹坑（见图 2-37）。背板凹坑影响组件外观、电性能及使用寿命。可能造成的原因：EVA 粘在橡胶毯上，应检查橡胶毯，及时清理；若因为高温布没有清理干净，应仔细清洗高温布（正反面及上大布的正反面）；上室粘有其他硬物。

图 2-36　背板褶皱

图 2-37　背板凹坑

（22）背板起泡。背板起泡影响组件外观及使用寿命。可能造成的原因：电池片背膜引起；3M 胶带引起，可能由于 3M 胶带质量不好，返工次数太多或时间长，则应减少返工，调整返工层压参数；层压之后在电池片背面有气泡，经过一段时间后产生，则应注意背板，仔细检查。

（23）背板自身脱层。背板自身脱层影响组件外观及使用寿命。可能造成的原因是背板自身的粘结强度不够或背板耐热不够。

（24）玻璃表面划伤（见图 2-38）。玻璃表面划伤影响组件外观、使用寿命及安全性能。可能造成的原因：抬玻璃时两块玻璃摩擦，玻璃之间应有隔离物，抬时应注意平拿平放；叠层时摩擦造成，应注意在叠层台上要有垫子撑起玻璃；刀片划伤，则注意刀尖不要在玻璃上划、清洗注意刀尖磨损程度，及时更换；装框拆框时导致，拆框时应将组件用缓冲物垫好、并用气枪将玻璃表面的沙粒吹干净；测试后汇流条打折导致摩擦，应将汇流条处用胶带粘起来或垫缓冲物；层压返工时摩擦尽量减少；玻璃本身有划伤没有检出，叠层前、层压前应仔细检查。

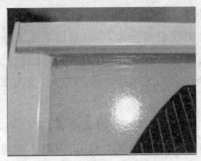

图 2-38　玻璃表面划伤

（25）玻璃内部划伤。玻璃内部划伤影响组件外观及电性能。可能造成的原因：层压返工时刀片划伤，则注意刀片的角度；抬玻璃时两片玻璃摩擦，玻璃之间应有隔离物，应注意抬玻璃时要平拿平放；玻璃自身存在划伤（包括内部）。

（26）测不出功率。可能造成的原因包括组件整体正负极接反，应检查是否接线盒没有夹好或二极管全部装反。

（27）功率低。功率低可能的原因：破片，应注意在层压前后和装框前检查电池片是否有破片；个别电池串正负极接反，因此要求叠层人员的细心、责任心；组件被流转单或其他物体遮挡住；标准件没有校准好，此时应重新校准标准件；组件温度高，应降低组件温度及室内温度；氙灯光源不够，此时应更换氙灯；个别二极管装反。

（28）IV 曲线异常。IV 曲线异常可能的原因：组件中存在破片；电池片中高低挡（电流）混用，生产过程中应禁止高低挡混用；电流电压修正参数不符，此时应重新修正参数；检测设备出现故障。

（29）型材问题。型材问题会影响组件外观及使用寿命。可能造成的原因：型材划伤，可能由于来料检查不仔细，装框清洗包装过程中划伤；型材拼接有出入，可能由于在加工时尺寸没有控制好，产生误差；型材变形，可能由于型材加工过程中没有拉直，型材的硬度不够。

（30）型材与组件接缝处漏缝。型材与组件接缝处漏缝影响组件外观及使用寿命。常见问题：上表面有缝，可能由于没有将硅胶溢出，或没有将型材内部硅胶充足；反面有缝，可能由于补胶没有补好或硅胶与背板之间粘接性不好，应检验硅胶与背板之间的粘接性。

（31）接线盒问题。接线盒问题会影响组件电性能及使用寿命。常见问题：密封圈脱落，水汽易从盒盖渗入，造成组件短路；盒盖脚断掉，可能由于安装不牢，易被拉掉，水汽易渗入；接线盒没有盖紧,安装不牢,易脱落,水汽易渗入;连接插头没有插接到位,和接线端子形成点接触,电阻大,易断路;安装螺丝没有拧紧,引线易脱落,造成断路;正负极接反,系统安装时出现故障。

（32）接线盒安装问题。接线盒安装易出现问题包括位移,位移后,边缘硅胶变少,易渗水,因此生产时接线盒放上后先不要按紧,装好引线后再用角尺校准后再按紧,如盒子高于型材四角要垫高;接线盒底部硅胶少,可能由于粘接不好,打胶不均匀,易渗水,应注意注胶方式、胶量及安装方式。

（33）接线盒安装引线问题。接线盒安装引线出现问题包括汇流条上有胶带,会导致绝缘过热,引起氧化及其他反应;引出线根部密封,水汽易沿着汇流条渗入组件内部;插入接线端子内的汇流条尺寸过窄、过短,通电面积减少,电阻加大,易导致过流,发热,长时间使用易烧坏接线端子;汇流条插入接线端子后过紧,无热胀冷缩的余地,反复如此,电阻会变大,长期使用可能会断。

（34）标签问题。标签出现的问题:贴斜,影响美观;有气泡,长期使用,气泡会增大,最终会脱落;标签破,外观标志不美观;没有安装说明书,资料不完整;标签不正确,会给客户造成误导。

（35）包装。包装出现的问题:包装盒变形,纸箱承重不够,上面组件的重量基本压在最下面组件,易将组件压破;缠绕膜破损,在运输过程中的安全性受到影响,并且防水性能也受到影响;护角保护不到位,运输时安全受到影响;打包带松、包装不牢,包装带松紧度不好或包装时没有靠紧包装机的靠山;缠绕膜没有拉紧,安全受到影响,整堆组件易倒塌。

（36）硅胶问题。硅胶问题:硅胶固化后发黄,硅胶与 EVA 的搭配性不协调;硅胶固化后与背板不粘结,硅胶与背板不融合;硅胶固化后与接线盒不粘接;在使用中,胶枪停下之后,硅胶仍在溢出,气源压力过大,硅胶底部固化,硅胶四周固化。

（37）玻璃自爆（见图 2-39）。玻璃自爆可能造成的原因:玻璃自身热应力不够;玻璃本身内部有杂质颗粒;玻璃钢化程度不够;加热板不平;加热板上有硬物;堆放不规范;组件放置数量过多。

图 2-39　玻璃自爆

6. 太阳能电池组件返工技术要求

根据检验产品的不合格程度,处理方法也各不相同,对于虽有外观缺陷但不影响组件电性能和使用年限又在合格品检验范围之内的产品可以放行;检验规范内未提到,但又影响组件外观或电性能,检验人员暂时无法确定的产品采取隔离待定;对于外观或电性能上超出合格品检验范围,影响使用和销售的组件应进行返工;因组件无法进行返工或返工会造成产品成本的大幅度提高,可降低价格进行销售;对于产品因外观或电性能严重损坏而无任何使用价值的不合格品应进行报废处理。本节主要介绍简单的返工工艺。

1）焊接返工

（1）单片焊接工序返修工艺。若单片焊接工序出现中段虚焊而要求返工,返修操作如图 2-40 所示,单片焊接工序出现的焊条偏移返修方法与此类似。

图 2-40　中段虚焊返修

返工时,应把电烙铁的温度设定低于焊接温度 10℃左右,左手大拇指和食指轻拉起互连带,无名指压住电池片,右手握电烙铁距电池片底端 0.5～1 cm 处,用电烙铁将互联条从电池片上均匀的从下向上拆下;互联条取下后放置废料盒内,用烙铁将主栅线上残留的银锡合金抹平（快而轻）,注意不能把残余的银锡合金刮到电池片表面的细栅线上;再用新的互联条重新焊接,焊接时速度比第一次稍快。

对于两端虚焊问题的返修操作,用棉签沾上适量的助焊剂,涂抹于虚焊处的互联条上,等焊剂晾干后,用烙铁从虚焊处进行补焊,焊好后检查电池片有无破片、过焊等情况,使用助焊剂后用适量的酒精清洗。

（2）破片返修。破片返修操作操作如图 2-41 所示。

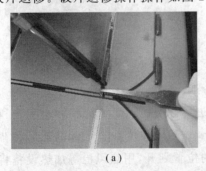
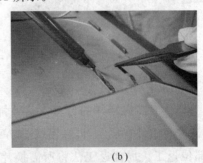

（a）　　　　　　　　　　　　（b）

图 2-41　破片返修操作

先把电烙铁的温度设定低于焊接温度 10℃左右,左手用镊子捏住互联条,用电烙铁将互联条均匀的从焊接起始端向末端移动,从电池片上卸下互连条,卸好后,把主栅线上残留的银锡合金用烙铁抹平（快而轻）,更换电池片。由于卸下而导致互联条弯曲,可用手矫正互联条,用棉签沾上少量的助焊剂,涂抹在已焊过的互联条上,待助焊剂晾干后加少量的焊锡进行焊接（速度稍快）。焊接时使用了助焊剂,要用适量的酒精清洗。

2）叠层返工

叠层前发现破片需要返修，将电池串移到串焊模板上，根据串焊返修工艺返修。

叠层完后的破片返修，先把电烙铁的温度设定低于焊接温度10℃左右，用白纸或高温布垫在破片的下方，按照串焊的破片操作步骤进行返修。使用酒精后，一定要等其完全挥发后才能覆盖EVA和背板，然后再流入下一道工序。

极性连反的返修操作，用镊子将汇流条与互联条连接处卸下，如图2-42（a）、（b）所示。注意拆卸时不要将EVA烫溶化，如图2-42（c）所示。将电池串移至转接模板，按照极性要求重新摆放电池串，根据技术工艺要求，重新加锡焊接，如图2-42（d）所示。

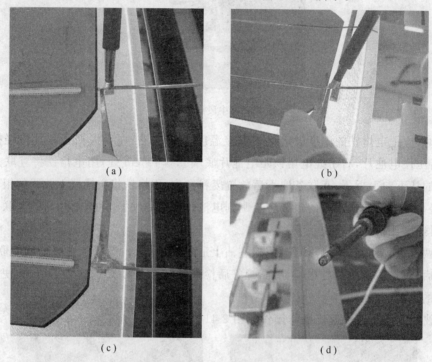

（a）　　　　　　　　　　　　（b）

（c）　　　　　　　　　　　　（d）

图2-42　极性连反返修操作

3）层压返工工艺

层压返工操作时需有较好的经验人员才能进行。层压返工分为整体返工法和局部返工法。整体返工法将组件在层压机内（温度120℃～135℃）加热5～10 min，然后将背板整体揭掉，对不良部位返工。局部返工法将所需换片的位置划开，用热风枪等加热设备将其局部加热，然后将背板局部揭掉对不良部位进行返工。

叠层处返工先将组件清理干净，然后填补EVA、电池片，再测电流电压是否正常，如果正常覆盖整张EVA、背板。

对于返工后再次层压的重点是工艺参数的选择，层压温度与时间应低于第一次层压。

4）装框返工工艺

对于自攻螺钉拼框组件，应先将带拆组件的四角螺钉拆去，用刀片划开背板与型材之间的补胶,用力扳动型材(平行用力,成 45°弧线形),来回多次用力,用刀片再向型材内部深划,尽可能划开硅胶,感觉松动后用力将型材扳掉。操作时应注意禁止从型材一端用力,不能划伤背板。

对于 45°拼角组件,应先用角磨机或锯子从型材的角上将型材锯开,再重复上面的步骤。操作时应注意不能锯到玻璃,拆框前用气枪将组件表面吹净。

 ## 水平测试题

1. 什么叫做太阳能电池组件? 与太阳能电池片有何不同?

2. 什么是组件的大输出功率? 什么叫做组件的最佳工作电压? 什么叫做组件的最佳工作电流?

3. 电池盒防护等级为 IP68,具体要求如何?

4. EVA 使用有何要求? 运输和贮存有何注意事项?

5. 组件生产用到的 TPT 背板有何作用? 有何要求?

6. 涂锡带在使用过程中应注意哪些事项?

7. 太阳能电池组件生产用到的钢化玻璃有何要求?

8. 太阳能电池组件生产用的钢化玻璃运输和贮存有何注意事项?

9. 铝型材对太阳能电池组件有何作用?

10. 在太阳能电池组件生产过程中硅胶有何作用?

11. 太阳能电池组件接线盒有何作用?

12. 简要介绍接线盒组成部分及作用。

13. 接线盒上的旁路二极管有何作用?

14. 助焊剂主要作用有哪些?

15. 助焊剂在贮存时应注意哪些问题?

16. 划片机有何作用? 日常保养包括哪些内容?

17. 单片测试仪的日常保养项目有哪些?

18. 焊接加热板的保养项目包括哪些?

19. 叠层中测台应如何使用?

20. 组件封装层压机有何作用?

21. 层压机操作步骤是什么?

22. 组件装框应如何操作?

23. 晶体硅电池片来料检验有哪些注意事项?

24. 简述做 EVA 的交联度试验方法。

25. TPT 背板来料检验内容有哪些?

26. 简述钢化玻璃来料检验方法。

27. 简述涂锡铜带检验规则。

28. 简述接线盒检验规则。

29. 简述助焊剂检验方法。

30. 太阳能电池组件常规试验操作有哪些？

31. 太阳能组件生产工艺流程是什么？

32. 简述单片焊接操作流程。

33. 串焊有何质量要求？

34. 简述叠层操作流程。

35. 简述层压检查有哪些。

36. 简述组件测试注意事项。

37. 在生产过程检验中，划片检验有何要求？

38. 在生产过程检验中，叠层检验有何要求？

39. 包装入库前检查有何要求？

40. 太阳能电池组件成品检验对玻璃有何要求？

41. 焊接不良有哪些情况？

42. 造成 EVA 未溶的原因有哪些？

43. 如何避免层压后破片？

44. 层压后组件位移的原因是什么？

45. 背板脱层的原因有哪些？

46. 根据检验产品的不合格程度，处理方法各有哪些？

47. 简述破片返修方法。

项目三　太阳能光伏发电系统控制器设计

学习目标

通过完成 100 W 太阳能光伏发电系统控制器的制作,达到如下目标:

① 熟练掌握太阳能光伏发电系统控制器原理。

② 掌握太阳能光伏发电系统控制器软硬件设计。

③ 掌握蓄电池充放电原理及要求。

④ 理解最大功率跟踪原理,掌握电压回授法、微扰观察法、电导增量法、滞环比较法、模糊控制法等常用最大功率跟踪实现方法。

⑤ 掌握控制器组装、调试技巧,并能根据其故障特征进行具体分析。

项目描述

设计一太阳能光伏发电系统控制器,要求如下:

① 根据设计要求,选择合理控制方案。

② 根据实验室现有条件,设计硬件电路,绘制 PCB 图,组装元件。

③ 绘制软件流程图,编写软件源程序。

④ 系统组装调试。

⑤ 所制作的光伏发电系统控制器具有蓄电池过充过放保护,电路美观整齐,符合工艺要求。

相关知识

一、光伏控制器简介

1. 光伏控制器的概念

太阳能光伏发电系统控制器是对光伏发电系统进行管理和控制的设备,是整个光伏发电系统的核心部分,简称光伏控制器。在不同类型的光伏发电系统中,控制器不尽相同,其功能多少及复杂程度差别很大,要根据系统的要求及重要程度来确定。

光伏控制器的作用是完成协调系统各部分正常工作,确保系统安全、可靠运行的重要工作环节。随着计算机技术的发展,电气自动化技术也随之快速发展,出现了各种各样的符合不同要求的自动化装置。如今,很多光伏发电系统都引入了多功能、智能化的光伏系统控制器。光伏控制器的主要功能如下:

信号检测:光伏控制器能够自动地对光伏发电系统的多路模拟信号进行采集、取样、分析处理,从而达到对整个系统的工作状态进行检测和保护的目的。它能够对系统运行中出现的偏差进行自诊断、分析、自校正,使系统自动调整工作状态满足系统需求,也可以监视某些关键器件的工作状况,避免因为某些器件工作出现问题而影响整个系统。

系统整体调节:能够通过对指令进行理解,自动调整整个系统的运行状态,对工作状态进行实时监控、报告,使各系统自动调节运作状态,以保持系统运作正常、可靠、安全。

设备保护:光伏发电系统所连接的用电设备,有时通过自身调节不能达到系统要求,需要由控制器来提供保护,如系统中因逆变电路故障而出现的过电压和负载短路而出现的过电流等。通过控制器来避免过电压和过电流故障的出现,若不及时加以控制,就有可能导致光伏发电系统或用电设备损坏。

故障诊断定位:当光伏发电系统发生故障时,可自动检测故障类型,指示故障位置,使系统维护更加方便。伴随着光电技术发展,系统设计充分考虑电器设备的自检能力,光伏发电系统的控制器正逐步向多样化、标准化、系列化、专业化和产业规模化方向发展,以保障质量,降低成本,满足不同用户的需求。

本项目考虑实际光伏发电系统的应用及可操作性,主要针对小型独立太阳能光伏发电系统(后文简称小型光伏发电系统)进行讲解、分析、设计。

在小型光伏发电系统中,控制器的基本作用是保护蓄电池,为蓄电池提供最佳的充电电流和电压,快速、平稳、高效地为蓄电池充电,控制器通过检测蓄电池的电压或荷电状态,判断蓄电池是否已经达到过充点或过放电点,并根据检测结果发出继续充、放电或终止充、放电的指令,实现控制作用。在大、中型系统中,控制器担负着平衡光伏系统能量,保护蓄电池及整个系统正常工作和显示系统工作状态等重要作用。控制器可以单独使用,也可以和逆变器等合为一体。

随着光伏发电系统容量的不断增加,设计者和用户对系统运行状态及运行方式合理性的要求越来越高,系统的安全性也更加突出和重要。因此,控制器需要更多的保护和监测功能,这样就使早期的蓄电池充放电控制器发展成今天比较复杂的系统控制器。此外,控制器在控制原理和使用的元器件方面也有了质的飞跃,目前较为先进的光伏控制器已经使用高速微处理器,实现复杂的控制算法编程、系统管理及网络远程控制。

2. 光伏控制器的主要功能

光伏控制器应具有使太阳能电池最大限度地发挥其性能,以及出现异常和故障时保护系统的功能。主要功能如下:

(1) 充满断开和恢复功能。控制器应具有输入高压断开和恢复连接的功能。蓄电池过充电保护电压也叫充满断开或过压关断电压,一般可根据需要及蓄电池类型的不同,设定在14.1～14.5 V(12 V系统)、28.2～29 V(24 V系统)和56.4～58 V(48 V系统)之间,典型值分别为 14.4 V、28.8 V 和 57.6 V。蓄电池充电保护的关断恢复电压(HVR)一般设定为:13.1～13.4 V(12 V系统)、26.2～26.8 V(24 V系统)和52.4～53.6 V(48 V系统)之间,典型值分别为 13.2 V、26.4 V 和 52.8 V。

（2）欠压断开和恢复功能。当蓄电池电压降到欠压报警点时，控制器应能自动发出声光报警信号。蓄电池的过放电保护电压也叫欠压断开或欠压关断电压，一般可根据需要及蓄电池类型的不同，设定在 $10.8\sim11.4$ V（12 V 系统）、$21.6\sim22.8$ V（24 V 系统）和 $43.2\sim45.6$ V（48 V 系统）之间，典型值分别为 11.1 V、22.2 V 和 44.4 V。蓄电池过放电保护的关断恢复电压（LVR）一般设定为：$12.1\sim12.6$ V（12 V 系统）、$24.2\sim25.2$ V（24 V 系统）和 $48.4\sim50.4$ V（48 V 系统）之间，典型值分别为 12.4 V、24.8 V 和 49.6 V。

（3）低压（LVD）断开和恢复功能。这种功能可防止蓄电池过放电。通过一种继电器或电子开关连接负载，可在某给定低压点自动切断负载。当电压升到安全运行范围时，负载将自动重新接入或要求手动重新接入。有时，采用低压报警代替自动切断。

（4）最大功率跟踪控制功能。

（5）保护功能：

① 防止任何负载短路的电路保护。

② 防止充电控制器内部短路的电路保护。

③ 防止夜间蓄电池通过太阳能电池组件反向放电保护。

④ 防止负载、太阳能电池组件或蓄电池极性反接的电路保护。

⑤ 在多雷区防止由于雷击引起的击穿保护。

（6）温度补偿功能。当蓄电池温度低于 25℃时，蓄电池应要求较高的充电电压，以便完成充电过程。相反，高于该温度蓄电池要求充电电压较低。通常铅酸蓄电池的温度补偿系数为 -5 mV/（℃ · cell）。

二、储能装置

在独立光伏发电系统、风光互补发电系统中，储能装置是重要的组成部件。由于太阳能光伏发电受春夏秋冬、阴晴雨雪、白昼黑夜等条件和地球纬度、海拔高度等地理条件的影响，产生的电能具有相当大的随机性和不稳定性，因此需要配置储能装置——蓄电池，将太阳能电池方阵在有日照时发出的电能进行储存和调节，在日照不足、发电很少或夜晚、阴雨天以及需要维修光伏发电系统时，蓄电池也能够向负载提供相对稳定的电能。蓄电池的投资占光伏发电系统总投资的 $20\%\sim25\%$，如此高的投资比例使得蓄电池使用寿命的长短对光伏发电系统成本影响很大。蓄电池效率的高低不仅影响到度电成本，还影响到太阳能电池方阵额定容量的大小，从而影响到总投资。蓄电池又是光伏发电系统中最薄弱的环节，使用寿命较短，蓄电池的损坏往往导致光伏发电系统不能运行。因此，如何选择和使用维护好蓄电池，是光伏发电系统设计和运行管理中至关重要的问题。

目前光伏发电系统中常用的蓄电池主要有密封铅酸蓄电池、镍镉蓄电池、镍氢蓄电池、锂离子蓄电池，其参数性能比较如表 3-1 所示。

由表 3-1 可以看出，密封铅酸蓄电池有着成本低廉、端电压高、充放电循环次数多、容量大等优点，是现在的离网型光伏发电系统普遍采用的蓄电池。但密封铅酸蓄电池体积大、重量重，而锂离子蓄电池由于其能量密度高、自放电率低、功率密度低等优点，虽然价格/能力比低，但在许多对重量及体积有要求的场合也得以应用。

表 3-1　各种蓄电池参数比较

电池类型	单体电池 额定电压/V	能量密度 /(W·h/kg)	功率密度 /(W/inch³)	自放电率 /(%/月)	循环寿命 (25%放电)/次	价格/ 能力比
密封铅酸蓄电池	2	35	120	2	500	最低
镍镉蓄电池	1.2	50	260	15	2 000	低
镍氢蓄电池	1.2	60	152	30	600	最高
锂离子蓄电池	3.5	110	40	1	350	低

1. 锂离子蓄电池

1) 锂离子蓄电池的分类及性能

（1）锂离子蓄电池分类。

根据电池所用电解质材料不同，锂离子蓄电池（简称锂离子电池、锂电池）可以分为液态锂电池（lithium ion battery，LIB）和聚合物锂电池（polymer lithium ion battery，LIP）两大类。

聚合物锂电池所用的正、负极材料与液态锂电池都是相同的，电池的工作原理也基本一致。它们的主要区别在于电解质的不同，液态锂电池使用的是液体电解质，而聚合物锂电池则以固体聚合物电解质来代替，这种聚合物可以是"干态"的，也可以是"胶态"的，目前大部分采用聚合物胶体电解质。聚合物锂电池可分为三类：

① 固体聚合物电解质锂电池。电解质为聚合物与盐的混合物，这种电池在常温下的离子电导率低，适于高温使用。

② 凝胶聚合物电解质锂电池。即在固体聚合物电解质中加入增塑剂等添加剂，从而提高离子电导率，使电池可在常温下使用。

③ 聚合物正极材料的锂电池。采用导电聚合物作为正极材料，其能量是现有锂电池的 3 倍，是最新一代的锂电池。由于用固体电解质代替了液体电解质，与液态锂电池相比，聚合物锂电池具有可薄形化、任意面积化与任意形状化等优点，也不会产生漏液与燃烧爆炸等安全上的问题，因此可以用铝塑复合薄膜制造电池外壳，从而可以提高整个电池的容量。聚合物锂电池还可以采用高分子作正极材料，其质量比能量将会比目前的液态锂电池提高 50% 以上。此外，聚合物锂电池在工作电压、充放电循环寿命等方面也有所提高。基于以上优点，聚合物锂电池被誉为下一代锂电池。

按充电方式可分为不可充电的及可充电的两类：不可充电的电池称为一次性电池，它只能将化学能一次性地转化为电能，不能将电能还原为化学能（或者还原性能极差）。而可充电的电池称为二次性电池（也称为蓄电池）。它能将电能转换成化学能储存起来，在使用时，再将化学能转换成电能，它是可逆的。

① 不可充电的锂电池。不可充电的锂电池有多种，目前常用的有锂-二氧化锰电池、锂-亚硫酰氯电池等。

锂-二氧化锰电池:锂-二氧化锰电池是一种以锂为阳极,以二氧化锰为阴极,并采用有机电解液的一次性电池。该电池的主要特点是电池电压高,额定电压为 3 V(是一般碱性电池的 2 倍),终止放电电压为 2 V,放电电压稳定可靠,有较好的存储性能(存储时间 3 年以上),自放电率低(年放电率≤2%),工作温度范围-20℃～+60℃。该电池可以做成不同的外形以满足不同的要求,它有长方形、圆柱形及纽扣形。圆柱形也有不同的直径及高度尺寸。

锂-亚硫酰氯电池:锂-亚硫酰氯电池的额定电压是 3.6 V,以中等电流放电是具有极其平坦的 3.4 V 放电特性(可在 90%容量范围内平坦地放电,保持不大的变化)。电池可以在-40℃～+85℃范围内工作,但在-40℃时的容量约为常温容量的 50%。自放电率低(年放电率≤1%),存储寿命长达 10 年以上。锂-亚硫酰氯电池在所有电池中,属于一种很有特色的品种。正极材料是亚硫酰氯,同时也是电解液,这种特性使得它的能量比非常高,是目前锂电池中电压最高的,所以广泛应用于水表、电表和燃气表中。

② 可充电的锂电池。可充电的锂电池有多种,如锂-钒氧化物电池、锂电池及锂-聚合物电池等。可充电锂电池是目前手机中应用最广泛的电池,但它较为"娇气",在使用中不可过充、过放(会损坏电池或使之报废)。因此,在电池上有保护元器件或保护电路以防止昂贵的电池损坏。锂电池的充电要求很高,要保证终止电压精度在 1%以内,目前各大半导体厂家已开发出多种锂电池的充电电流,以保证安全、可靠、快速地充电。

锂-钒氧化物电池:锂-钒氧化物电池以锂为阳极、钒氧化物为阴极、无机盐的有机溶剂为电解质组成。它的特点是可以充电的。以 2 号电池为例,将锂-钒氧化物电池与锂-二氧化锰电池及锂-亚硫酰氯电池相比较。由于锂-钒氧化物电池的额定电压仅为 2.8 V,而且额定容量也小,故与其他两种锂电池相比,其比能量是最小的。此外,其充电次数(循环寿命)也不长,所以这种电池不久就由锂电池取代了。

锂离子电池:锂离子电池是目前应用最为广泛的锂电池,它根据不同电子产品的要求可以做成扁平长方形、圆柱形、长方形及扣式,并且有由几个电池串联在一起组成的电池组。锂电池的额定电压为 3.6 V。充满电时的终止充电电压与电池阳极材料有关:阳极材料为石墨的为 4.2 V、阳极材料为焦炭的为 4.1 V。不同阳极材料的内阻也不同,焦炭阳极的内阻略大,其放电曲线也略有差别。锂电池的终止放电电压为 2.5 V～2.75 V(电池厂给出工作电压范围或给出终止放电电压,各参数略有不同)。低于终止放电电压继续放电称为过放,过放对电池会有损害。

按锂电池外形分,有方型(如常用的手机电池电芯)和柱形(如 18650、18500 等);

按锂电池外包材料分,有铝壳锂电池、钢壳锂电池、软包电池。

(2) 锂离子蓄电池主要性能指标。

① 电压(V)。

电动势:电池正负极之间的电位差,表示为 E。

额定电压:电池在标准规定条件下工作时应达到的电压,表示为 U。

工作电压(负载电压、放电电压):在电池两端接上负载 R 后,在放电过程中输出的电压。

终止电压:电池在一定标准所规定的放电条件下放电时,电池的电压将逐渐降低,当电池再不宜继续放电时,电池的最低工作电压称为终止电压。当电池的电压下降到终止电压后,再继续使用电池放电,化学"活性物质"会遭到破坏,减少电池寿命。

② 电池容量(A·h)。

理论容量:根据蓄电池活性物质的特性,按法拉第定理计算出的高理论值,一般用质量容量 A·h/kg 或体积容量 A·h/L 来表示。

实际容量:在一定条件下所能输出的电量,等于放电电流与放电时间的乘积。

标称容量:用来鉴别电池的近似安·时值。

额定容量:按一定标准所规定的放电条件下,电池应该放出的最低限度的容量。

荷电状态(SOC):电池在一定放电倍率下,剩余电量与相同条件下额定容量的比值。它反映电池容量的变化。

③ 能量。

标称能量:按一定标准所规定的放电条件下,电池所输出的能量,电池的标称能量是电池额定容量与额定电压的乘积。

实际能量:在一定条件下电池所能输出的能量,电池的实际能量是电池的实际容量与平均电压的乘积。

质量比能量的范围:100~158 W·h/kg。

体积比能量的范围:245~430 W·h/L。

④ 功率(W、kW)。在一定的放电制度下,电池在单位时间内所输出的能量。

比功率(W/kg):动力电池组单位质量中所具有的电能的功率。

功率密度(W/L):动力电池组单位体积中所能输出的能量。

⑤ 温度。锂离子电池可在 −20℃~60℃ 下充电,同时可以在 −40℃~65℃ 放电,一般锂离子电池可能处在高达 70℃ 的温度下工作一段时间,然而在 60℃ 以上时,电池的性能衰减率就会明显增加。

⑥ 寿命。寿命是指电池充放电的循环次数及使用年限。

循环次数:蓄电池的工作是一个不断"充电──→放电──→充电──→放电──→…"的循环过程。

⑦ 放电速率(放电率)。

一般用电池在放电时的时间或放电电流与额定电流的比例来表示。

时率(时间率)是指电池以某种电流强度放电,放完额定容量所经过的放电时间。

倍率(电流率)是指电池以某种电流强度放电的数值为额定容量数值的倍数。

⑧ 自放电率。自放电率是指电池在存放时间内,在没有负荷的条件下会自身放电,使得电池容量损失的速度,其单位为(%/月)。

表 3-2 所示为锂离子电池的一般性能。

表 3-2　锂离子电池的一般性能

特性	性能范围
工作电压范围/V	2.5~4.2
质量比能量/(W·h/kg)	100~158
体积比能量/(W·h/L)	245~430
脉冲倍率能力	高达 25C
连续倍率能力	典型值:1C;高倍率:5C
循环寿命/100%DOD(放电深度)下	3000 次(典型值)
循环寿命/20%~40%DOD(放电深度)下	>20 000 次
使用寿命/年	>5
自放电率/(%/月)	2~10
记忆效应	无
工作温度范围/℃	-40~65
体积比功率/(W/L)	2 000~3 000
质量比功率/(W/kg)	700~1 300

注:DOD(depth of discharge)为放电深度,是指电池放出的容量占其额定容量的百分比。

2)锂离子蓄电池的工作原理

锂离子电池工作原理图如图 3-1 所示。锂离子电池的正极材料通常带有锂的活性化合物组成,其主要成分为 $LiCoO_2$;负极材料则是特殊分子结构的碳。在电池充电时,电池两极形成电势差,电势差迫使正极的化合物释出锂离子,嵌入排列呈片层结构的负极分子碳中;电池放电时,锂离子则从片层结构的碳中析出,重新与正极的化合物结合。当锂离子移动时就产生了电流。

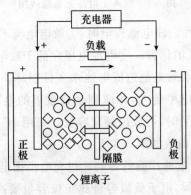

图 3-1　锂离子电池工作原理图

锂离子电池正常工作,通常情况都需要多种控制芯片。其中管理芯片中有一系列的寄存器,存有容量、ID、温度、放电次数、充电状态等数值。这些数值在使用中将会逐渐变化;充电控制芯片主要控制电池的充电过程。锂离子电池的充电过程分为两个阶段,即恒流快充阶段(电池指示灯呈黄色时)和恒压电流递减阶段(电池指示灯呈绿色闪烁)。在恒流快充阶段,电池电压逐渐升到电池的标准电压值,随后在控制芯片下转入恒压阶段,在电压不再升高以确保不会过充的情况下,电流则随着电池电量的上升逐渐下降直到 0,最终完成充电。

3)锂离子电池的充放电特性

(1)锂离子电池的充电特性。锂离子电池对电压的要求很高,误差小于 1%。目前普遍使用电池的额定电压为 3.7 V,其充电终止电压为 4.2 V,那么允许的误差为 0.042 V。锂离子电池通常都采用恒流转恒压充电模式。开始充电为恒流阶段其电压较低,在此过程中,充电电流保持稳定不变。随着充电的不断进行,它的电压逐渐上升到 4.2 V,此时充电器将立即转入恒压充电阶段,充电电压波动应小于 1%,充电电流逐渐减小,如图 3-2 所示。当电流下降到某一范围,此时进入涓流充电阶段。涓流充电也称维护充电,在这样状态下,充电器继续以某一充电速率给电池补充电荷,直到电池处于充满状态。

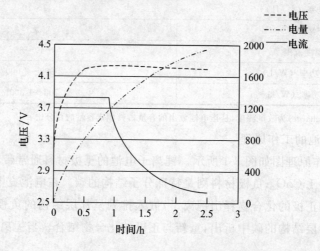

图 3-2　锂离子电池充电曲线图

(2)锂离子电池的放电特性。锂电池放电时:①放电电流不能过大,过大将会导致内部发热,有可能会对电池造成永久性的伤害。②电池电压在低于放电终止电压后,若仍然给电池继续放电,将产生过放现象,这也会对电池造成电池永久性损坏。在不同的电池放电率下,电池电压的变化有很大的区别。放电率越大,相应剩余容量下的电压就越低。采用 0.2C 放电速率,单体电池电压下降到 2.75 V 时,可放出额定容量。采用 1C 放电速率时,能够放出额定容量的 98.4%。锂离子电池放电曲线如图 3-3 所示。

(3)过充/过放电对锂离子电池性能的影响。过充电指锂电池一次充电过程充满以后,二次再充电的行为。在设计的时候,由于负极容量比正极容量要高,因此,负极产生的镉与正极产生的气体透过隔膜纸复合。因此在一般情况下,锂电池的内压不会有明显升高,但在充电时间过长或充电电流过大的时候,产生的氧气来不及被消耗,就可能造成电池变形、内压升高、漏液等不良现象。同时,其电性能也会显著降低。

锂电池放电完内部所有储存的电量,同时电压达到一定值后,继续放电就会产生过放电现象,放电截止电压一般根据放电电流来确定。对于电池过放可能会给自身带来灾难性的后果,特别是大电流过放或反复过放的情况,对电池影响就越大。通常情况,过放电会升高电池内

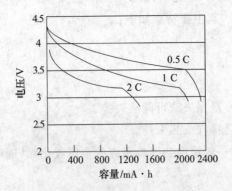

图 3-3　锂离子电池放电曲线

压,可破坏正负极活性物质可逆性,在这种情况下,即使充电也只能恢复部分,容量也会明显衰减的。

4) 锂离子电池的优缺点

锂离子电池具有优异的性能,其主要特点如下:

(1) 体积小。锂离子电池的体积比高达 500 W·h/L,体积是铅酸电池的 1/3。

(2) 密封电池,无需维护。

(3) 自放电率低,每月小于 8%。

(4) 储存寿命长。

(5) 快充电能力。

(6) 工作电压高。

锂离子电池单体电压高达 3.7 V,是镍氢电池、镍镉电池的 3 倍,铅酸电池的近 2 倍,这也是锂离子电池比能量大的一个原因,因此组成相同容量(相同电压)的电池组时,锂电池使用的串联数目会大大少于镍氢电池、铅酸电池,寿命更长。例如 36 V 的锂电池只需要 10 个电池单体,而 36 V 的铅酸蓄电池需要 18 个电池单体,即 3 个 12 V 的电池组,每只 12 V 的铅酸蓄电池内由 6 个 2 V 单体组成。

(7) 锂离子电池的循环寿命长,循环次数可以达 2000 次。

(8) 高放电率和高功率放电能力。

(9) 无记忆效应。

锂离子电池因为没有记忆效应,所以不用像镍镉电池一样需要在充电前放电,可以随时随地进行充电。

(10) 工作温度范围宽。锂离子电池可以在 -20℃~60℃ 之间工作,尤其适合低温使用。

(11) 高容量和能量效率高。

(12) 比能量大。锂离子电池的比能量为 190 W·h/kg,是镍氢电池的 2 倍,铅酸蓄电池的 4 倍,因此重量是相同能量的铅酸电池的 1/4。

(13) 保护功能完善。锂离子电池组的保护电路能够对单体电池进行高精度的检测,低功耗智能管理,具有完善的过放电、过充电、温度、短路、过流保护以及可靠的均衡充电功能。

锂离子电池具有的缺点,其主要特点如下:

(1) 高温下衰减。

(2) 中等程度的初始价格。

(3) 需要保护电路。

(4) 过充电时,会出现容量损失或可能热失控。

(5) 电池撞击破裂时,会排气或热失控。

(6) 圆柱形电池结构的一般输出功率低于镍或金属氢化物、镉电池。

2. 铅酸蓄电池

1) 基本概念

(1) 单体蓄电池。单体蓄电池指蓄电池的最小单元(格)。

(2) 蓄电池组。蓄电池组由单体蓄电池串联和并联组成,以满足存储大容量电能的需要。其作用是存储太阳能电池方阵发出的电能并随时向负载供电。

(3) 电池充电。电池充电是外电路给蓄电池供电,使电池内发生化学反应,从而将电能转化成化学能而存储起来的操作。

(4) 过充电与浮充电。过充电是对完全充满电的蓄电池或蓄电池组继续充电。浮充电是蓄电池充满电后,改用小电流给电池继续充电,也称为涓流充电。

(5) 热失控。热失控是指蓄电池在恒压充电时,充电电流和电池温度发生一种积累性的增强作用并逐步损坏电池的现象。VRLA 蓄电池过充时正极产生的大量氧气在负极复合,复合反应产生的热使蓄电池温度进一步升高。温度升高又使电池内阻下降,导致浮充电流增大。这样,增大的浮充电流使蓄电池温度升高,升高的温度又使浮充电流增大,如此反复形成恶性循环——热失控。

(6) 电池放电。放电是在规定的条件下,蓄电池向外电路输出电能的过程。

(7) 活性物质。在电池放电时发生化学反应从而产生电能的物质,或者说是正极和负极储存电能的物质,统称为活性物质。

(8) 板极硫化。在使用铅酸蓄电池时要特别注意的是:电池放电后要及时充电,如果长时期处于半放电或充电不足状态,甚至过充电或者长时间充电和放电都会形成 $PbSO_4$ 晶体。这种大块晶体很难溶解,无法恢复到原来的状态,板极硫化以后充电就困难了。

(9) 容量。容量是在规定的放电条件下蓄电池输出的电荷。其单位常用安时(A·h)表示。

① 能量和比能量。

蓄电池的能量是指在一定放电制下,蓄电池所能给出的电能,常用 W 表示,其单位为(W·h)。蓄电池的能量分为理论能量和实际能量,理论能量可以用理论能量和电动势的乘积表示。而蓄电池的实际能量为一定放电条件下的实际容量与平均工作电压的乘积。

蓄电池的比能量是单位体积或单位重量(质量)的蓄电池所给出的能量,分别称为体积比能量(W·h/L)和重量比能量(W·h/kg)。

② 功率和比功率。

蓄电池的功率是指蓄电池在一定放电制下,在单位时间内所给出的能量的大小,通常用 P 表示,单位为瓦(W)。蓄电池的功率分为理论功率和实际功率,理论功率为一定放电条件下的放电电流与蓄电池电动势的乘积。而蓄电池的实际功率为一定放电条件下的放电电流与平均工作电压的乘积。

蓄电池的比功率是指单位体积或单位质量的蓄电池输出功率,分别称为体积比功率(W/L)和质量比功率(W/kg)。比功率是蓄电池的重要技术性能指标,蓄电池的比功率大,表示它承受大电流放电的能力强。

蓄电池容量不是固定不变的常数,它与充电的程度、放电电流大小、放电时间长短、电解液密度、环境温度、蓄电池效率及新旧程度等有关。通常在使用过程中,蓄电池的放电率和电解液温度是影响容量的最主要因素。电解液温度高时,容量增大;电解液温度低时,容量减小。电解液浓度高时,容量增大;电解液浓度低时,容量减小。

(10) 运行温度。电池运行一段时间,就感到烫手,由此可知,铅酸蓄电池具有很强的发热性。温度对电池性能影响很大。当运行温度超过 25℃时,每升高 10℃,铅酸蓄电池的使用寿命就减少 50%。所以电池的最高运行温度应比外界低,对于温度变化超过 ±5℃的情况下最好带温度补偿充电措施,电池温度传感器应安装在阳极上,且与外界绝缘。

2) 种类和特征

作为太阳能光伏发电系统用蓄电池,除在大型独立系统中采用的液体式太阳能光伏发电专用蓄电池 SLB 型以外,普遍使用不需要加水的免维护型蓄电池。蓄电池的期望寿命与周围温度、放电次数、放电深度等有关,根据所使用蓄电池的种类,寿命大约在 3～15 年之间。各种蓄电池的种类和特征如表 3-3 所示。

3) 铅酸蓄电池的结构和工作原理

(1) 铅酸蓄电池的结构。铅酸蓄电池由正、负极板,隔板,壳体,电解质和接线柱等组成,其中正极板的活性物质是二氧化铅(PbO_2),负极板的活性物质是灰色海绵状铅(Pb),电解液是稀硫酸(H_2SO_4)。固定型免维护蓄电池的结构如图 3-4 所示。

表 3-3　各种蓄电池的种类和特征

密封情况	蓄电池的种类	寿命种类	期望寿命/年(浮动充电 25℃)	容量范围/(A·h)	加水	用途	系统举例	期待寿命(循环使用时,25℃)/次
密封型	密封型铅酸蓄电池	MSE 长寿命	7～9 12～15	50～3000 150～3000	免维修型	并网、独立及独立电源	建筑设施等外装的防灾型系统以及公告板、广播系统、路灯等	DOD50%时 1000
	小型密封型铅酸蓄电池	标准长寿命	3～5 5～6	0.7～144 50～130		小型并网、独立及独立电源	小型的系统,例如公告板、广播系统、路灯等	DOD50%时 500

续表

密封情况	蓄电池的种类	寿命种类	期望寿命/年（浮动充电 25℃）	容量范围/(A·h)	加水	用途	系统举例	期待寿命（循环使用时,25℃)/次
包覆型	太阳能光伏发电系统用包覆型铅酸蓄电池	标准	—	50～300	必须加水	独立电源	在大型通信设备中安装独立系统的场合等	DOD75％时 1800
其他	汽车用铅酸蓄电池	—	4～5	21～160（5 小时率）	必需	并网、独立及独立电源	公园灯、路灯等小型系统	DOD50％时 300

注：1. 连续充电后仅在非常时期使用的场合（如防灾型系统等），期望寿命以浮动充电时间来考虑。白天充电夜间放电那样的系统中，循环次数成为寿命的参考参数。但是，寿命与使用条件和维护情况有很大关系。上述的寿命参考值是以平均温度 25℃ 的标准状态为基准。

2. 密封型铅蓄电池的长寿命型目前在并网、独立系统中使用太阳能光伏发电系统中的包覆型铅酸蓄电池可作为独立电源使用，所以在浮动充电时的期望寿命被省略了。如果是非太阳能光伏发电系统用包覆型铅蓄电池，它的期望寿命为 10～14 年。

（资料来源：《NEDO 太阳能光伏发电指导书》）

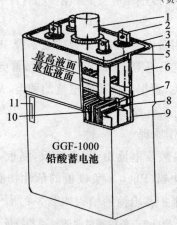

图 3-4　固定型免维护蓄电池结构

1—防酸栓；2—接线端子；3—固定螺母；4—电池盖；5—封口胶；
6—电池槽；7—隔板；8—负极群；9—衬板；10—正极群；11—液中密度计

① 极板。极板由板栅和活性物质组成。板栅是极板的骨架，用于支撑活性物质，传导电流。充满电的电池正极的有效物质为 PbO_2，负极的有效物质为海绵状铅。负极板都采用涂膏式，正极板一般有涂膏式（平板式）和管式。管式正极板一般用于传统富液电池和胶体电池。在同一个电池内，同极性的极板片数超过两片者，用金属条连接起来成为"极板组"或者"极板群"。至于极板组内的极板片数的多少，随其容量的大小或端电压的高低而定。

② 隔板。在电池两极板组间插入的隔离物，防止正、负极板相互接触而发生短路和活性物质脱落。隔板的厚度、孔径、孔率、抗拉强度和电阻等直接影响隔板的性能。隔板在硫酸中

的稳定性能直接影响蓄电池的寿命。隔板的弹性可延缓正极活性物质的脱落。阀控密封是铅酸蓄电池使用的隔板分为 AGM(超细玻璃纤维)隔板和 PVC-SiO₂ 隔板。AGM 隔板用于贫液电池中,主要起防止正负极板短路、吸附硫酸电解液和为气体复合提供通道的作用。PVC-SiO₂ 隔板主要用于胶体蓄电池中,具有高孔率、低电阻、无杂质、质量轻和理化性能稳定等特点,目前主要有筋条式隔板和纹波式隔板等类型。此外,还有 PP 和 PE 隔板等。

③ 容器。容器用于盛装电解液和支撑极板,通常有硬橡胶容器和塑料容器等。

④ 电解质。含有可移动离子,具有离子导电性的液体或固体物质叫做电解质。铅酸蓄电池一律采用硫酸电解质,一般为稀硫酸,由蒸馏水和纯硫酸按一定比例配制而成,是化学反应产生的必需条件。对于胶体蓄电池,还需要添加胶体,以便与硫酸形成胶体电解质。硫酸电解质在铅酸蓄电池中的作用:参加电化学反应;溶液正、负离子的传导体;极板温度的热扩散体。

(2) 铅酸蓄电池的工作原理。铅酸蓄电池由两组极板插入稀硫酸溶液中构成。电极在完成充电后,正极板为 PbO_2,负极板为海绵状铅。放电后,在两极板上都产生细小而松软的硫酸铅,充电后又恢复为原来的物质。铅酸电池在充电和放电过程中的可逆反应理论比较复杂,目前公认为的是"双硫酸化理论"。该理论的含义为铅酸蓄电池在放电时,两电极的有效物质和硫酸发生作用,均转化为硫酸化合物——硫酸铅;当充电时,又恢复为原来的铅和 PbO_2。

① 铅酸蓄电池电动势的产生。铅酸蓄电池充电后,正极板的 PbO_2 在硫酸溶液中水分子的作用下,少量与水生成可离解的不稳定物质-氢氧化铅$[Pb(OH)_4]$,氢氧根离子在溶液中,铅离子(Pb^{4+})留在正极板上,因此正极板上缺少电子。同时负极板的 Pb 与电解液中的 H_2SO_4发生反应,变成铅离子(Pb^{2+}),铅离子转移到电解液中,负极板上留下多余的两个电子(2e)。可见,在未接通外电路时(电池开路),由于化学作用,正极板上缺少电子,负极板上多余电子,两极板间就产生了一定的电位差,这就是电池的电动势。铅酸蓄电池单体的电动势为 2 V。

② 铅酸蓄电池放电过程的电化学反应。

铅酸蓄电池放电时,在蓄电池的电动势作用下,负极板上的电子经负载进入正极板形成电流 I,同时在电池内部进行化学反应。负极板上的每个铅原子放出 2e 后,生成的 Pb^{2+} 与电解液中的硫酸根离子(SO_4^{2-})反应,在极板上生成难以溶解的硫酸铅($PbSO_4$)。正极板的 Pb^{4+} 得到来自负极的 2e 后,变成 Pb^{2+},与电解液中的 SO_4^{2-} 反应,在正极板上也生成难溶的 $PbSO_4$。正极板水解出的氧离子(O^{2-})与电解液中的氢离子(H^+)反应,生成稳定物质——水。电解液中存在的 SO_4^{2-} 和 H^+ 在电场的作用下分别移向电池的正、负极,在电池内部产生电流——放电电流,形成回路,使蓄电池向外持续放电。放电时,H_2SO_4 浓度不断下降,正、负极上的 $PbSO_4$ 增加,电池内阻增大(硫酸铅不导电),电池电动势降低。放电过程的化学反应式如下:

$$\overset{\text{正极活性物质}}{PbO_2} + \overset{\text{电解液}}{2H_2SO_4} + \overset{\text{负极活性物质}}{Pb} \longrightarrow \overset{\text{正极生成物}}{PbSO_4} + \overset{\text{电解液生成物}}{2H_2O} + \overset{\text{负极生成物}}{PbSO_4}$$

③ 铅酸蓄电池充电过程的电化学反应。在放电后,必须及时充电,才能维持蓄电池的正常工作。充电时,要外接一个直流电源,在光伏发电系统中,应将太阳能电池方阵的输出端正、负极分别与蓄电池的正、负极相连,使正、负极在放电后生成的物质恢复成原来的活性物质,并把外接的电能转变为化学能储存起来。

正极板上，在外电源的作用下，$PbSO_4$ 被离解为 Pb^{2+} 和 SO_4^{2-}，由于外电源不断从正极板上吸取电子，正极板附近游离的 Pb^{2+} 不断放出 $2e$ 来补充，变成 Pb^{4+}，并与水继续反应，最终在正极板上生成 PbO_2。负极板上，在外电源的作用下，$PbSO_4$ 也被离解为 Pb^{2+} 和 SO_4^{2-}，由于负极不断从外电源获得电子，因此负极板附近游离的 Pb^{2+} 被中和为 Pb，并以绒状铅附着在负极板上。

电解液中，正极不断产生游离的 H^+ 和 SO_4^{2-}，负极不断产生 SO_4^{2-}，在电场的作用下，H^+ 向负极移动，SO_4^{2-} 向正极移动，形成电流——充电电流，形成回路。充电后期，在外电源的作用下，溶液中还会发生水的电解反应。充电过程的化学反应式如下：

$$\overset{\text{正极活性物质}}{PbSO_4} + \overset{\text{电解液}}{2H_2O} + \overset{\text{负极活性物质}}{PbSO_4} \longrightarrow \overset{\text{正极生成物}}{PbO_2} + \overset{\text{电解液生成物}}{2H_2SO_4} + \overset{\text{负极生成物}}{Pb}$$

铅酸蓄电池的充、放电过程实际上是一个可逆化学反应过程，总的化学反应过程可用下列方程式表示：

$$\overset{\text{正极}}{PbO_2} + \overset{\text{电解液}}{2H_2SO_4} + \overset{\text{负极}}{Pb} \underset{\text{放电}}{\overset{\text{充电}}{\rightleftharpoons}} \overset{\text{正极}}{PbSO_4} + \overset{\text{电解液}}{2H_2O} + \overset{\text{负极}}{PbSO_4}$$

铅酸蓄电池在充、放电过程伴随着的副反应为

$$2H_2O \longrightarrow 2H_2 \uparrow + O_2 \uparrow$$

$$2Pb + O_2 \longrightarrow 2PbO$$

$$PbO + H_2SO_4 \longrightarrow PbSO_4 + H_2O$$

该反应使电池中水分逐渐损失，需不断补充纯水才能保持正常使用。对于普通 AGM 玻璃纤维隔板的电池，其隔板内有一定的孔率，在正、负极之间预留气体通道。同时选用特殊合金铸造板栅提高负极的析氢过电位，以抑制氢气的析出；而正极产生的氧气顺着通道扩散析出的氧再化合成水。对于采用胶体电解质系列的 GEL 电池，选用 $PVC\text{-}SiO_2$ 隔板，氧循环的建立是由于电池内的凝胶以 SiO_2 质点作为骨架构成的三维多孔网络结构，它将电池所需的电解液保存在里面；灌注胶体后，在电场力的作用下发生凝胶，初期结构并不稳定，骨架要进一步收缩，而使凝胶出现裂缝，这些裂缝存在于整个正、负极板之间，为氧到达负极还原建立通道。两类电池的整个氧循环机理是一样的，只是氧气到达负极的通道方式不同而已。但 GEL 电池氧气循环只有在凝胶出现裂纹之后才建立起来，所以氧气复合效率是逐渐上升的，从而使电池起到密封的效果。

4）铅酸蓄电池的命名方法及蓄电池组

（1）命名方法。铅酸蓄电池名称由单体蓄电池格数、型号、额定容量、电池功能或形状等组成，如图 3-5 所示。当单体蓄电池格数为 1 时（2 V）省略，6 V、12 V 分别为 3 和 6。各公司的产品型号有不同的解释，但产品型号中的基本意义相同。表 3-4 所示为常用字母的含义。

图 3-5　铅酸蓄电池名称的组成

表 3-4　蓄电池常用字母的含义

代号	拼音	汉字	全称	备注
G	Gu	固	固定型	
F	Fa	阀	阀控式	
M	Mi	密	密封	
J	Jiao	胶	胶体	
D	Dong	动	动力型	DC 系列电池用
N	Nei	内	内燃机车用	
T	Tie	铁	铁路客车用	
D	Dian	电	电力机车用	TS 系列电池用

例如:GFM-500,一个单体,电压 2 V,G 为固定型,F 为阀控式,M 为密封,500 为 10 小时率的额定容量;6-GFMJ-100,6 为 6 个单体,电压为 12 V,G 为固定型,F 为阀控式,M 为密封,J 为胶体,100 为 10 小时率的额定容量。

(2) 铅酸蓄电池组。单体铅酸蓄电池的容量有限,以 GFM2V 的阀控电池为例,最大额定容量为 3 000 A·h,其能储存的电量:2 V×3000 A·h=6 kW·h。除了家用系统外,单个电池的电量是无法满足大多数可再生能源独立电站的储蓄能要求的。为了满足大电量的储能需求,需要把铅酸蓄电池通过串并联来满足系统对电压和蓄存电量的需求。

① 铅酸蓄电池串联。相同规格型号的铅酸蓄电池串联而成的蓄电池组的电压等于各个蓄电池电压之和(见图 3-6)。铅酸蓄电池的输出电流与蓄电池的内阻有关,两个蓄电池串联后内阻相加,所以输出电流和单个蓄电池一样,电流不变。例如,六个 2 V/500 A·h 的铅酸蓄电池串联电压是 12 V,输出电流和单个蓄电池一样。

② 铅酸蓄电池并联。相同铅酸蓄电池并联时电压不变,电流是各并联蓄电池之和,如图 3-7 所示。例如,6 个 2 V/500 A·h 蓄电池并联后,电压还是 2 V,输出电流是单个电池的 6 倍。

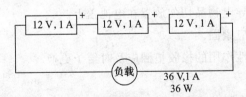

图 3-6　铅酸蓄电池串联

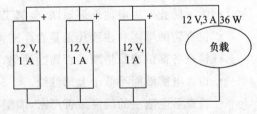

图 3-7　铅酸蓄电池并联

③ 铅酸蓄电池组。为了满足系统对储能的要求,往往首先需要把铅酸蓄电池进行串联,满足系统对直流电压的要求,然后再把串联的蓄电池组进行并联,以满足总电量的要求。例如,某系统需要直流电压 48 V,铅酸蓄电池能储存量 48 kW·h,用 2 V/500 A·h 的蓄电池来实现。

首先,把 24 个 2 V/500 A·h 的铅酸蓄电池串联,组成一个 48 V/500 A·h 的电池串,然后把相同的两组串联的蓄电池组并联,就构成了一个满足系统要求的蓄电池组。

电压:2 V×24＝48 V;

容量:500 A·h×2＝1000 A·h;

总储存电量:48 V×1000 A·h＝48000 A·V·h＝48 kW·h。

总共需要 2 V/500 A·h 的蓄电池 48 个。

5) 铅酸蓄电池的使用和维护

(1) 保养周期:

① 值班人员在交接班时进行一次外部检查,并将结果记入运行记录中。

② 蓄电池工每周进行一次外部检查,并做好记录。

③ 变电所所长或直流设备班班长对 220 kV 级及以上变电所的蓄电池室每两周至少检查一次,并根据运行维护记录和现场检查,对值班员和专责工提出要求。

④ 辅助蓄电池每 15 天应进行一次充电。

⑤ 经常不带负荷的备用蓄电池,若在使用中不能经常进行全充全放时,每月应进行一次 10 小时率的充电和放电(放电时只允许放出容量的 50%,并在放电后立即进行充电)。

⑥ 每年应进行一次化验分析,调整密度或补充液面用的硫酸和纯水必须合格。

⑦ 每季度必须将防酸隔爆帽用纯水冲洗一次,疏通其孔眼,洗净的防酸隔爆帽晾干后紧固之。

⑧ 除蓄电池专责工人或值班员在每次充电后应进行一次擦洗工作外,每两周要在蓄电池室内全面彻底进行一次清扫。

(2) 检查项目。检查项目要结合蓄电池巡视记录,对蓄电池进行外部和内部检查。

① 外部检查项目。

• 检查各连接点的接触是否严密,应保证接触良好,无松动,无氧化,非耐酸的金属零件表面上(不通电流的部位)应经常涂一薄层的凡士林油。

• 检查防酸隔爆的孔眼是否被酸液沫堵塞,如有堵塞,必须使其畅通。

• 检查沉淀物的高度,应低于下部红线。

• 为了防止发生电池外部短路,金属工具及其他导电物品切勿放置在电池盖上。

• 检查防酸爆帽和注液孔盖是否严密,如有松动应紧固。

• 检查各部位橡胶垫圈是否腐蚀硬化,对失去弹性作用的橡胶垫圈应及时给予更换。

• 检查电解液面不低于上部红线。

• 检查蓄电池室的门窗是否严密,墙壁表面是否有脱落现象。

• 检查采暖管路是否被腐蚀,是否有渗漏现象(有暖管的蓄电池室)。

• 检查基础台架及容器是否漏酸或清洁,电池室内应经常保持清洁。

② 内部检查项目。

• 应检查蓄电池自从上次检查以来记录簿中的全部记载缺陷是否已处理。

• 测量每只蓄电池的电压、密度和温度。

• 检查领示电池的电压、密度是否正常(各电池应在蓄电池组中轮流担当领示电池)。

• 检查极板弯由、硫化和活性物质脱落程度。

- 电池使用过程中,在任何情况下都不准使极板露出电解液面,如出现此种情况,应查明原因,立即解决。
- 检查大电流放电(指开关操动机构的合闸电流)后,接头有无熔化现象。
- 核算放出容量和充入容量,有无过充电、过放电或充电不足等现象。
- 确定蓄电池是否需要修理。

（3）保养注意事项。

- 电解液应纯净,应经常对电解液进行检验,含有杂质不能超过一定限度,如不符合标准,应立即更换。
- 为使蓄电池经常处于充电饱和状态,可采用浮充电运行方式,即能补偿自放电的损失,又能防止极板硫化。浮充电时的电流不得过大或过小。为了防止极板硫化,应按时进行均衡充电和定期进行核对性放电,使活性物质得到充分和均匀的活动。
- 电池在使用过程中应尽量避免大电流充放电、过充电、过放电,以免极板脱粉或弯曲变形,容量减少。
- 按充电-放电方式运行的蓄电池组,当充电和放电时,应分别计算出充入容量和放出容量,避免放电后硫酸盐集结过多而不能消除。放电后应立即进行充电,最长的间隔时间不要超过 24 h,应及时进行均衡充电。
- 放电后的蓄电池,在充电过程中电解液温度不得超过规定值,充入容量应足够。
- 蓄电池室和电解液的温度应保持正常,不可过低或过高。过低将使电池内电阻增加,容量和寿命降低;过高将使自放电现象增强。蓄电池室应保持通风良好。
- 蓄电池室内应严禁烟火。焊接和修理工作,应在充电完成 2 h 或停止浮充电 2 h 以后方能进行。在进行中要连续通风,并使焊接点与其他部分用石棉板隔离开。
- 已经使用过的电池,若存放不用且存放时间不超过半年者,可采用湿保存法存放。即用正常充电的方法使蓄电池充电满足后,将注液盖旋紧(逸气孔要畅通),清除电池盖上的酸液及污物之后进行存放。根据电池的情况,每隔一定的时间,应检验每只电池有无异常现象。每月用正常充电第二阶段的电流进行一次补充充电,每隔 3 个月应做一次 10 h 放电率的全放全充工作。
- 已经使用过的电池,若存放不用且存放时间超过半年者,可采用干保存法存放。即将电池用 10 h 放电率放电至终止电压,再将极板群从容器内取出,将正负极板群及隔离物分开,分别放入流动的自来水中冲洗至无酸性(用试纸检验),再用"蓄电池用水"冲洗一下,放在通风阴凉处(可用风扇吹风)使其干燥,容器及其他零部件亦应刷洗干净并使其干燥,然后将电池组装好并使其密封存放。电池在重新使用时,所加入的电解液密度应与干保存前放电终期的电解液密度相同。
- 新电池或经处理后干保存的蓄电池,应存放在温度为 5℃～35℃ 通风干燥的室内。在保存期间,电池上的注液盖应旋紧,逸气孔应封闭,以防水分、灰尘及其他杂质进入电池,并防止阳光照射电池。在存放电池的场所,不宜同时存放对电池有害的物品。电池的存放期不宜过长,一般不要超过一年。
- 在寒冷地区使用电池时,勿使电池完全放电,以免电解液因密度过低而凝固,使电池的容器与极板冻坏。为了防止冻坏电池,可酌情提高电解液的密度。

• 对蓄电池进行清扫时,可用干净的布蘸有 10％的碳酸钠（Na_2CO_3）溶液或其他碱性溶液擦拭容器表面、支承绝缘子和基础台架等处的酸液和灰尘,再用清水擦去容器表面、绝缘子和基础台架上碱的痕迹,然后擦干。在清理过程中,勿使上述溶液进入电池内。用湿布擦去墙壁和门窗上的灰尘,用湿拖布擦去地面上灰尘和污水。

三、光伏控制器的基本原理

蓄电池组的使用寿命长短对太阳能光伏发电系统的寿命影响极大。延长蓄电池组的使用寿命关键在于对它的充放电条件加以控制。光伏发电系统中用一套控制系统对蓄电池组的充放电条件进行控制,防止蓄电池组被太阳电池方阵过充电和被负载过放电,使蓄电池组使用达到最佳状态,以延长蓄电池组的使用寿命,这套系统称为充放电控制器。控制器通过检测蓄电池的电压或荷电状态,判断电池是否已经达到过充点或过放点,并根据检测结果发出继续充电、放电或终止充电、放电的指令。

目前在光伏发电系统中,使用最多的仍然是铅酸蓄电池,因此这里仅以铅酸蓄电池为例介绍控制器的充放电控制基本原理。

1. 蓄电池充电控制基本原理

铅酸蓄电池充电特性曲线如图 3-8 所示。由充电特性曲线可以看出,蓄电池充电过程有 3 个阶段:初期（OA）,电压快速上升;中期（AC）,电压缓慢上升,延续较长时间;C 点为充电末期,电化学反应接近结束,电压开始快速上升,充电电压接近 D 点时,负极析出氢气（H_2）,正极析出氧气,水被分解,电压不再上升。上述所有迹象表明,D 点电压标志着蓄电池已充满电,应停止充电,否则将给铅酸蓄电池带来损坏。

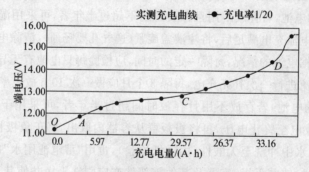

图 3-8　铅酸蓄电池充电特性曲线

通过对铅酸蓄电池充电特性的分析可知,在蓄电池充电过程中,当充电到相当于 D 点的电压时,就标志着该蓄电池已充满。依据这一原理,在控制器中设置电压测量和电压比较电路,通过对 D 点电压值的检测,即可判断蓄电池是否应结束充电。对于开口式固定型铅酸蓄电池,标准状态（25℃,$0.1C$ 充电率）下的充电终了电压（D 点电压）约为 2.5 V;对于阀控式密封铅酸蓄电池,标准状态（25℃,$0.1C$ 充电率）下的充电终了电压约为 2.35 V。在控制器中比较器设置的 D 点电压,称为"门限电压"或"阀值电压"。由于光伏发电系统的充电率一般都小于 0.1C,因此蓄电池的充满点一般设置在 2.45~2.5 V(固定式铅酸蓄电池)和 2.3~2.35 V(阀控式密封铅酸蓄电池)。

　　蓄电池充电控制的目的,是在保证蓄电池被充满的前提下尽量避免电解水。蓄电池充电过程的氧化还原反应和水的电解反应都与温度有关。温度升高,氧化还原反应和水的分解都变得容易,其电化学电位下降,此时应当降低蓄电池的充满门限电压,以防止水的分解;温度降低,氧化还原反应和水的分解都变得困难,其电化学反应电位升高,此时应当提高蓄电池的充满门限电压,以保证将蓄电池被充满同时又不会发生水的大量分解。在光伏发电系统和风光混合发电系统中,蓄电池的电解液温度有季节性的长周期变化,也有因受局部环境影响的波动,因此要求控制器具有对蓄电池充满门限电压进行自动温度补偿的功能。温度系数一般为单只电池−(3~5)mV / ℃(标准条件为 25℃),即当电解液温度(或环境温度)偏离标准条件时,每升高 1℃,蓄电池充满门限电压按照每只电池向下调整 3~5 mV;每下降 1℃,蓄电池充满门限电压按照每只电池向上调整 3~5 mV。蓄电池的温度补偿系数也可以查阅蓄电池技术说明书或向生产厂家查询。对于蓄电池的过放电保护,门限电压一般不作温度补偿。

2. 蓄电池过放电保护基本原理

　　(1)铅酸蓄电池放电特性。铅酸蓄电池放电特性曲线如图 3-9 所示。由放电特性曲线可以看出,蓄电池放电过程有 3 个阶段:开始(OE)阶段,电压下降较快;中期(EG),电压缓慢下降,延续较长时间;G 点后,放电电压急剧下降。电压随放电过程不断下降的原因主要有 3 个:首先是随着蓄电池的放电,酸浓度降低,引起电动势降低;其次是活性物质的不断消耗,反应面积减小,使极化不断增加;第三是由于硫酸铅的不断生成,使电池内阻不断增加,内阻压降增大。图 3-9 上 G 点电压标志着蓄电池已接近放电终了,应立即停止放电,否则将给蓄电池带来不可逆转的损坏。

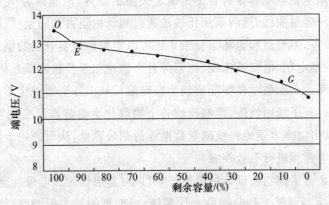

图 3-9　铅酸蓄电池放电特性曲线

　　(2)常规过放电保护原理。通过上述对蓄电池放电特性的分析可知,在蓄电池放电过程中,当放电到相当于 G 点的电压出现时,就标志着该电池已放电终了。依据这一原理,在控制器中设置电压测量和电压比较电路,通过监测出 G 点电压值,即可判断蓄电池是否应结束放电。对于开口式固定型铅酸蓄电池,标准状态(25℃,0.1 C 充电率)下的放电终了电压为 1.75~1.8 V;对于阀控式密封铅酸蓄电池,标准状态(25℃,0.1 C 充电率)下的放电终了电压为

1.78～1.82 V。在控制器中比较器设置的 G 点电压,称为"放电终止电压"。

(3) 蓄电池剩余容量控制法。在很多领域铅酸蓄电池是作为启动电源或备用电源使用,如汽车启动电瓶和 UPS 电源系统。这种情况下,蓄电池大部分时间处于浮充电状态或充满电状态,运行过程中其剩余容量或荷电状态 SOC(state of charge)始终处于较高的状态(80%～90%),而且有高可靠的、一旦蓄电池过放电就能将蓄电池迅速充满的充电电源。蓄电池在这种使用条件下不容易被过放电,因此使用寿命较长。在光伏和风力发电系统中,蓄电池的充电电源来自太阳能电池方阵或风力发电机组,其保证率远远低于有交流电的场合,气候的变化和用户的过量用电都易造成蓄电池过放电。铅酸蓄电池在使用过程中如果经常深度放电(SOC低于 20%),则蓄电池使用寿命将大大缩短;反之,如果蓄电池的使用一直处于浅放电(SOC 始终大于 50%)状态,则蓄电池使用寿命将会大大延长。当放电深度 DOD 等于 100% 时,循环寿命只有 350 次;如果放电深度控制在 50%,则循环寿命可以达到 1 000 次;当放电深度控制在20% 时,循环寿命甚至可以达到 3 000 次。剩余容量控制法,指的是蓄电池在使用过程中(蓄电池处于放电状态时),控制系统随时检测蓄电池的剩余容量(SOC＝1－DOD),并根据蓄电池的荷电状态 SOC 自动调整负载的大小或调整负载的工作时间,使负载与蓄电池剩余容量相匹配,以确保蓄电池剩余容量不低于设定值(50%),从而保护蓄电池不被过放电。

要想根据蓄电池剩余容量对蓄电池放电过程进行控制,就要求能够准确测量蓄电池的剩余容量。对于蓄电池剩余容量的检测,通常有几种方法,如电解液比重法、开路电压法和内阻法等。电解液比重法对于 VRLA 蓄电池不适用;开路电压法是基于 Nernst 热力学方程电解液密度与开路电压有确定关系的原理,对于新电池尚可以采用,但在蓄电池使用后期,当其容量下降后,开路电压的变化已经无法反映真实剩余容量,并且此法还无法进行在线测试;内阻法是根据蓄电池内阻与蓄电池容量有着更为确定关系的原理,但通常必须先测出某一规格和型号蓄电池的内阻－容量曲线,然后采用比较法通过测量内阻得知同型号、同规格蓄电池的剩余容量,通用性比较差,测量过程也相当复杂。还可以根据铅酸蓄电池的剩余容量与其充放电率、充放电过程中的端电压、电解液密度、内阻等各个物理化学参数之间互相影响,建立蓄电池剩余容量的数学模型。要求数学模型能够较为准确地反映出各个物理化学参数的变化对蓄电池剩余容量的影响。有了通用性强、能够反映各个物理化学参数连续变化对蓄电池荷电状态影响的数学模型,就可以很方便地在线测量蓄电池的剩余容量,从而进一步根据蓄电池的剩余容量对蓄电池的放电过程进行有效控制。

采用蓄电池剩余容量控制法设计的控制器,可以对蓄电池的放电进行全过程控制,主要用于无人值守且允许适当调整工作时间的光伏系统,最典型的是太阳能路灯。表 3-5 给出一个太阳能路灯系统在蓄电池不同 SOC 情况下对路灯工作时间的调整。

表 3-5　太阳能路灯系统在蓄电池不同 SOC 情况下对路灯工作时间的调整

蓄电池的剩余容量	负载工作时间/h	蓄电池的剩余容量	负载工作时间/h
SOC＞90%	12	50%＜SOC＜70%	6
70%＜SOC＜90%	8	10%＜SOC＜50%	4

还可以将负载分成不同的等级,控制器根据蓄电池的剩余容量状态调整负载的功率或保证优先用电的负载,也可以达到同样的目的。对于负载间的功率不允许自动调整的负载,可以将蓄电池剩余容量在控制器上显示出来,以便用户随时了解蓄电池的荷电状态,人工采用必要的调整措施。

四、光伏控制器的分类及电路原理

光伏控制器主要是由电子元器件、继电器、开关、仪表等组成的电子设备,按电路方式的不同,分为并联型、串联型、脉宽调制型、多路控制型、智能型和最大功率跟踪型;按电池组件输入功率和负载功率的不同,可分为小功率型、中功率型、大功率型及专用控制器(如路灯、草坪灯控制器)等;按放电过程控制方式的不同,可分为常规过放电控制型和剩余电量放电全过程控制型。对于应用了微处理器的电路,实现了软件编程和智能控制,并附带有自动数据采集、数据显示和远程通信功能的控制器,称之为智能控制器。

1. 并联型控制器

并联型控制器也叫旁路型控制器,它是利用并联在太阳能电池两端的机械或电子开关器件控制充电过程。当蓄电池充满电时,把太阳能电池的输出分流到旁路电阻器或功率模块上去,然后以热的形式消耗掉(泄荷);当蓄电池电压回落到一定值时,再断开旁路恢复充电。由于这种方式消耗热能,所以一般用于小型、小功率系统。

并联型控制器的电路如图 3-10 所示。D_1 是防反充电二极管,D_2 是防反接二极管;S_1 和 S_2 都是开关,S_1 是控制器充电回路中的开关,S_2 为蓄电池放电开关;B_x 是熔断器;R 为泄荷电阻;检测控制电路监控蓄电池的端电压。

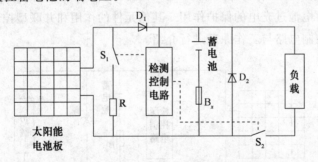

图 3-10　并联型充放电控制器电路

充电回路中的开关器件 S_1 是并联在太阳能电池方阵的输出端,当蓄电池电压大于"充满切离电压"时,S_1 导通,同时二极管 D_1 截止,则太阳能电池方阵的输出电流直接通过 S_1 短路泄放,不再对蓄电池进行充电,从而保证蓄电池不会出现过充电,起到"过充保护"作用。

D_1 为防反充电二极管,只有当太阳能电池方阵输出电压大于蓄电池电压时,D_1 才能导通,反之 D_1 截止,从而保证夜晚或阴雨天气时不会出现蓄电池向太阳能电池方阵反向充电,起到"防反向充电保护"作用。

开关器件 S_2 为蓄电池放电控制开关,当负载电流大于额定电流出现过载或负载短路时,

S_2 关断,起到"输出过载保护"和"输出短路保护"作用。同时,当蓄电池电压小于"过放电压"时,S_2 也关断,进行蓄电池的"过放电保护"。

D_2 为防反接二极管,当蓄电池极性接反时,D_2 导通,使蓄电池通过 D_2 短路放电,产生很大电流快速将熔断器 B_x 烧断,起到"防蓄电池极性反接保护"作用。

检测控制电路随时对蓄电池电压进行检测,一般采用施密特回差电路,当电压高于"充满切离电压"时,使 S_1 导通,进行"过充电保护";当电压回落到某一数值时,S_1 断开,恢复充电。放电控制也类似,当电压低于"过放电压"时,关断 S_2,切离负载,进行"过放电保护",而当电压回升到某一数值时,S_2 再次接通,恢复放电。

开关器件、D_1、D_2 及熔断器 B_x 等和检测控制电路共同组成控制器。该电路具有线路简单、价格便宜、充电回路损耗小、控制器效率高的特点,当防反充电保护电路动作时,开关器件要承受太阳能电池组件或方阵输出的最大电流,所以要选用功率较大的开关器件。

2. 串联型控制器

串联型控制器是利用串联在充电回路中的机械或电子开关器件控制充电过程,电路如图 3-11 所示。当蓄电池充满电时,开关器件断开充电回路,停止为蓄电池充电;当蓄电池电压回落到一定值时,充电电路再次接通,继续为蓄电池充电。串联在回路中的开关器件还可以在夜间切断光伏电池供电,取代防反充电二极管。串联型控制器同样具有结构简单、价格便宜等优点。但由于控制开关是串联在充电回路中,电路的电压损失较大,使充电效率有所降低。

串联型控制器的电路结构与并联型控制器的电路结构相似,区别仅仅是将开关器件 S_1 由并联在太阳能电池输出端改为串联在蓄电池充电回路中。控制器检测电路监控蓄电池的端电压,当充电电压超过蓄电池设定的充满断开电压值时,S_1 关断,使太阳能电池不再对蓄电池进行充电,起到防止蓄电池过充电的保护作用。其他元件的作用和并联型控制器相同,不再重复叙述,只对其检测控制电路与工作原理进行介绍。

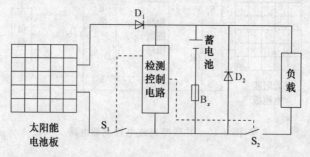

图 3-11 串联型控制器电路

串、并联控制器的检测控制电路实际上就是蓄电池过、欠电压的检测控制电路,主要是对蓄电池的电压随时进行取样检测,并根据检测结果向过充电、过放电开关器件发出接通或断开的控制信号。检测控制电路如图 3-12 所示。该电路包括过电压检测和欠电压检测控制两部分电路,由带回差控制的运算放大器组成。其中 A_1 等为过电压检测控制电路,A_1 的同相输入端输入基准电压,反相输入端接被测蓄电池,当蓄电池电压大于过充电电压值时,A_1 输出端

G_1 输出为低电平，使开关器件 S_1 接通(并联型控制器)或关断(串联型控制器)，起到过电压保护的作用。当蓄电池电压下降到小于过充电电压值时，A_1 的反相输入电位低于同相输入电位，则其输出端 G_1 又从低电平变为高电平，蓄电池恢复正常充电状态。过充电保护与恢复的门限基准电压由 R_{P1} 和 R_1 配合调整确定。A_2 等构成欠电压检测控制电路，其工作原理与过电压检测控制电路相同。

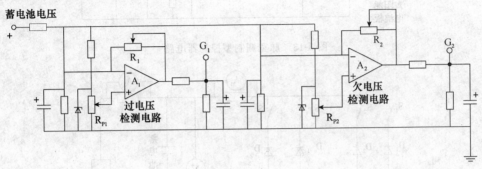

图 3-12　串联型控制器的过、欠电压检测控制电路

3. 脉宽调制(PWM)型控制器

太阳能电池的成本很高，提高太阳能电池的利用率和充电效率则能够更有效地利用宝贵的太阳能电池，使蓄电池处于良好的工作状态。PWM 控制器充电方式可以随着蓄电池的充满，电流逐渐减小，符合蓄电池对于充电过程的要求，能够有效地消除极化，有利于完全恢复蓄电池的电量。PWM 控制器充电方式分三个阶段：均衡充电、快速充电、浮充电。蓄电池没有发生过放电，正常工作时采用浮充电，可以有效防止过充电，减少水分的散失；当蓄电池的放电深度超过 70% ，则实施一次快速充电，有利于完全恢复蓄电池的容量；一旦放电深度(DOD)超过 40% ，则实施一次均衡充电，不但有利于完全恢复蓄电池的容量，轻微的放气还能够起到搅拌作用，防止蓄电池内电解液的分层。

脉宽调制型控制器的电路如图 3-13 所示。该控制器以脉冲方式开关太阳能电池组件的输入，当蓄电池逐渐趋向充满时，随着其电压的逐渐升高，PWM 电路输出脉冲的频率和时间都发生变化，使开关器件的导通时间延长，间隔缩短，充电电流逐渐趋近于零。当蓄电池电压由充满点下降时，充电电流又会逐渐增大。与前两种控制器相比，脉宽调制充电控制方式虽然没有固定的过充电电压断开点和恢复点，但是电路会控制当蓄电池端电压达到过充电控制点附近时，其充电电流要趋近于零。这种充电过程能形成较完整的充电状态，其平均充电电流的瞬时变化更符合蓄电池当前的充电状况，能够增加光伏系统的充电效率并延长蓄电池的总循环寿命。另外，脉宽调制型控制器还可以实现光伏系统的最大功率跟踪功能。因此可以作为大功率控制器用于大型光伏发电系统中。但是，其缺点是控制器的自身工作有 4%～8% 的功率损耗。

4. 多路控制型控制器

多路型控制器主要用于 5 kW 以上的太阳能光伏发电系统中，其电路如图 3-14 所示。该控制器的工作原理：

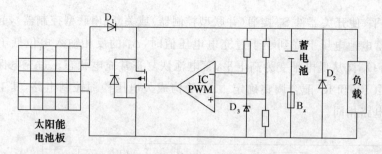

图 3-13　脉宽调制型控制器电路

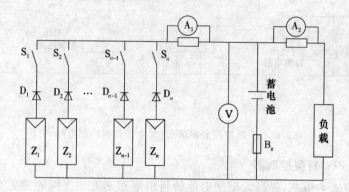

图 3-14　多路控制型控制器电路

（1）太阳能电池方阵。多个支路输入，每路的最大充电电流为 10～20 A。

（2）防反充。当太阳能电池方阵不向蓄电池充电时，阻断蓄电池电流倒流向太阳能电池方阵。

（3）充满控制。当蓄电池电压上升到蓄电池充满电压（对于 48 V 系统，充满电压为 56.4 V）时，进行充满控制，将太阳能电池方阵逐路切离充电回路，当电压回落到充满恢复电压（48 V 系统 52 V）时，逐路接通太阳能电池方阵，恢复充电。

（4）欠电压指示及告警。当蓄电池电压下降到欠电压点（48 V 系统为 45 V）时，进行过放电指示并蜂鸣器报警，通知用户应立即给蓄电池充电，否则蓄电池将过放电，从而影响蓄电池寿命。当电压回升到欠电压恢复电压（48 V 系统为 50 V）时，解除报警。

（5）过放电点控制。当蓄电池电压下降到过放电点（48 V 系统为 42 V）时，进行过放电控制，强迫将负载切离。否则蓄电池将过放电，从而影响蓄电池寿命。当电压回升到过放电恢复电压（48 V 系统为 50 V）时，恢复对负载供电。

该控制器对于功率较大的系统，将电流分散到太阳能电池方阵的各个支路，对于元器件的选择很方便。多路型控制器在蓄电池接近充满时逐路切断太阳能电池方阵的支路，电流是逐渐减小的，符合蓄电池对于充电过程的要求，起到同 PWM 控制器类似的效果，但电路简化很多，可靠性也相应提高了很多。因此，对于充电电流超过 20 A 的光伏发电系统，基本都采用多路型控制器。

5. 智能型控制器

智能型控制器采用 CPU 或 MCU 等微处理器对太阳能光伏发电系统的运行参数进行高

速实时采集,并按照一定的控制规律由单片机内设计的程序对单路或多路太阳能电池组件进行切断与接通的智能控制。中、大功率的智能控制器还可以通过单片机的 RS232/485 接口通过计算机控制和传输数据,并进行远距离通信和控制。

　　智能控制器除了具有过充电、过放电、短路、过载、防反接等保护功能外,还利用蓄电池放电率高,准确地进行放电控制。智能控制器还具有高精度的温度补偿功能。智能型控制器的电路如图 3-15 所示。

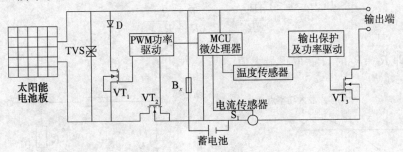

图 3-15　智能型控制器电路

6. 最大功率跟踪型控制器

　　从前面对于太阳能电池方阵的介绍可以知道,希望太阳能电池方阵能够总是工作在最大功率点附近,以充分发挥太阳能电池方阵的作用。太阳能电池方阵的最大功率点会随着太阳辐照度和温度的变化而变化,而太阳能电池方阵的工作点也会随着负载电压的变化而变化,如图 3-16 所示。如果不采取任何控制措施,而是直接将太阳能电池方阵与负载连接,则很难保证太阳能电池方阵工作在最大功率点附近,太阳能电池方阵也不可能发挥出其应有的功率输出。最大功率点跟踪型控制器的原理是将太阳能电池方阵的电压和电流检测后相乘得到的功率,判断太阳能电池方阵此时的输出功率是否达到最大,若不在最大功率点运行,则调整脉冲宽度,调制输出占空比,改变充电电流,再次进行实时采样,并做出是否改变占空比的判断。最大功率跟踪型控制器的作用就是通过直流变换电路和寻优跟踪控制程序,无论太阳辐照度、温度和负载特性如何变化,始终使太阳能电池方阵工作在最大功率点附近,充分发挥太阳能电池方阵的效能,这种方法被称为“最大功率跟踪”,即 MPPT(maximum power point tracking)。

　　从图 3-16 所示太阳能电池阵列的输出功率特性的 $P\text{-}V$ 曲线可以看出,曲线以最大功率点处为界,分为左右两侧。当太阳能电池工作在最大功率点电压右侧时,可以将电压值调小,从而使功率增大;当太阳能电池工作在最大功率点左侧时,为了获得最大功率,可以将电压值调大。

　　1) 最大功率点跟踪控制方法

　　太阳能电池在工作时,随着日照强度、环境温度的不同,其端电压将发生变化,使输出功率也产生很大变化,故太阳能电池本身是一种极不稳定的电源。如何能在不同日照、温度的条件下输出尽可能多的电能,提高系统的效率,这就在理论上和实践上提出了太阳能电池阵列的最大功率点跟踪问题。

　　(1) 最大功率点跟踪控制的理论基础。在常规的线性系统电气设备中,为使负载获得最大功率,通常要进行恰当的负载匹配,使负载电阻等于供电系统的内阻,此时负载上就可以获得最大功率。如图 3-17 所示。图中 U_i 为电源电压,R_i 为电压源的内阻,R_O 为负载电阻,则负载上消耗的功率 P_{R_O} 为

$$P_{R_O} = I^2 R_O = \left(\frac{U_i}{R_i + R_O}\right)^2 R_O \tag{3-1}$$

式(3-1)中,U_i、R_i 均是常数,对 R_O 求导,可得

$$\frac{\mathrm{d}P_{R_O}}{\mathrm{d}R_O} = U_i^2 \frac{R_i - R_O}{(R_i + R_O)^3} \tag{3-2}$$

令 $\frac{\mathrm{d}P_{R_O}}{\mathrm{d}R_O} = 0$,即 $R_i = R_O$ 时,P_{R_O} 取得最大值。

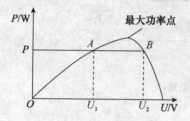

图 3-16 最大功率点跟踪控制

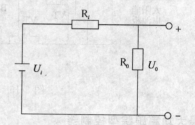

图 3-17 太阳能电池简单的线性电路图

由此,可以看出,对于一个线性电路,当负载电阻和电源内阻相等时,电源输出功率最大。对于一些内阻不变的供电系统,可以用这种外阻等于内阻的简单方法获得最大输出功率。但在太阳能电池供电系统中,太阳能电池的内阻不仅受日照强度的影响,而且受环境温度及负载的影响,因而处在不断变化之中,从而不可能用上述简单的方法获得最大输出功率,目前所采用的方法是在太阳能电池阵列和负载之间增加一个 DC/DC 变换器,通过 DC/DC 变换器中功率开关管的导通率,来调整、控制太阳能电池阵列在最大功率点,从而实现最大功率跟踪控制。

从图 3-18 所示太阳能电池阵列的输出功率特性曲线(P-V 曲线)可以看出,以最大功率点电压为界,分为曲线的左、右两侧。由图可知,当阵列工作电压大于最大功率点电压 U_{pmax},即工作在最大功率点电压右边时,阵列输出功率将随着太阳能电池输出电压的下降而增大;当阵列工作电压小于最大功率点电压 U_{pmax},即工作在最大功率点电压左边时,阵列输出功率将随着太阳能电池输出电压下降而减小。

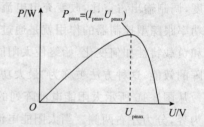

图 3-18 太阳能电池阵列的 $P-U$ 曲线

(2) MPPT 控制的方法。最大功率跟踪控制的算法有多种控制算法。如电压回授法、微扰观察法、电导增量法以及滞环比较法和模糊控制法等。

① 电压回授法。电压回授法(constant voltage tracking,CVT)是最简单的一种最大功率跟踪法,经由事先的测试,得知光伏阵列在某一日照强度和温度下,最大功率点电压的大小,再调整光伏阵列的端电压,使其能与实现测试的电压相符,来达到最大功率点跟踪的效果,如

图 3-19 所示。此控制方法的最大缺点是当环境条件大幅度改变时,系统不能自动的跟踪到光伏电池的改变后的最大功率点,因此造成能量的浪费。

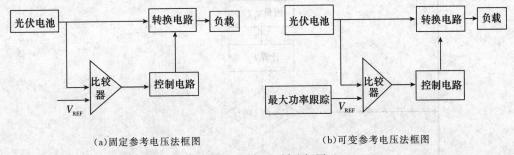

(a)固定参考电压法框图　　　　　　　(b)可变参考电压法框图

图 3-19　电压回授法框图

② 微扰观察法。微扰观察法(perturbation and observation method,P&O 法)由于其结构简单,且需测量的参数较少,所以它被普遍应用在光伏电池板的最大功率点跟踪。方法是引入一个小的变化,然后进行观察,并与前一个状态进行比较,根据比较的结果调节光伏电池的工作点。通过改变光伏电池的输出电压,并实时地采样光伏电池的输出电压和电流,计算出功率,然后与上一次计算的功率进行比较,如果小于上一次的值,则说明本次控制使功率输出降低了,应控制使光伏电池输出电压按原来相反的方向变化,如果大于则维持原来增大或减小的方向,这样就保证了使太阳能输出向增大的方向变化,如此反复扰动、观察与比较,使光伏电池板达到其最大功率点,实现最大功率的输出。但是在达到最大功率点附近后,其扰动并不停止,而会在最大功率点左右振荡,而造成能量损失并降低光伏电池板的效率。在此引入一个参考电压 V_{REF},在得出比较结果后,调节参考电压,使它逐渐接近最大功率点电压,在调节光伏电池工作点时,根据这个参考电压进行调节。微扰观察法的框图如图 3-20 所示。

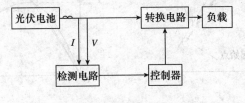

图 3-20　微扰观察法框图

微扰观察法流程图如图 3-21 所示。

图 3-21 中 V_K、I_K、P_K 是上一次测量和计算出的值。从图 3-21 中可以看出:在功率比较之后,经过判断电压的变化,对参考电压 V_{REF} 减一个调整电压 ΔV,然后再进行测量、比较,进入下一个循环。这就是微扰观察法。这种方法简单易懂,实现起来比较容易,只要进行简单的运算和比较即可,因此是一种较为常用的方法。

MPPT 调节过程如图 3-22 所示,图 3-22(a)所示为日照强度和环境温度不变时的调节过程;图 3-22(b)所示为在系统到达最大功率点后日照强度或环境温度变化后的调节过程。

电压的变化量 ΔV 的选择影响到跟踪的速度与准确度,能否准确地实现 MPPT 功能。ΔV 设置偏大,跟踪速度快,会导致跟踪的精度不够,在最大功率点附近功率输出摆动大;ΔV

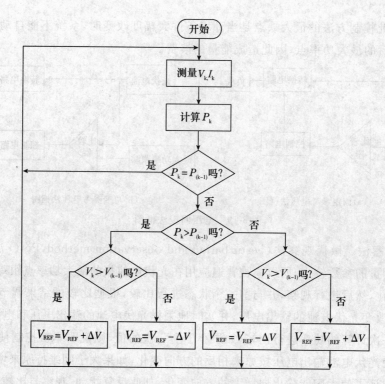

图 3-21　微扰观察法流程图

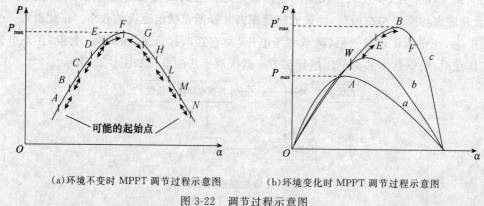

（a）环境不变时 MPPT 调节过程示意图　　（b）环境变化时 MPPT 调节过程示意图

图 3-22　调节过程示意图

设置偏小则跟踪速度慢，浪费电能，但输出能更好地靠近最大功率点。这种方法简单易懂，实现起来也比较容易，但是此种方法较盲目，如果 V_{REF} 的初始值设置的离最大功率点电压相差较大，加上 ΔV 设置的不合理，可能会花费很长的时间才到达最大功率点，甚至会导致远离最大功率点。一般常用的 ΔV 确定是采用变化的 ΔV，根据每次测量和计算的结果不断调整它。当工作点离最大功率点较远时，增大 ΔV，使工作点电压变化的快一些；当工作点离最大功率点较近时，减小 ΔV，使工作点不会跨过最大功率点而远离它。

③ 增量电导法。其框图如图 3-23 所示。

增量电导法（incremental conductance method，IncCond）是通过调整工作点的电压，使之

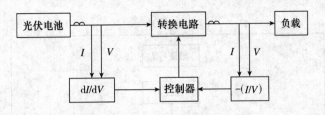

图 3-23　电导增量法框图

逐渐接近最大功率点电压来实现最大功率点的跟踪。而增量电导法避免了微扰观察法的盲目性,它能够判断出工作点电压与最大功率点电压之间的关系。

对于功率 P 有:
$$P=VI \tag{3-3}$$

将式(3-3)两端对 V 求导,并将 I 作为 V 的函数,可得:
$$\frac{\mathrm{d}P}{\mathrm{d}V}=\frac{\mathrm{d}(IV)}{\mathrm{d}V}=I+V\frac{\mathrm{d}I}{\mathrm{d}V} \tag{3-4}$$

由 P-V 曲线可知,当 $\frac{\mathrm{d}P}{\mathrm{d}V}>0$ 时,$V<V_{\max}$;当 $\frac{\mathrm{d}P}{\mathrm{d}V}<0$ 时,$V>V_{\max}$;当 $\frac{\mathrm{d}P}{\mathrm{d}V}=0$ 时,$V=V_{\max}$。将上述三种情况代入式(3-4)中可得

当 $V<V_{\max}$ 时, $$\frac{\mathrm{d}I}{\mathrm{d}V}>-\frac{I}{V} \tag{3-5}$$

当 $V>V_{\max}$ 时, $$\frac{\mathrm{d}I}{\mathrm{d}V}<-\frac{I}{V} \tag{3-6}$$

当 $V=V_{\max}$ 时, $$\frac{\mathrm{d}I}{\mathrm{d}V}=-\frac{I}{V} \tag{3-7}$$

可以根据 $\frac{\mathrm{d}I}{\mathrm{d}V}$ 与 $\frac{I}{V}$ 之间的关系来调整工作点电压从而实现最大功率跟踪。该方法同样引入一个参考电压 V_{REF},图 3-24 所示为增量电导法的流程图。

图中 V_k、I_k 是新测量出的值,再根据这两个值计算电流和电压的变化。由于 $\mathrm{d}V$ 是分母,因此先要判断 $\mathrm{d}V$ 是否为 0,如果电压没有变化,且电流也没有变化,那么就说明不需要进行调整;如果电压没有变化,而 $\mathrm{d}I$ 不为 0,那么就根据 $\mathrm{d}I$ 的正负对参考电压进行调整。假如 $\mathrm{d}V$ 不为 0,再根据式(3-5)、式(3-6)、式(3-7)给出的关系,对参考电压进行调整。

采用增量电导法,对工作电压的调整不再是盲目的,而是通过每次的测量和比较,预估出最大功率点的大致位置,再根据结果进行调整。这样在天气情况有较快变化的时候,就不会出现采用微扰观察法时出现的工作点越来越远离最大功率点的情况。由此看来增量电导法较微扰观察法有效。但是由于采用增量电导法需要的计算量较大,而且在计算过程中,需要记录的数据比微扰观察法要多,因此对系统的性能要求较高。如果不采用高速处理器,它的优势并不能真正地体现出来。

④ 滞环比较法。在扰动比较法中,其基本的设计思想是两点比较,即目前的工作点与上一个扰动点比较,判断功率的变化方向从而决定工作电压的移动方向。该方法除了会造成较多的扰动损失外,还可能发生程序的失序现象。针对太阳日照量并不会快速变化的特点,多余

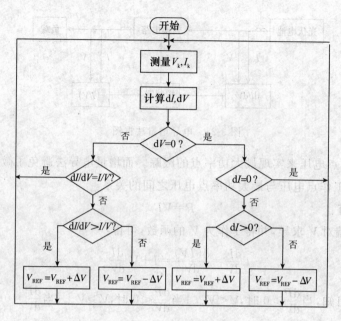

图 3-24　增量电导法流程图

的扰动可能会带来更多的损失,而滞环比较法却可以避免此缺陷。此算法可在日照量快速变化时并不立即跟踪并快速移动工作点(可避免干扰或判断错误),而是在日照量比较稳定时再跟踪到最大功率点,以减少扰动消耗,其原理如下所述。

在太阳能电池 P-V 特性曲线的顶点附近任意取三点不同位置,所得到的结果可分为图 3-25 所示的五种情况。设定一个比较的运算变量符 T_{ag},C 点与 B 点比较,若比 B 点大或相等,则 $T_{ag}=1$;若比 B 点小,则 $T_{ag}=-1$。当三点比较完之后,若 $T_{ag}=2$,则工作电压扰动量 D 值应往后移动;若 $T_{ag}=-2$,则工作电压扰动量 D 值应往左移动;若 $T_{ag}=0$,则表示到达顶点(最大功率点),D 值将不变。在 A、B 和 C 三点功率的检测上,先读取 B 点功率为立足点,再增加 ΔD,读取 C 点功率,再减少两倍 ΔD,读取功率值当作 A 点。连续检测三点功率值后再比较大小计算权位值,由权位值来判定立足点应往 C 点移动、A 点移动或是不动。但当照度正在变化时,扰动 D 值所得到的 A、B、C 点的位置与 T_{ag} 值和图 3-25 有所不同,如图 3-26 所示。

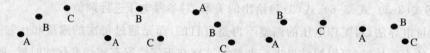

图 3-25　最大功率点附近可能出现的各种状况

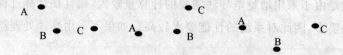

图 3-26　滞环比较法中的其他排列方式

由图 3-26 可以看出,此三种排列方式在照度急剧变化时可能会出现,但 T_{ag} 值都为零,即工作点并不会移动。滞环比较法的算法流程如图 3-27 所示，U_a、I_a、D_a、U_b、I_b、D_b、U_c、I_c、D_c分别代表 A、B、C 三点的电压值、电流值和扰动的 D 值。图 3-27 表示读取 A、B、C 三点的电压值、电流值，并计算其功率。T_{ag} 代表 A、B、C 三点的大小关系，当计算出三点功率后，接着就计算 T_{ag} 值。

$T_{ag}=2$ 时，D 值增加；$T_{ag}=-2$ 时，D 值减少；$T_{ag}=0$ 时，D 值不变。

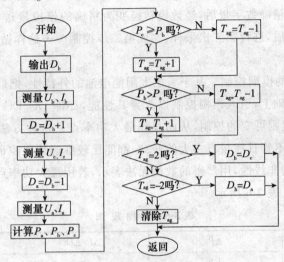

图 3-27　滞环比较法控制流程图

⑤ 模糊控制法：

A. 模糊控制的基本原理。模糊控制是以模糊集合理论、模糊语言及模糊逻辑推理为基础的控制，它是模糊数学在控制系统中的应用，是一种非线性智能控制。

模糊控制是利用人的知识对控制对象进行控制的一种方法，通常用"if 条件，then 结果"的形式来表现，所以又通俗地称为语言控制。一般用于无法以严密的数学表示的控制对象模型，即可利用人的经验和知识来很好地控制。因此，利用人的智力，模糊地进行系统控制的方法就是模糊控制。模糊控制的基本原理如图 3-28 所示。

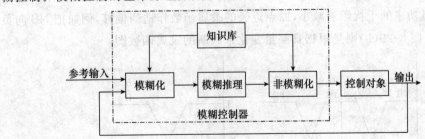

图 3-28　模糊控制系统原理框图

它的核心部分是模糊控制器。模糊控制器的控制是由计算机的程序实现，实现模糊控制算法的过程是：微机采集被控制量的精确值，然后将此量与给定值比较得到误差信号 E；一般选误差信号 E 作为模糊控制器的一个输入量，把 E 的精确值进行模糊量化变成模糊量，误差

E 的模糊量可用相应的模糊语言表示,从而得到误差 E 的模糊语言集合的一个子集 e(e 实际上是一个模糊向量);再由 e 和模糊控制规则 R(模糊关系)根据推理的合成规则进行模糊决策,得到模糊控制量 u 为:

$$u = eR$$

式中:u 为一个模糊量。为了对被控对象施加精确的控制,还需要将模糊量 u 进行非模糊化处理转换为精确量;得到精确数字量后,经数模转换变为精确的模拟量送给执行机构,对被控对象进行第一步控制;然后,进行第二次采样,完成第二步控制⋯⋯这样循环下去,就实现了被控对象的模糊控制。

B. 最大功率跟踪的模糊控制。基于考虑太阳能电池的外特性,把最大功率探索方法模糊化,在功率比较法的基础上,引入模糊控制以改善其性能,亦即 DC/DC 变换器的占空比 D 的变化量 ΔD 是随模糊规则可变的控制,从而找到最大功率点。这种方法的优点是只关注发电功率实际大小的信息,不管日照量有多大的变动,都能比较准确地跟踪最大功率点。

由于太阳能电池的非线性,用严密的数模无法表示,若用最大功率点规则化语言来表示就非常简单。模糊规则见表 3-6 所示。

表 3-6　模　糊　规　则

规则	ΔP	$\lvert \Delta P/\Delta D_n \rvert$	ΔD_{n+1}
R^1	PS	—	S
R^2	PB	S	B
R^3	PB	B	B
R^4	NS	—	S
R^5	NB	S	B
R^6	NB	B	S

P:正,N:负,B:大,S:小,—:任意

图 3-29(a)为确定 ΔD 大小的隶属函数图,其中 $\Delta P(= P_n - P_{n-1})$ 为 if 的前部变数,根据 ΔP 的正负和大小来确定 ΔD 值。一般隶属函数的形态可以为:吊钟型、三角形或梯形,为简化计算可以选用梯形隶属函数。此外,为提高控制的鲁棒性,相邻的隶属函数有 25% 面积相重合。为使测量功率的干扰影响减小,原点近旁的隶属函数作适当偏移,例如把 NB 向负方向移动 $-a$ 距离。图 3-29(b)则是根据日照量变化来判断的隶属函数图。

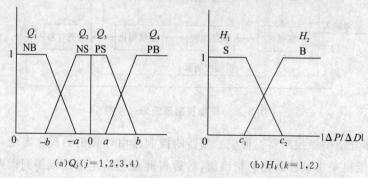

(a)$Q_j(j=1,2,3,4)$　　　　　(b)$H_k(k=1,2)$

图 3-29　隶属函数图

此时,将$|\Delta P/\Delta D_n|$作为 if 项的前部变数。该值若为 B(Big),则一旦日照量急剧变化,即可形成新的判断。由模糊规则,一旦出现$|\Delta P/\Delta D_n|$为 B(Big),即可判断日照量已经增大,为防止误差ΔD的变化过大,可设置ΔD为 S(Small)的规则。该模糊结构可保证当日照量急剧变化时,虽然最佳工作点也产生很大改变,但不会造成ΔD过大的增值。在最大功率点的左右两侧,太阳能电池的工作状态均可正确判定。模糊语言的后部分 then 函数则为 D 从 $0\sim1$ 变化。

$$R^i = \text{if} \quad \Delta P \quad \text{is} \quad Q_j \text{ and } |\Delta P/\Delta D_n| \text{ is } H_k \tag{3-8}$$
$$\text{Then } \Delta D_{n+1} = f_i(D_n) = g_i(1-D_n)$$

由式(3-8)可知,模糊规则的后部与前部变数(ΔP,$|\Delta P/\Delta D_n|$)之间存在线性函数关系,ΔP的大小决定了设备的总容量大小,由线性方程的函数g_i确定。最终的结果由多次平均值算出:

$$\Delta D_{n+1} = \sum_{i=1}^{6} W^i f_i(D_n) / \sum_{i=1}^{6} W^i \tag{3-9}$$

式中:W^i定义为适合度,由前部变数两部分隶属函数的积确定。例如前部变数$\Delta P=x_1$,$|\Delta P/\Delta D_n|=x_2$的规则$R^i$的适合度为

$$W^i = Q_j(x_1)H_k(x_2) \tag{3-10}$$

当需要改变占空比时,先由(3-9)式算出ΔD_{n+1},再与现时的占空比ΔD_n叠加,可得

$$D_{n+1} = D_n + \Delta D_{n+1} \tag{3-11}$$

根据以上的算法程序即可在日照量急剧变化下,无误地、快速地找到最大功率点。

2) DC/DC 变换电路

太阳能电池组件的光电流与辐照度成正比,在$100\sim1000$ W/m² 范围内,光电流始终随着辐照度的增加而线性增长;而辐照度对光电压的影响很小,在温度固定的条件下,当辐照度在$400\sim1000$ W/m² 范围内变化,太阳能电池组件的开路电压基本保持恒定。正因为如此,太阳能电池组件的功率与辐照度也基本成正比,如图 3-30 所示。

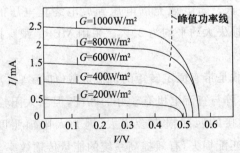

图 3-30　辐照度对光电流、光电压和组件峰值功率的影响

从图 3-30 可知,太阳能电池组件的最大功率点随太阳辐照度的变化呈现一条垂直线,即保持在同一电压水平上。因此,就提出可以采用电压回授法(constant voltage tracking,CVT)来进行最大功率点跟踪(MPPT),这种方法只需要保证太阳能电池方阵的恒压输出即可,大大简化了控制系统。由于太阳能电池方阵工作在阳光下,太阳辐照度的变化远大于其结温的变

化,采用CVT方法在大多数情况下是适用的。

对于环境温度变化较大的场合,CVT控制就很难保证太阳能电池方阵工作在最大功率点附近,图3-31给出了不同温度下太阳能电池组件最大功率点的变化。可以看出,随着太阳能电池组件结温的变化,最大功率点电压变化较大,如果仍然采用CVT方法控制,则会产生很大的误差。

为了简化控制方案,又能兼顾温度对太阳能电池组件电压的影响,可以采用改进CVT方法,即仍然采用恒压控制,但增加温度补偿。在恒压控制的同时监视太阳能电池组件的结温,对于不同的结温,调整到相应的恒压控制点即可。

MPPT控制器要求始终跟踪太阳能电池方阵的最大功率点,需要控制电路同时采样太阳能电池方阵的电压和电流,并通过乘法器计算太阳能电池方阵的功率。然后通过寻优和调整,使太阳能电池方阵工作在最大功率点附近。

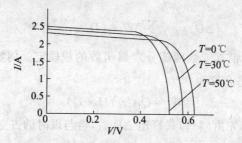

图3-31　温度对太阳能电池组件最大功率点电压的影响

太阳能电池作为一种直流电源,其输出特性完全不同于常规的直流电源,因此对于不同类型的负载,它的匹配特性也完全不同。负载的类型有电压接受型负载(如蓄电池)、电流接受型负载(如直流电机)和纯阻性负载等三种。

最典型的电压接受型负载是蓄电池,它是与太阳能电池方阵直接匹配最好的负载类型。太阳能电池电压随着温度的变化大约只有0.4%/℃(电压随太阳辐照度的变化就更小),基本可以满足蓄电池的充电要求。蓄电池充满电压到放电终止电压的变化大约从+25%到−10%,如果直接连接,失配损失大约平均为20%。采用MPPT跟踪控制,将使这样的匹配损失减少到5%。

典型的电流接受型负载是带有恒定转矩的机械负载(如活塞泵)的直流永磁电机。太阳辐照度恒定时,太阳能电池方阵与直流电机有较好的匹配,但当太阳辐照度变化时,将这类负载直接与太阳能电池方阵连接的匹配损失会很大,因为太阳辐照度与光电流成正比。采用MPPT跟踪控制将会减小匹配损失,有效提高系统的能量传输效率。

很显然,纯阻性负载与太阳能电池方阵的直接匹配特性是最差的。

实现CVT或MPPT的电路通常采用变换器来完成直流/直流变换。变换电路分为降压型变换器(buck chopper)、升压型变换器(boost chopper)等。

Buck电路—降压斩波器,其输出平均电压U_o小于输入电压U_i,极性相同。特点:只能降压不能升压,输出与输入同极性,输入电流脉动大,输出电流脉动小,结构简单。常用于降压型直流开关稳压器,不可逆直流电动机调速等场合。

Boost 电路——升压斩波器,其输出平均电压 U_o 大于输入电压 U_i,极性相同。特点:只能升压不能降压,输出与输入同极性,输入电流脉动小,输出电流脉动大,不能空载,结构简单,常用于将较低的直流电压变换成为较高的直流电压,如电池供电设备中的升压电路、液晶背光电源等。该电路另一个重要用途就是作为单相功率因数校正电路。

(1) 降压式(Buck)变换器。降压式变换器是一种输出电压等于或小于输入电压的单管非隔离直流变换器。图 3-32 给出了它的电路图。Buck 变换器的主电路由开关管 Q,二极管 D,输出滤波电感器 L_f 和输出滤波电容器 C_f 构成。当 Q 导通时,电源 U_i 向负载供电,电流流经电感器 L_f,一部分向电容器充电,另一部分流向负载,此时电路输出电压 U_o,当 Q 关断时,电容器放电,电流经 D 续流,D 的两端电压近似为零,通过电感器的电流是否连续,取决于开关频率、L_f 和 C_f 的量值,通常串联电感量值较大的电感器,这种变换器适合于太阳能光伏阵列输出端电压高而蓄电池电压低的情况。

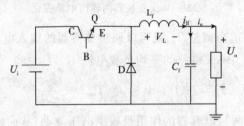

图 3-32　降压式变换器主电路图

Buck 降压斩波电路实际上是一种电流提升电路,主要用于驱动电流接受型负载。直流变换是通过电感来实现的。

使开关管 Q 保持振荡,振荡周期 $T = T_{on} + T_{off}$,当 Q 接通时,有

$$U_i = U_o + L \frac{di_L}{dt}$$

假设 T_{on} 时间足够短,U_i 和 U_o 保持恒定,于是

$$i_L(T_{on}) - i_L(0) = \frac{U_i - U_o}{L} T_{on}$$

在 Q 接通期间,电感存储能量$(1/2L) \cdot i_L^2(T_{on})$。

当 Q 断开时,电感器通过二极管 D 将能量释放到负载,$U_o = -L \frac{di_L}{dt}$。

假设 T_{off} 时间足够短,U_o 保持恒定,于是

$$i_L(T_{on} + T_{off}) - i_L(T_{on}) = -\frac{U_o T_{off}}{L}$$

稳态条件可以写成 $i_L(0) = i_L(T_{on} + T_{off})$,于是

$$(U_i - U_o)\frac{T_{on}}{L} = \frac{U_o T_{off}}{L}, U_o = \frac{U_i T_{on}}{T_{on} + T_{off}}$$

得到 $U_o < U_i$。因为流过电感的电流 i_L 不可能是负的,连续传导条件为 $i_L(0) > 0$,于是

$$\frac{U_{o} T_{off}}{L} > - i_{L}(T_{on})$$

得到

$$T_{off} < \frac{L \cdot i_{L}(T_{on})}{U_{o}}$$

图 3-33 所示为 Buck 变换器的输出电流变化。

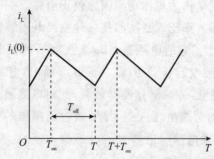

图 3-33　Buck 变换器的输出电流变化

对于给定的震荡周期,适当调整 T_{on} 就可以调整变换器的输入电压 U_i,使其等于太阳能电池方阵的最大功率点电压。Buck 电路的平均负载电流 I_L 为

$$I_{L} = \frac{1}{T} \int_{0}^{T} i_{L} \mathrm{d}t = i_{L}(T_{on}) - \frac{U_{o} T_{off}}{2L}$$

Buck 变换器电路中的两只电容器的作用是减少电压波动,从而使输出电流得到提升并尽可能平滑。

（2）升压式(Boost)变换器。升压变换器电路见图 3-34,开关导通和截止时等效电路图见图 3-35,各变量的波形见图 3-36。当功率开关管 Q_1 导通时,通过储能电感器的电流 i_L 可以近似地认为是线性增加的。即有

$$i_{L} = I_{LV} + \frac{U_{i}}{L}t \tag{3-12}$$

式中:I_{LV} 是流过储能电感器的电流的最小值。

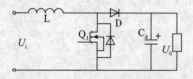

图 3-34　升压式变换器电路图

在开关管导通结束时,i_L 值为

$$I_{LP} = I_{LV} + \frac{U_{i}}{L}T_{on} \tag{3-13}$$

i_L 的增量为

$$\Delta I_{L(T_{on})} = \frac{U_{i}}{L}T_{on} \tag{3-14}$$

在开关管截止,二极管导通期间,储能电感器 L 两端的电压为

$$u_L = U_o - U_i = L \frac{di_L}{dt} \tag{3-15}$$

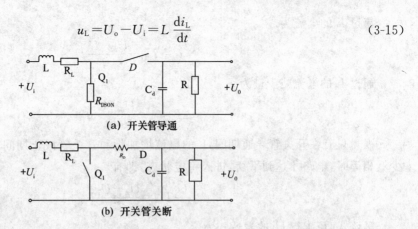

(a) 开关管导通

(b) 开关管关断

图 3-35 开关管通断时的等效电路图

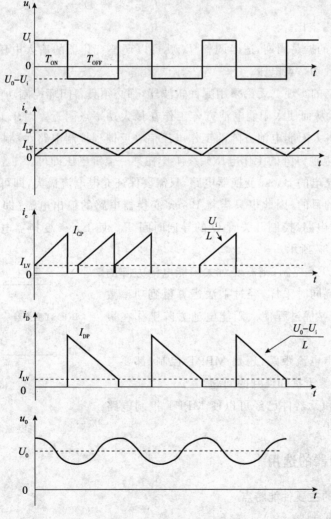

图 3-36 各变量的波形图

流过 L 的电流为

$$i_L = I_{LP} - \frac{U_o - U_i}{L}t \tag{3-16}$$

通过 L 的电流减少量为

$$\Delta I_{L(T_{on})} = \frac{U_o - U_i}{L}T_{off} \tag{3-17}$$

因为只有在开关管导通期间，L 的电流增加量和开关管截止期间储能电感 L 中的电流减少量相等时，电路才达到平衡，进入稳定状态，即有

$$\frac{U_i}{L}T_{on} = \frac{U_o - U_i}{L}T_{off} \tag{3-18}$$

解该式，可求得 U_o 的表达式为

$$U_o = \frac{T}{T_{off}}U_i = \frac{T}{T - T_{on}}U_i = \frac{U_i}{1 - D} \tag{3-19}$$

式中：$D = T_{on}/T$ 为占空比。

于是，对于给定的振荡周期，适当调整 T_{on} 就可以调整变化器的输入电压 U_i，使其处于太阳能电池方阵的最大功率点电压。

（3）MPPT 控制的实现。无论采用哪种斩波器，都必须具备闭环控制功能，用于控制开关管 Q 的导通和断开，从而使太阳能电池方阵工作在最大功率点附近。对于 CVT 或带温度补偿的 CVT，只需要将太阳能电池方阵的工作电压信号反馈到控制电路，控制开关管 Q 的导通时间 T_{on}，使太阳能电池方阵的工作电压始终工作在某一恒定电压即可。

对于为蓄电池充电的 Boost 变换器电路，只需要保证充电电流最大，即可达到使太阳能电池方阵有最大输出的目的，因此也只需将 Boost 变换器电路的输出电流（即蓄电池的充电电流）信号反馈到控制电路，控制开关管 Q 的导通时间 T_{on}，使 Boost 变换器电路具有最大的电流输出即可，如图 3-37 所示。

对于真正的 MPPT 控制，则需要对太阳能电池方阵的工作电压和工作电流同时采样，经过乘法运算得到功率数值，然后通过一系列寻优过程使太阳能电池方阵工作在最大功率点附近。

无论是最大输出电流跟踪，还是 MPPT 控制，都要考虑电路的稳定、抗云雾干扰和误判的问题。

现代电子技术和元器件已经可以使 MPPT 控制电路的效率做到 95% 以上。

图 3-37　蓄电池充电的控制策略

五、光伏控制器的选用

1. 光伏控制器的主要性能特点

1）小功率光伏控制器

通常把额定负载电流小于 15 A 的控制器称为小功率控制器。其主要特点如下：

（1）目前大部分小功率控制器都采用低功耗、长寿命的 MOSFET 场效应管等电子开关元件作为控制器的主要开关器件。

（2）运用脉冲宽度调制（PWM）控制技术对蓄电池进行快速充电和浮充充电，使太阳能发电能量得以充分利用。

（3）具有单路、双路负载输出和多种工作模式。其主要工作模式有：普通开/关工作模式、光控开/关工作模式、光控开/时控关工作模式。双路负载控制器关闭的时间长短可以分别设置。

（4）用 LED 指示灯对充电状态、工作状态、蓄电池电量等进行显示。

（5）具有多种保护功能，包括蓄电池和太阳能电池接反、蓄电池开路、蓄电池过充/放电、负载过压、夜间防反充电、控制器温度过高等多种保护。

（6）具有温度补偿功能。其作用是在不用的工作环境下，能够对蓄电池设置更为合理的充电电压，防止过充电和欠充电状态而造成电池充放电容量过早下降甚至过早报废。

2）中功率光伏控制器

一般把额定负载电流大于 15 A 的控制器称为中功率控制器。其主要特点如下：

（1）采用 LCD 液晶屏显示工作状态和充放电等各种重要信息：如电池电压、充/放电电流、工作模式、系统参数、系统状态等。

（2）具有自动/手动/夜间功能：可编程设定负载的控制方式为自动或者手动。手动方式时，负载可手动开启或关闭。当选择夜间功能时，控制器在白天关闭负载；检测到夜晚时，延迟一段时间后自动开启负载，定时时间到，又自动关闭负载，延迟时间和定时时间可编程设定。

（3）具有有浮充电压的温度补偿功能。

（4）具有蓄电池过充/放电，输出过载/过压/温度过高等多种保护功能。

（5）具有快速充电功能，当电池电压低于一定值时，快速充电功能自动开始，控制器将提高电池的充电电压，当电池电压达到理想值时，开始快速充电倒计时程序，定时时间到后，退出快速充电状态，以达到充分利用太阳能的目的。

（6）中功率光伏控制器同样具有普通充/放电工作模式（不受光控和时控的工作模式）、光控开/关工作模式、光控开/时控关工作模式等。

3）大功率光伏控制器

大功率控制器一般采用智能芯片控制系统，具有以下性能特点：

（1）具有 LCD 液晶点阵模块显示，可根据不同的场合通过编程任意设定、调整充放电参数及温度补偿系数，且具有操作菜单，方便用户调整；可使用不同场合的特殊要求，能够避免各路充电开关同时开启和关断时引起的震荡。

（2）具有多路太阳能电池输入控制电路，控制电路与主电路完全隔离，具有极高的抗干扰能力，并且可通过 LED 指示灯显示各路光伏充电状态和负载通断状况。

（3）具有电量累计功能，可实时显示蓄电池电压、负载电流、充电电流、光伏电流、蓄电池温度、累计光伏发电电量（单位安时或瓦时）、累计负载用电量（单位：瓦时（W·h））等参数，且具有历史数据统计显示功能，如过充电次数、过放电次数、过载次数、短路次数等。

（4）具有蓄电池过充/放电、输出过载、短路、浪涌、太阳能电池反接或短路、蓄电池反接、夜间防反充等一系列报警和保护功能，同时各路充电电压检测具有"回差"控制功能，可防止开关器件进入震荡状态。

（5）配接有 RS232/485 接口，便于远程遥控；PC 监控软件可测量实时数据、报警信息显示、修改控制参数，读取一个月的每天蓄电池最高电压、蓄电池最低电压、每天光伏发电量累计和每天负载用电量累计等历史数据。

（6）具有过/欠压、过载、短路等保护报警功能。具有多路无源输出的报警或控制节点，包括蓄电池过充/放电、发电设备启动控制、负载断开、控制器故障等。

（7）工作模式可以分为普通充/放电工作模式（阶梯形逐级限流模式）和一点式充/放电模式（PWM 工作模式）选择设定。其中一点式充/放电模式分 4 个充电阶段，控制更精确，更好的保护蓄电池不被过充电，对太阳能予以充分利用。

（8）具有不掉电实时时钟功能、可现实和设置时钟、防雷电及温度补偿功能。

2. 光伏控制器的主要技术参数

对于控制器的主要技术指标，GB/T 19064—2003 有具体要求。控制器的损耗要小，规定控制器最大自身耗电不应超过其额定充电电流的 1%；规定控制器充电或放电的电压降不应超过系统额定电压的 5%。控制器的主要技术参数如下：

（1）系统电压。系统电压也叫额定工作电压，是指光伏发电系统的直流工作电压，电压一般为 12 V 和 24 V，中、大功率控制器也有 48 V、110 V、220 V 等。

（2）最大充电电流。最大充电电流是指太阳能电池组件或方阵输出的最大电流，根据功率大小分为 5 A、6 A、8 A、10 A、12 A、15 A、20 A、30 A、40 A、50 A、100 A、200 A、250 A、300 A 等多种规格。有些厂家用太阳能电池组件最大功率来表示，间接地体现了最大充电电流这一技术参数。

（3）太阳能电池方阵输入路数。功率光伏控制器一般都是单路输入，而大功率光伏控制器都是由太阳能电池方阵多路输入，一般大功率光伏控制器可输入 6 路，最多的可接入 12 路、18 路。

（4）电路自身损耗。控制器的电路自身损耗也是其主要技术参数之一，也叫空载损耗。为了降低控制器的损耗，提高光伏电源的使用效率，控制器的电路自身损耗要尽可能低。控制器的最大自身损耗不得超过其额定充电电流的 1% 或 0.4 W。根据电路不同，自身损耗一般为 5~20 mA。控制器充电或放电的电压降不应超过系统额定电压的 5%。

（5）蓄电池充电浮充电压。蓄电池的充电浮充电压一般为 13.7 V（12 V 系统）、27.4 V（24 V 系统）和 54.8 V（48 V 系统）。

（6）温度补偿。控制器一般都具有温度补偿功能，以适应不同的环境工作温度，为蓄电池设置更为合理的充电电压。控制器的温度补偿系数应满足蓄电池的技术要求，其温度补偿值一般为 $-4 \sim -2$ mV/℃。

（7）工作环境温度。控制器的使用或工作环境温度范围随厂家不同一般在 -20℃~ 50℃之间。

（8）其他保护功能：

① 控制器输入、输出短路保护功能。

② 防反充保护功能，防止蓄电池向太阳能电池反向充电的保护功能。

③ 极性反接保护功能，太阳能电池组件或蓄电池接入控制器，当极性接反时，控制器要具有保护电路的功能。

④ 防雷击保护功能，控制器输入端应具有防雷击的保护功能，避雷器的类型和额定值应能确保吸收预期的冲击能量。

⑤ 耐冲击电压和冲击电流保护，在控制器的太阳能电池输入端施加 1.25 倍的标称电压持续一小时，控制器不应该损坏。将控制器充电回路电流达到标称电流的 1.25 倍并持续一小时，控制器也不应该损坏。

3. 光伏控制器的配置选型

光伏控制器的配置选型要根据整个系统的各项技术指标并参考生产厂家的产品样本手册来确定。一般考虑以下几项技术指标：

（1）系统工作电压。太阳能光伏发电系统中蓄电池或蓄电池组的工作电压，这个电压要根据直流负载的工作电压或交流逆变器的配置选型确定，一般有 12 V、24 V、48 V、110 V、220 V 等。

（2）额定输入电流和输入路数。控制器的额定输入电流取决于太阳能电池组件或方阵的输出电流，选型时控制器的额定输入电流应等于或大于太阳能电池的输出电流。

控制器的输入路数要等于或多于太阳能电池方阵的设计输入路数。小功率控制器一般只有一路太阳能电池方阵输入，大功率控制器通常采用多路输入，每路输入的最大电流＝额定输入电流/输入路数，因此，各路电池方阵的输出电流应小于或等于控制器每路允许输入的最大电流值。

（3）控制器的额定负载电流。即控制器输出到直流负载或逆变器的直流输出电流，该数据要满足负载或逆变器的输入要求。

除上述主要技术数据要满足设计要求外，使用环境温度、海拔高度、防护等级和外形尺寸等参数以及生产厂家和品牌也是控制器配置选型时要考虑的因素。

项目实施

1. 光伏控制器设计分析

1）功能要求

（1）充电及超压指示：当系统连接正常，且有阳光照射到光电池板时，充电指示灯为绿色常亮，表示系统充电电路正常；当充电指示灯出现绿色快速闪烁时，说明系统过电压，见故障现象处理内容；充电过程使用了 PWM 方式，如果发生过过放动作，充电先要达到提升充电电压，并保持 10 min，而后降到直充电压，保持 10 min，以活激蓄电池，避免硫化结晶，最后降到浮充电压，并保持浮充电压。如果没有发生过放，将不会有提升充电方式，以防蓄电池失水。这些自动控制过程将使蓄电池达到最佳充电效果并保证或延长其使用寿命。

（2）蓄电池状态指示：蓄电池电压在正常范围时，状态指示灯为绿色常亮；充满后状态指示灯为绿色慢闪；当电池电压降低到欠压时状态指示灯变成橙黄色；当蓄电池电压继续降低到过放电压时，状态指示灯变为红色，此时控制器将自动关闭输出，提醒用户及时补充电能。当电池电压恢复到正常工作范围内时，将自动使能输出开通动作，状态指示灯变为绿色。

（3）负载指示：当负载开通时，负载指示灯常亮。如果负载电流超过了控制器 1.25 倍的额定电流 60 s 时，或负载电流超过了控制器 1.5 倍的额定电流 5 s 时，指示灯为红色慢闪，表示过载，控制器将关闭输出。当负载或负载侧出现短路故障时，控制器将立即关闭输出，指示灯快闪。出现上述现象时，用户应当仔细检查负载连接情况，断开有故障的负载后，按一次按键，30 s 后恢复正常工作，或等到第二天可以正常工作。

2）工作模式设置

（1）设置方法：按下开关设置按钮持续 5 s，模式（MODE）显示数字 LED 闪烁，松开按钮，每按一次转换一个数字，直到 LED 显示的数字对上用户从表中所选用的模式对应的数字即停止按键，等到 LED 数字不闪烁即完成设置。每按一次按钮，LED 数字点亮，可观察到设置的值。LED 显示与工作模式的对应关系如表 3-7 所示。

（2）纯光控"0"模式：当没有阳光时，光强降到启动点，控制器延时 10 min 确认启动信号后，开通负载，负载开始工作；当有阳光时，光强升到启动点，控制器延时 10 min 确认关闭输出信号后关闭输出，负载停止工作。

（3）光控＋延时方式（"1"～"9""0."～"5."）：启动过程同前。当负载工作到设定的时间就关闭负载，时间设定见下表。光控优先。

（4）通用控制器方式"6."：此方式仅取消光控、时控功能、输出延时以及相关的功能，保留其他所有功能，作为一般的通用控制器使用。

（5）调试方式"7."：用于系统调试使用，与纯光控模式相同，只取消了判断光信号控制输出的 10 min 延时，保留其他所有功能。有光信号即接通负载，无光信号即关断负载，方便安装调试时检查系统安装的正确性。

（6）输出模式说明：在 LED 数码管显示模式设置值时，显示数字不带有小数点即"0"～"9"和"0."～"5."模式时输出为纯直流（DC）输出。如果数字不带小数点即"0"～"9"时，数码管小数点不亮。

表 3-7　LED 显示与工作模式的对应关系

LED 显示	工作模式	LED 显示	工作模式	LED 显示	工作模式
0	光控开＋光控关	6	光控开＋6 h 延时关	2.	光控开＋12 h 延时关
1	光控开＋1 h 延时关	7	光控开＋7 h 延时关	3.	光控开＋13 h 延时关
2	光控开＋2 h 延时关	8	光控开＋8 h 延时关	4.	光控开＋14 h 延时关
3	光控开＋3 h 延时关	9	光控开＋9 h 延时关	5.	光控开＋15 h 延时关
4	光控开＋4 h 延时关	0.	光控开＋10 h 延时关	6.	通用控制方式
5	光控开＋5 h 延时关	1.	光控开＋11 h 延时关	7.	调试模式

2. 光伏控制器设计方案制定

光伏控制器设计安装如图 3-38 所示。

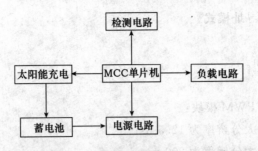

图 3-38　光伏控制器设计方案框图

该控制器具有功能如下：蓄电池剩余容量的检测、蓄电池过充电/过放电保护功能、外界光照强度、温湿度的检测功能、负载保护功能等。整个系统以单片机为控制核心，以分立元器件组成各个检测、驱动等功能模块，继而实现整个系统的功能。

3. 光伏控制器设计过程

1）主控电路设计

主控电路设计如图 3-39 所示。

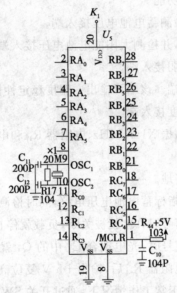

图 3-39　主控电路设计图

（1）PIC16F73 的参数：

- 工作速度：时钟输入为 DC-20 MHz。
- 除程序跳转指令需要两个周期外所有指令都是单周期指令。
- 多达 8k×14 字的 ROM 程序存储器，多达 368×8 字节的数据存储器。
- 功能与 PIC16F73/74/76/77 兼容。
- 引脚排列与 PIC16F873/874/876/877 兼容。
- 中断功能。
- 8 级深的硬件堆栈。

- 直接、间接和相对寻址模式。
- 节能的休眠模式。
- 可选的振荡器选项。

（2）技术特性：

- 两个捕捉、比较和 PWM 模块：

—捕捉为 16 位，其最大分辨率为 12.5 ns；

—比较为 16 位，其最大分辨率为 200 ns；

—PWM 的最大分辨率为 10 位。

- 多达 8 个通道的 8 位模数转换器。
- 带有 SPI（主控模式）和 I^2C（从动模式）的同步串行端口。
- 通用同步异步收发器。
- 用于欠压复位（Brown-out Reset，BOR）的欠压检测电路。
- 工作稳定，耐热性与耐压性强，价格便宜。

（3）PIC16F73 引脚的基本功能。

- 引脚 2 连接蓄电池，并检测蓄电池电压接入端。
- 引脚 3 连接太阳能电池，并检测太阳能电池电压接入端。
- 引脚 4 是检测光线的强弱接入端。
- 引脚 5 是基准电源输出端。该端可输出一温度稳定性极好的基准电压。
- 引脚 7 是检测温度与湿度接入端。
- 引脚 9 与引脚 10 连接晶振 X1 20MHz、电阻器 R_{17} 和电容器 C_{11} 并联电容器 C_{12} 组成振荡电路。
- 引脚 8 和引脚 19 信号接地。
- 引脚 27、26、25、24 连接指标蓄电池电压电路，同时检测蓄电池电压容量。
- 引脚 23 输出为高电平信号时，Q_1 就被关断，负载就停止工作。
- 引脚 21 输出为高电平信号时，光电耦合 U_1 中的 Q_3 就被关断，阻止过充现象的发生。
- 引脚 1 接电容器 C_{10} 与电阻器 R_{44} 后，输出 +5 V 复位高电平脉冲信号。
- 引脚 22 接手动开关，在正常工作情况下，通过开关 SW_1 就可以给负载供电或断电。

2）检测电路设计

检测电路设计如图 3-40 所示。检测电路的功能如下：

① 从蓄电池正极出来经过电阻器 R_{14} 分压后，连接电阻器 R_{16} 与 R_{38}，最后与芯片引脚 2 相连。同时，引脚 2 实时检测蓄电池电压 V_B。若 V_B 的电压低时，经过电阻器 R_{16}、R_{38} 时，电阻器 R_{14} 进行分压后连接则负载，这时负载电路就被关断，负载电路就不能工作。

② 从太阳能电池正极出来经过电阻器 R_{37}、R_{19} 与 R_{10}，其中电阻器 R_{19} 分压了电池的电压。然后再与芯片脚 3 连接，引脚 3 实时检测太阳能电池电压 VP。

③ 引脚 4 连接光敏电阻器 RES-LIGHT，同时检测光照强度。RES-LIGHT 光照越强其阻值越小，则电流、电压越大，于是负载电路就被打开，负载电路进行工作。

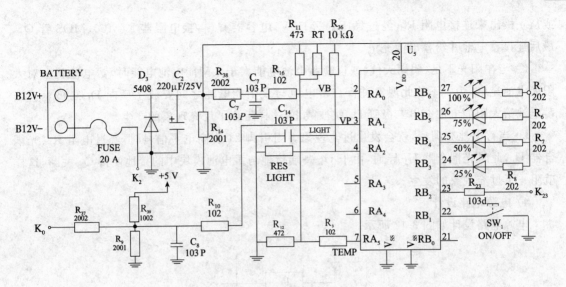

图 3-40 检测电路设计图

④ 引脚 7 连接热敏电阻 RT,同时检测温度与湿度的高低。RT 温湿度越高其阻值越大,则电流、电压越小,于是负载电路就被关断,负载电路就不能工作。

⑤ 引脚 27、26、25、24 都连接发光二极管,其用来检测蓄电池电压容量的指标,可以直观地看到蓄电池容量状况。

⑥ 引脚 23 连接晶体管 Q_2 后接到负载电路上,当引脚 23 输出一个高电平信号时,晶体管 Q_2 导通,MOS 管 Q_1 关断,则负载电路就不能工作。

⑦ 脚 22 在正常情况下,通过手动开关 SW_1,当 SW_1 合上,就给负载供电;SW_1 断开,就停止给负载供电。

3)太阳能电池电路设计

太阳能电池电路设计如图 3-41 所示。

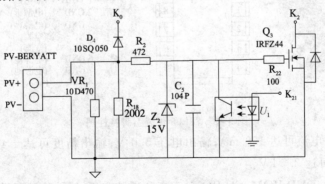

图 3-41 太阳能电池电路设计图

太阳能电池电路功能:太阳能电池接收太阳光,将光能转化为电能并对蓄电池充电。图中 K_2 接到蓄电池负极,K_0 接蓄电池正极。

① 当太阳能电池给蓄电池充电时,从太阳能电池正极出来连接二极管 D_4 给蓄电池充电,

或从正极出来连接电阻 R_2，经过稳压管 Z_2 15V，电容器 C_5 再接电阻器 R_{22} 100、MOS 管 Q_3，最后连接蓄电池并给蓄电池充电。

② 当在阳光不足(阴雨天气)或夜晚蓄电池电能大于太阳能电池电能时，蓄电池就会对太阳能电池充电，为了不让此现象进行在蓄电池与太阳能电池之间安放了反向 D_4 二极管。当蓄电池给太阳能电池充电二极管 D_4 就被截止，这样阻止了反充现象的产生。

③ 当蓄电池充满后，就会发生过充现象。当引脚 21 为高电平信号时，经过电阻 R_3、光耦合器 U_1，此时光耦合器 U_1 导通，由于 U_1 一端接地与蓄电池模块中的接地使得 Q_3 关断，这样就阻止了过充现象的发生。

4）电源电路设计

电源电路设计如图 3-42 所示。

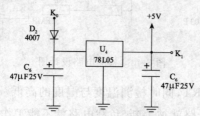

图 3-42　电源电路设计

其中 78L05 为三端稳压电源芯片，其封装引脚特性图如图 3-43 所示。

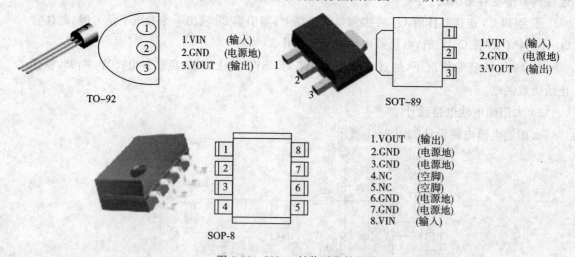

图 3-43　78L05 封装引脚特性图

主要特点：输出电流可达 150 mA；输出电压 5.0 V；输出精度可达 ±4%；简单的外围电路；静电防护 ESD 可达 2.7 kV。

应用：网络产品；DVD-ROM，CD-ROM；声卡和电脑主板；线性稳压源；控制器。

本项目电源电路的功能：图 3-42 中端口 K_0 接蓄电池正极，从蓄电池电压为 12 V 的正极出来接二极管 D_2 阳极，从二极管阴极出来接三端稳压管(U_4 78L05)输入端，再从三端稳压管(U_4 78L05)的输出端输出电压为 5 V 直流电，最后由端口 K_1 接入检测模块，剩下一端接地。其功能为 U_5 和检测模块提供电源。

5）基准电压参考电路设计

基准电压参考电路设计如图 3-44 所示。

基准电压参考电路的功能：图中 K_5 接 PIC16F73 芯片的引脚 5，经过精密并联电压稳压器（ZQ_1 AP431），其输出一温度稳定性极好的基准电压，基准参考电压为 2.5 V，连接电容 C_{15} 再连接电阻 R_{15}。主要功能：使芯片电路输出的电压值与基准参考电压值进行对比，从而使电路能够在正常电压范围内工作。

AP431 为精密并联电压稳压器，图 3-45、图 3-46 分别为其内部结构和典型应用电路。

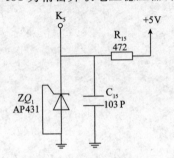

图 3-44　基准电压参考电路设计图

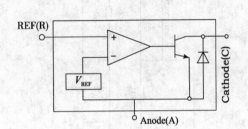

图 3-45　内部结构框图

输出电压与参考电位的关系：$V_{OUT} = (1 + R_1/R_2)V_{REF}$

6）负载保护电路设计

负载保护电路设计如图 3-47 所示。

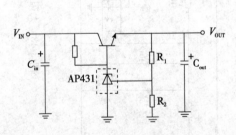

图 3-46　AP431 典型应用电路

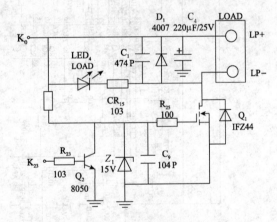

图 3-47　负载保护电路设计

功能：图中端口 K_0 连接蓄电池正极，从蓄电池正极出来经过电容器 C_4（220 U/25 V）直接接负载或从蓄电池正极出来经过二极管 D_4 和发光二极管 LED_4 LOAD、电阻器 CR_{15} 接负载或者从二极管 D_4 出来接电阻器 CR_{24} 经过稳压二极管 Z_1（15 V）、并联电容器 C_9（104P），再接电阻器 R_{25}、MOS 管 Q_1（IFZ44），最后接到负载。图中端口 K23 与 PIC16F73 模块中引脚 23 连接接另一端接晶体管 Q 的基极。当引脚 23 输出一个高电平信号时，Q_2 就被导通，因为 Q_2 的发射极接地，所以 Q_1 就被关断，负载电路就不能够为负载供电。

最后完成的太阳能光伏发电系统控制总原理图如图 3-48 所示。

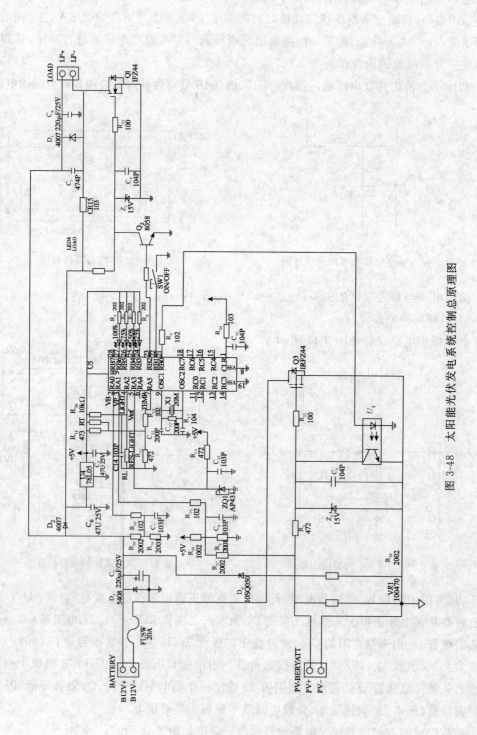

图 3-48 太阳能光伏发电系统控制总原理图

水平测试题

1. 太阳能光伏发电系统中,控制器的功能及其主要作用是什么?

2. 简要分析旁路型充放电控制器的电路原理。

3. 简要分析串联型充放电控制器的电路原理。

4. 太阳能光伏发电系统中,控制器的主要技术参数有哪些? 在实际应用中,为什么要进行温度补偿?

5. 最大功率跟踪(MPPT)的含义是什么? 有哪几种常用的方法? 采用最大功率跟踪的意义是什么?

6. 结合图 3-47 说明控制器负载保护电路的工作原理。

项目四 太阳能光伏发电系统逆变器设计

学习目标

通过完成太阳能光伏发电系统逆变器的设计,达到如下目标:

① 熟练掌握逆变器的基本原理。

② 掌握逆变器系统的组成。

③ 初步掌握逆变器设计方法。

项目描述

在充分了解逆变器系统组成及工作原理的基础上,根据要求设计一款逆变器,完成组装与调试,如有问题,排除故障。具体要求:12 V 直流电输入,220 V 交流正弦波输出,功率为 300 W,谐波失真小于 2%。产品要求具有重量小、安装方便、可灵活使用、稳定性高、效率高等特点,同时要求具备防反接、防过流、防过压等保护功能,确保其安全长期使用。

相关知识

一、逆变器简介

1. 逆变器的功能

逆变器是电力电子技术的一个重要应用方面。电力电子技术是电力、电子、自动控制、计算机及半导体等多种技术相互渗透与有机结合的综合技术。

通常,把将交流电能变换成直流电能的过程称为整流,把完成整流功能的电路称为整流电路,把实现整流过程的装置称为整流设备或整流器。与之相对应,把将直流电能变换成交流电能的过程称为逆变,把完成逆变功能的电路称为逆变电路,把实现逆变过程的装置称为逆变设备或逆变器。

简单说,逆变器是通过半导体功率开关的开通和关断作用,把直流电能转变成交流电能的一种变换装置,是整流变换的逆过程。太阳能电池在阳光照射下产生直流电,然而以直流电形式供电的系统有很大的局限性。例如,日光灯、电视机、电冰箱、电风扇等均不能直接用直流电源供电,绝大多数动力机械也是如此。此外,当供电系统需要升高电压或降低电压时,交流系统只需加一个变压器即可,而在直流系统中升降压技术与装置则要复杂得多。因此,除特殊用户外,在光伏发电系统中都需要配备逆变器。逆变器还具备有自动调压或手动调压功能,可改善光伏发电系统的供电质量。综上所述,逆变器已成为光伏发电系统中不可缺少的重要配套设备。

目前我国太阳能光伏发电系统主要是直流系统,即将太阳电池发出的电能给蓄电池充电,而蓄电池直接给负载供电,如我国西北地区使用较多的太阳能户用照明系统以及远离电网的微波站供电系统均为直流系统。此类系统结构简单,成本低廉,但由于负载直流电压的不同(如 12 V、24 V、48 V 等),很难实现系统的标准化和兼容性,特别是民用电力,由于大多为交流负载,以直流电力供电的光伏电源很难作为商品进入市场。另外,光伏发电最终将实现并网运行,这就必须采用交流系统。随着我国光伏发电市场的日趋成熟,今后交流光伏发电系统必将成为光伏发电的主流。

2. 逆变器的发展

从 21 世纪开始,能源的开发和能源资源与环境的协调可持续发展成为主要战略,能源的有效利用和清洁能源的逐步开发已经成为能源利用与环境协调可持续发展战略的重要组成部分。据现在的开采速度,化石能源中最多的煤炭也只能开采 70 年左右,新能源必将成为人们的首选替代能源。在新能源应用中,诸如风力发电、太阳能发电以及大规模储能再逆变发电系统中,逆变器有着非常关键的作用。

逆变器的发展可以分为以下几个阶段:

1956 年—1980 年,这一阶段是传统阶段,其主要特征:开关器件的开关速率低,输出的电压波形改善的方法多以多重叠加法为主,体积和质量都比较大,且效率低。正弦波逆变技术从这个阶段开始出现。

1981 年—2000 年,这阶段是高频化阶段,其主要特征:开关器件的跨管速率变高,波形改善以 PWM 为主,逆变器体积小、逆变速率显著提高,正弦波逆变器这个阶段已经逐渐完善。

2000 年以来,这一阶段的特征:逆变器的综合性能较高,低速开关与高速开关搭配使用,安全稳定环保的技术出现。

3. 逆变技术的发展趋势

1948 年第一台 3 kHz 感应加热逆变器在美国研制出来,真正为正弦波逆变器的发展创造了条件的是晶闸管 SCR 的诞生。到了 20 世纪 80 年代,静电感应功率器件、绝缘栅极晶体管(IGBT)和 MOS 控制晶闸管(GTO)以及功率场效应管(MOSFET)的诞生为大容量逆变器的发展奠定了基础,也为其实现大容量化和高频化奠定了基础。之后逐渐向采用高速器件和提高开关频率的方向发展,其质量和体积都有了进一步的减小,品质也得到了大幅度提高。

1964 年产生了正弦脉宽调制方法,正弦脉宽调制技术 SPWM(Sinusoidal-PWM)是载波为锯齿波或三角波,调制波是正弦波的一种脉宽调制方法,但是受到当时开关器件的开关速率慢的影响一直没有得到推广,这个问题直到 1975 年才得到解决,并得到迅速推广使用,同时也使得逆变器的性能有的大大的提高,使得逆变器的研究逐渐由方波向正弦波转变。这种技术具有通用性强、原理简单、调节和控制性能好等特点。后来各种不同的 PWM 技术被开发出来,例如空间矢量调制、电流环 PWM 和三次谐波 PWM 等,这些都成为逆变器中高速开关控制的主导方式。在逆变器电源控制的方法中研究比较多的还有 PID 控制、重复控制、差拍控制、模糊控制等。其中 PID 控制方式因其算法简单成熟、不依赖系统参数、可靠性高等特点的得到了较为广泛的应用。至此,逆变器的发展已基本完善。

为逆变技术的实用化创造了平台的是微电子技术的发展,许多先进技术如多电平变换技术、重复控制、模糊逻辑控制等技术得到了较好的应用。总之,逆变技术的发展随着电力电子技术和微电子技术以及现代控制理论的发展而发展,21世纪以来,逆变技术朝着功率更大、频率更高、体积更小、效率更高的方向发展。

4. 逆变器种类

逆变器的种类很多,可以按照不同方式进行分类。按照逆变器输出交流电的相数,可分为多相逆变器、三相逆变器和单相逆变器;按照逆变器输出交流电的频率,可分为中频逆变器、工频逆变器和高频逆变器;按照逆变器线路原理不同,可分为自激振荡型逆变器、谐振型逆变器、阶梯波叠加型和脉宽调制型等;按照逆变器的输出电压的波形,可分为正弦波、方波和阶梯波逆变器;按照逆变器输出功率大小不同,可以分大功率逆变器(>10 kW)、中功率逆变器(1~10 kW)、小功率逆变器(<1 kW);按照逆变器主电路结构不同,可分为推挽式逆变器、半桥式逆变器、单端式逆变器和全桥式逆变器;按照逆变器输出能量的去向不同,可分为有源逆变器和无源逆变器。

下面简单介绍按照逆变器的输出电压的波形分类的几种逆变器。

1)方波逆变器

方波逆变器输出的电压波形为方波,此类逆变器所使用的逆变电路也不完全相同,但共同的特点是线路比较简单,使用的功率开关数量很少。设计功率一般在百瓦至千瓦之间。

方波逆变器的优点:线路简单,维修方便,价格便宜。

缺点是方波电压中含有大量的高次谐波,在带有铁心电感或变压器的负载用电器中将产生附加损耗,对收音机和某些通信设备有干扰。此外,这类逆变器还有调压范围不够宽,保护功能不够完善,噪声比较大等缺点。

2)阶梯波逆变器

此类逆变器输出的电压波形为阶梯波。逆变器实现阶梯波输出也有多种不同的线路。输出波形的阶梯数目差别很大。

阶梯波逆变器的优点:输出波形比方波有明显改善,高次谐波含量减少,当阶梯达到17个以上时输出波形可实现准正弦波,当采用无变压器输出时整机效率很高。

缺点是阶梯波叠加线路使用的功率开关较多,其中还有些线路形式还要求有多组直流电源输入。这给太阳能电池方阵的分组与接线和蓄电池的均衡充电均带来麻烦。此外阶梯波电压对收音机和某些通信设备仍有一些高频干扰。

3)正弦波逆变器

正弦波逆变器输出的电压波形为正弦波。

正弦波逆变器的优点:输出波形好,失真度很低,对收音机及通讯设备干扰小,噪声低。此外,保护功能齐全,整机效率高。

缺点是线路相对复杂,对维修技术要求高,价格昂贵。

5. 光伏逆变器的主要技术指标

1）输出电压的稳定度

在光伏系统中，太阳电池发出的电能先由蓄电池储存起来，然后经过逆变器逆变成 220 V 或 380 V 的交流电。但是蓄电池受自身充放电的影响，其输出电压的变化范围较大，如标称 12 V 的蓄电池，其电压值可在 10.8～14.4 V 之间变动（超出这个范围可能对蓄电池造成损坏）。对于一个合格的逆变器，输入端电压在这个范围内变化时，其稳态输出电压的变化量应不超过额定值的 ±5%，同时当负载发生突变时，其输出电压偏差不应超过额定值的 ±10%。

2）输出电压的波形失真度

对正弦波逆变器，应规定允许的最大波形失真度（或谐波含量）。通常以输出电压的总波形失真度表示，其值应不超过 5%（单相输出允许 10%）。由于逆变器输出的高次谐波电流会在感性负载上产生涡流等附加损耗，如果逆变器波形失真度过大，会导致负载部件严重发热，不利于电气设备的安全，并且严重影响系统的运行效率。

3）额定输出频率

对于包含电机之类的负载，如洗衣机、电冰箱等，由于其电机最佳频率工作点为 50 Hz，频率过高或者过低都会造成设备发热，降低系统运行效率和使用寿命，所以逆变器的输出频率应是一个相对稳定的值，通常为工频 50 Hz，正常工作条件下其偏差应在 ±1% 以内。

4）负载功率因数

表征逆变器带感性负载或容性负载的能力。正弦波逆变器的负载功率因数为 0.7～0.9，额定值为 0.9。在负载功率一定的情况下，如果逆变器的功率因数较低，则所需逆变器的容量就要增大，一方面造成成本增加，同时光伏系统交流回路的视在功率增大，回路电流增大，损耗必然增加，系统效率也会降低。

5）逆变器效率

逆变器的效率是指在规定的工作条件下，其输出功率与输入功率之比，以百分数表示，一般情况下，光伏逆变器的标称效率是指纯阻负载，80% 负载情况下的效率。由于光伏系统总体成本较高，因此应该最大限度地提高光伏逆变器的效率，降低系统成本，提高光伏系统的性价比。目前主流逆变器标称效率在 80%～95% 之间，对小功率逆变器要求其效率不低于 85%。在光伏系统实际设计过程中，不但要选择高效率的逆变器，同时还应通过系统合理配置，尽量使光伏系统负载工作在最佳效率点附近。

6）额定输出电流（或额定输出容量）

表示在规定的负载功率因数范围内逆变器的额定输出电流。有些逆变器产品给出的是额定输出容量，其单位以 V·A 或 kV·A 表示。逆变器的额定容量是当输出功率因数为 1（即纯阻性负载）时，额定输出电压与额定输出电流的乘积。

7）保护措施

一款性能优良的逆变器，还应具备完备的保护功能或措施，以应对在实际使用过程中出现的各种异常情况，使逆变器本身及系统其他部件免受损伤。

（1）输入欠压保护。当输入端电压低于额定电压的 85% 时，逆变器应有保护和显示。

(2) 输入过压保护。当输入端电压高于额定电压的 130％时,逆变器应有保护和显示。

(3) 过电流保护。逆变器的过电流保护,应能保证在负载发生短路或电流超过允许值时及时动作,使其免受浪涌电流的损伤。当工作电流超过额定的 150％时,逆变器应能自动保护。

(4) 输出短路保护。逆变器短路保护动作时间应不超过 0.5 s。

(5) 输入反接保护。当输入端正、负极接反时,逆变器应有防护功能和显示。

(6) 防雷保护。逆变器应有防雷保护。

(7) 过温保护等。另外,对无电压稳定措施的逆变器,逆变器还应有输出过电压防护措施,以使负载免受过电压的损害。

8) 启动特性

表征逆变器带负载启动的能力和动态工作时的性能。逆变器应保证在额定负载下可靠启动。

9) 噪声

电力电子设备中的变压器、滤波电感、电磁开关及风扇等部件均会产生噪声。逆变器正常运行时,其噪声应不超过 80dB,小型逆变器的噪声应不超过 65dB。

6. 逆变器的简单选型

逆变器的选用,首先要考虑具有足够的额定容量,以满足最大负荷下设备对电功率的要求。对于以单一设备为负载的逆变器,其额定容量的选取较为简单。

当用电设备为纯阻性负载或功率因数大于 0.9 时,选取逆变器的额定容量为用电设备容量的 1.1～1.15 倍即可。同时逆变器还应具有抗容性和感性负载冲击的能力。

对一般电感性负载,如电机、冰箱、空调、洗衣机、大功率水泵等,在启动时,其瞬时功率可能是其额定功率的 5～6 倍,此时,逆变器将承受很大的瞬时浪涌。针对此类系统,逆变器的额定容量应留有充分的余量,以保证负载能可靠启动,高性能的逆变器可做到连续多次满负荷启动而不损坏功率器件。小型逆变器为了自身安全,有时需采用软启动或限流启动的方式。

另外,逆变器还要有一定的过载能力,当输入电压与输出功率为额定值,环境温度为 25℃时,逆变器连续可靠工作时间应不低于 4 h;当输入电压为额定值,输出功率为额定值的 125％时,逆变器安全工作时间应不低于 1 min;当输入电压为额定值,输出功率为额定值的 150％时,逆变器安全工作时间应不低于 10 s。

应用举例:光伏系统中主要负载是 150 W 的电冰箱,正常工作时选择额定容量为 180 W 的交流逆变器即能可靠工作,但是由于电冰箱是感性负载,在启动瞬间其功率消耗可达额定功率的 5～6 倍之多,因此逆变器的输出功率在负载启动时可达到 800 W,考虑到逆变器的过载能力,选用 500 W 逆变器即能可靠工作。

当系统中存在多个负载时,逆变器容量的选取还应考虑几个用电负载同时工作的可能性,即"负载同时系数"。

7. 逆变器的安装注意事项及维护

逆变器的总体安装流程如图 4-1 所示。

安装流程说明如表 4-1 所示。

表 4-1　安装流程说明

安装步骤	安装说明
安装前准备	安装前需要完成的准备工作： ・产品配件是否齐全； ・安装工具以及零件是否齐全； ・安装环境是否符合要求
机械安装	・安装的布局； ・移动、运输逆变器
电气连接	・直流侧接线； ・交流侧接线； ・接地连接； ・通信线连接
安装完成检查	・光伏阵列的检查； ・交流侧接线检查； ・直流侧接线检查； ・接地、通信以及附件连接检查

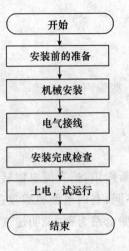

图 4-1　逆变器安装流程

逆变器安装维修的注意事项：

① 在安装前首先应该检查逆变器是否在运输过程中有无损坏。

② 在选择安装场地时，应该保证周围内没有任何其他电力电子设备的干扰。

③ 在进行电气连接之前，务必采用不透光材料将光伏电池板覆盖或断开直流侧断路器。暴露于阳光，光伏阵列将会产生危险电压。

④ 所有安装操作必须且仅由专业技术人员完成。

⑤ 光伏系统发电系统中所使用线缆必须连接牢固，良好绝缘以及规格合适。

⑥ 所有的电气安装必须满足当地以及国家电气标准。

⑦ 仅当得到当地电力部门许可后并由专业技术人员完成所有电气连接后才可将逆变器并网。

⑧ 在进行任何维修工作前，应首先断开逆变器与电网的电气连接，然后断开直流侧电气连接。

⑨ 等待至少 5 min 直到内部元件放电完毕方可进行维修工作。

⑩ 任何影响逆变器安全性能的故障必须立即排除方可再次开启逆变器。

⑪ 避免不必要的电路板接触。

⑫ 遵守静电防护规范，佩戴防静电手环。

⑬ 注意并遵守产品上的警告标识。

⑭ 操作前初步目视检查设备有无损坏或其他危险状态。

⑮ 注意逆变器热表面。例如功率半导体的散热器等，在逆变器断电后一段时间内，仍保持较高温度。

逆变器安装位置的要求：

① 勿将逆变器安装在阳光直射处。否则可能会导致额外的逆变器内部温度,逆变器为保护内部元件将降额运行,温度过高甚至引发逆变器温度故障。

② 选择安装场地应足够坚固能长时间支撑逆变器的重量。

③ 所选择安装场地环境温度为-25℃~50℃,安装环境清洁。

④ 所选择安装场地环境湿度不超过95%,且无凝露。

⑤ 逆变器前方应留有足够间隙使得易于观察数据以及维修。

⑥ 尽量安装在远离居民生活的地方,其运行过程中会产生一些噪声。

⑦ 安装地方确保不会晃动。

二、逆变器的工作原理

逆变器的工作原理是通过功率半导体开关器件的开通和关断作用,把直流电能转换成交流电能的电力电子变换器。逆变器尽管种类繁多,线路也各有不同,有的电路也很复杂,但逆变的基本原理还是相同的。下面本文将用最简单的单相桥式逆变电路为例,说明逆变器的逆变原理、过程。单相桥式逆变电路如图 4-2 所示。

图 4-2 中 E 表示输入直流电压,R 表示逆变器的纯阻性负载。当开关 S_1、S_4 接通后,电流流过 S_1、R 和 S_4 时负载上的电压极性是左正右负;当开关 S_1、S_4 断开,S_2、S_3 接通后,电流流过 S_2、R 和 S_3,负载上的电压极性反向。若两组开关 S_1、S_2、S_3、S_4 以频率 f 的交变电压,其波形如图 4-3 所示。该波形为一方波,其周期 $T=1/f$,这就实现了直流电向交流电的逆变。

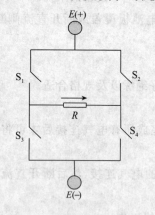

图 4-2 单相桥式逆变电路

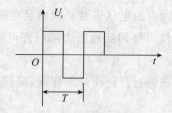

图 4-3 方波波形图

1. 方波逆变器原理

方波逆变器电路如图 4-4 所示,它共有 4 个桥臂,其中 V_1 和 V_4 组成一对桥臂,V_2 和 V_3 组成另一对桥臂,两对桥臂交替导通180°,称之为 180°导电型,也称为单相电压型全桥逆变电路,其输出电压、电流波形如图 4-5 所示。工作过程简要分析如下:当 V_1、V_4 导通时,$u_o=+U_d$;当 VD_2、VD_3 导通续流时,$u_o=-U_d$。

全桥逆变电路是应用得最多的、最广泛的一种单相逆变电路。下面对其输出电压进行定量分析。将幅值为 U_d 的矩形波 u_o 展开成傅里叶级数得

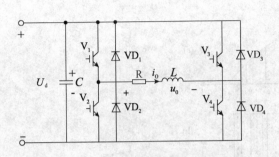

图 4-4　单相电压型全桥逆变电路图

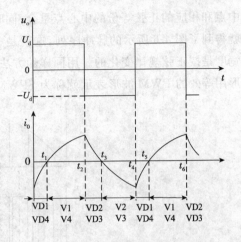

图 4-5　逆变器输出波形图

$$u_o = = \frac{4U_d}{\pi}\left(\sin\omega t + \frac{1}{3}\sin 3\omega t + \frac{1}{5}\sin 5\omega t + \cdots\right) \tag{4-1}$$

由式(4-1)得基波分量的幅值 U_{o1m} 和基波分量的有效值 U_{o1} 分别为

$$U_{o1m} = \frac{4U_d}{\pi} = 1.27U_d \tag{4-2}$$

$$U_{o1} = \frac{2\sqrt{2}U_d}{\pi} = 0.9U_d \tag{4-3}$$

改变直流电压 U_d 就可以实现交流输出电压有效值的调节。

2. 正弦波逆变器原理

正弦波逆变器就是输出波形为正弦波的逆变器,它跟方波逆变器相比,由于输出波形为正弦波,失真小,因而对外界的干扰小,在要求较高的场合,必须使用正弦波逆变器。要了解正弦波逆变器,首先必须知道什么是脉冲宽度调制。

脉冲宽度调制简称脉宽调制,用 PWM 表示。PWM 控制技术就是控制开关器件的导通和关断的时间比,即调节脉冲宽度或者周期来控制输出电压的一种控制技术。

在逆变器中,脉宽调制的方法主要有矩形波脉宽调制和正弦波脉宽调制(SPWM)两大类。矩形波脉宽调制的输出波形是宽度相等的脉冲列;正弦波脉宽调制(SPWM)的输出波形是宽度与正弦波的幅值成正比的脉冲列。这里将介绍目前应用最广泛的正弦波脉宽调制(SPWM)型逆变器。

1) PWM 控制技术的基本原理

PWM 控制的重要理论依据是采样控制理论的冲量等效原理,即脉冲面积相等而形状不同的窄脉冲用作于惯性系统时,其作用效果相同。

如图 4-6 所示,这里把一个正弦半波电压分成 N 等分(图中 $N=8$),这样正弦波就可以看成由 N 个彼此相连的脉冲列组成。这些脉冲列的宽度相等,但是幅值是按照正弦波的规律变化的。假如将上述脉冲列用同样数量的等幅值不等宽的矩形脉冲代替,并且使矩形脉冲的中点和相应的正弦等份的中心点重合,同时使各矩形脉冲和其相应的正弦部分面积相等,这样就得到了图 4-6 所示的脉冲序列,这就是 PWM 波形。从图中可看出,各脉冲的幅值相等,而宽度是按正弦规律变化的。用同样的方法可得到正弦波负半周的 PWM 波形。完整的正弦波形用等效的 PWM 波形表示就称为 SPWM 波形。

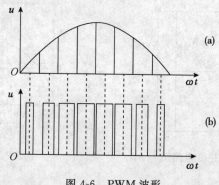

图 4-6　PWM 波形

2）单极性 SPWM 调制

图 4-7 为单极性 SPWM 波形,调试信号 u_r 为正弦波,载波信号 u_c 在 u_r 的正半周为正极性的三角波,在 u_r 的负半周为负极性的三角波,所得到的 SPWM 波形也相应地只在一个方向变化。由图 4-7 可见,u_o 波形有三种电平,即 $+U_d$、0、$-U_d$。

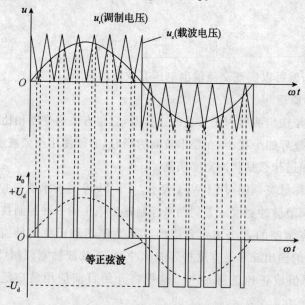

图 4-7　单极性 SPWM 波形

SPWM 型逆变电路既可以用晶闸管作为开关器件构成,也可以用全控型开关器件构成。用全控型器件(如功率 MOSFET、IGBT、GTR 等)构成的 PWM 型逆变器具有体积小、频率高、控制灵活、调节性好以及成本低等优点,因此在中小功率范围内得到了非常广泛的应用。图 4-8 是电压型单相 SPWM 逆变器的基本电路,图中采用了 IGBT 作为控制器件,假设负载为电感性。

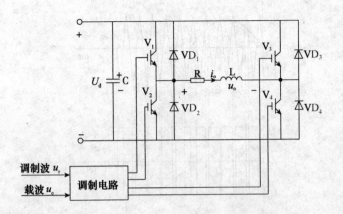

图 4-8　电压型单项桥式 PWM 逆变电路

① 在 u_r 的正半周内,使 V_1 保持通态,V_2、V_3 保持断态,而在 u_r 和 u_c 的交点时刻控制 V_4 交替通断。当 $u_r > u_c$ 时,使 V_4 导通,输出电压 $u_o = U_d$;当 $u_r \leqslant u_c$ 时,使 V_4 关断,由于电感性负载中的电流不能突变,负载电流将通过二极管 VD_3 续流,使输出电压 $u_o = 0$。

② 在 u_r 的负半周内,使 V_2 保持通态,V_1、V_4 保持断态,同样在 u_r 和 u_c 的交点时刻控制 V_3 交替通断。当 $u_r < u_c$ 时,使 V_3 导通,输出电压 $u_o = -U_d$;当 $u_r \geqslant u_C$ 时,使 V_3 关断,负载电流将通过二极管 VD_4 续流,使输出电压 $u_o = 0$。

这样就可以得到单相桥式 PWM 逆变电路输出电压 u_o 的 SPWM 波形,如图 4-7 所示,图中虚线表示输出电压 u_o 的基波分量。由以上分析可知,调节正弦波信号 u_r 的幅值就可以改变脉冲的宽度,从而改变逆变器输出电压的基波幅值,实现对输出电压的大小调节;而改变正弦波调制信号 u_r 的频率,就可以实现对逆变输出频率的调节。

3) 双极性 SPWM 调制

图 4-9 所示为双极性 SPWM 波形,与单极性方式有所不同的是,在正弦波调制信号 u_r 的半个周期内,三角波载波信号 u_c 有正有负,所得到的 SPWM 波形也有正有负。并且在 u_r 的一个周期内,输出的 SPWM 波只有 $\pm U_d$ 两种电平。

同样如图 4-8,在 u_r 和 u_c 的交点时刻控制各开关器件的通断,并且在 u_r 的正负半周内,对各开关器件的控制规律相同。当 $u_r > u_c$ 时,使 V_1、V_4 导通,V_2、V_3 关断,输出电压 $u_o = U_d$;当 $u_r < u_c$ 时,使 V_2、V_3 导通,V_1、V_4 关断,输出电压 $u_o = -U_d$。由于电感性负载电流不能突变,所以也有续流二极管的续流过程,当 $i_o > 0$ 时,VD_2、VD_3 续流,$u_o = -U_d$;当 $i_o < 0$ 时,VD_1、VD_4 续流,$u_o = +U_d$。单相桥式 PWM 逆变电路在采用双极性 SPWM 时的波形如图 4-9 所示。

双极性 SPWM 调制中,同一半桥上下两个桥臂 IGBT 的驱动信号极性相反,故 V_1 和 V_2 的通断状态互补,V_3 和 V_4 的通断状态也互补。实际应用时,为了防止上下两个桥臂同时导通而引起短路,在给一桥臂施加关断信号后,要延迟 ΔT 时间再给另一桥臂施加导通信号。延迟时间的大小取决于 IGBT 的关断时间。由于延迟时间存在,将会给输出的 PWM 波形带来

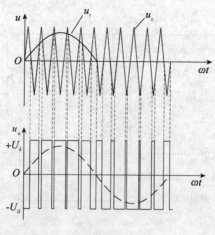

图 4-9　双极性 SPWM 波形

偏离正弦波的不利影响。所以,在保证安全可靠换流的前提下,延迟时间应尽可能的小。

3. DC/DC 变换的原理

在逆变器中 DC/DC 电路有着重要的作用,需要把低压升压成逆变电路所需的峰值电压,送给逆变电路进行逆变,如是正弦波逆变,则产生所需要的 220 V 正弦波交流电。在逆变器中的 DC/DC 变换器,是通过高频半导体器件的开关动作,将电压较低的直流电压变为电压较高的交流电压,再经整流滤波后得到电压较高的直流电压的电路。DC/DC 变换器包括很多种形式,其中常用的形式为单管正激式、推挽式、双管正激式、半桥式、全桥式、双管正激式等,如图 4-10 所示。

1) 单管正激式拓扑

单管正激式电路拓扑如图 4-10(a)所示,其结构简单,变压器有三个绕组(其中 N_3 为磁通复位绕组),即在变压器绕组中加一磁通复位绕组就可以实现去磁,适合用于中小功率变换器。但是这种拓扑也存在很多问题:主开关器件电压应力较高,承受了两倍的输入电压甚至更高;由于在变压器中添加了去磁绕组而使得结构复杂化,所以变压器的绕组绕制工艺将直接影响到电路的性能。

2) 推挽式拓扑

推挽式电路拓扑如图 4-10(b)所示。电路工作时,由于两只对称的功率开关管每次只有一个导通,因此开关管的导通损耗小,效率高,其开关变压器磁芯利用率也高。推挽变换器电路的特点:电路结构简单,变压器能够双向励磁,磁芯利用率高。但是这种电路也存在不足:首先主功率器件电压应力较高,为输入电压的两倍,而且若变压器原边的两个绕组不能够很好的耦合,开关的电压应力还会升高;其次变压器原边需要中间抽头,变压器的制作难度增加。变压器虽然能够双向励磁,但是由于开关器件的开关时间以及导通压降不能完全相同,所以很容易造成变压器正向励磁和反向励磁不相等而引起变压器的偏磁而导致铁心饱和,因此在使用推挽电路时必须采取一些特别的措施来防止变压器的偏磁。

3) 半桥式拓扑

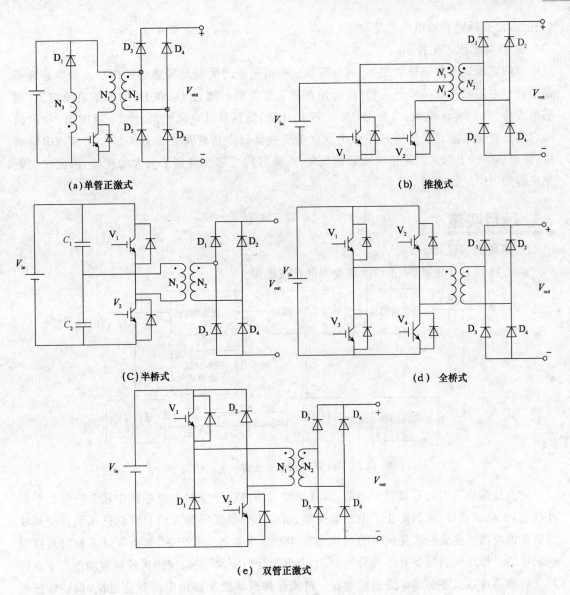

(a)单管正激式   (b) 推挽式

(C)半桥式   (d) 全桥式

(e) 双管正激式

图 4-10　DC/DC 隔离变换拓扑图

　　半桥式电路拓扑如图 4-10(c)所示。与推挽式电路相比,半桥变换器开关的电压应力减少了一半,为输入电源电压,但是半桥变换器在开关开通时,变压器原边所加的电压只有输入电源电压的一半,一次变换器的输出功率受到了限制,要想得到较高的输出功率就必须增加开关的电流应力。另外,从半桥变换器的拓扑电路上可以看出,桥臂结构为两个开关管串联,因而存在桥臂直通的危险,影响了变换器的可靠性。

　　4) 全桥式拓扑

　　全桥式电路拓扑如图 4-10(d)所示。全桥变换器与双管整机变换器的开关电压应力相同,但是全桥变换器具有变压器利用率高的优点和存在桥臂直通的缺点,而双管正激变换器正好相反,没有桥臂直通电流的危险。

5）双端正激式拓扑

双端正激式电路拓扑如图 4-10（e）所示。电路显著的优点是漏感能量在开关管导通时不是消耗于电阻元件或功率开关管内,而使在开关管关断时通过 D_1 和 D_2 回馈给直流电源,漏感电流从 N_1 的异名端流出,经 D_2 流入 V_{in} 的正极,然后从其负极流出,经 D_1 返回到 N_1 的的同名端。双管正激式变换器另一个优点就是变换器每个桥臂都是由开关管和二极管串联而成,能够从结构上彻底消除桥臂直通的现象,变换器的可靠性得到了大大的提高,因此在工业领域得到了广泛的应用。

项目实施

1. 系统方案设计

图 4-11 所示为 300 W 正弦波逆变器的组成框图。

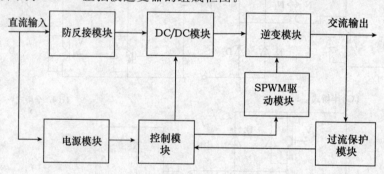

图 4-11 300 W 正弦波逆变器的组成框图

防反接模块具有防反接保护功能,当直流输入端两极接反时电路电路中场效应管处于截止状态,无电流通过,从而防止了电路的受损。DC/DC 模块将输入的直流电升压到逆变模块所需要的峰值。逆变模块完成将直流电逆变为交流电功能。SPWM 驱动模块实现对逆变模块的驱动。控制模块控制升压部分的驱动,逆变部分的驱动,过流保护的控制等功能。电源模块为控制芯片以及各驱动电路提供电源。过流保护模块检测输出电流防止过流,保证输出电流的安全性。

逆变器的功率主要由逆变功率管的功率、驱动器的电流、脉冲变压器的功率等因素决定,在设计的过程中要有足够的设计余量,保证电路安全可靠工作。

2. 具体电路设计

1）防反接保护电路的设计

防反接保护电路应该设计在正弦波逆变器的输入端,目的是为了防止当输入的直流电的极性接反时,可以保护后面的电路安全,从而保证了逆变器的可靠性。图 4-12 所示为逆变器的防反接保护电路图。

图 4-12 中 12 V BATT 为 300 W 正弦波逆变器的输入端,当 12 V 电压极性没有反接时,12 V 电压经过电阻 R_{17}、R_{29}、R_{30} 和 Z_1 分压分别给功率管 Q_1 和 Q_2 的栅极提供导通电压,此时

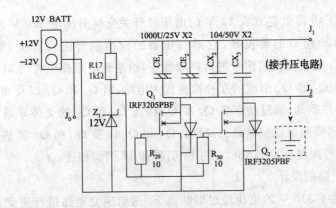

图 4-12 逆变器防反接保护电路

Q_1 和 Q_2 导通,从而使电路形成回路,进而使得电路可以正常工作。当 12 V 的输入电压极性接反时,由于 Z_1 正向导通的作用,使得 Q_1 和 Q_2 的栅极得不到正常导通电压,Q_1 和 Q_2 处于截止状态,从而使得后续电路无法工作,这样就避免了因为极性的反接造成对电路的损坏。

电路中的 CE_1、CE_2、CX_2、CX_3 的并联,起到了高频滤波的作用;Z_1 为 12 V 的稳压二极管,起到了稳压的作用;电阻 R_{17}、R_{19}、R_{30} 起到了分压的作用,以便为 Q_1、Q_2 提供适当的工作电压。

2) DC/DC 模块电路设计

综合几种拓扑变换器的效率、成本、可靠性,这里选择了推挽式变换器,具体设计如图 4-13 所示。

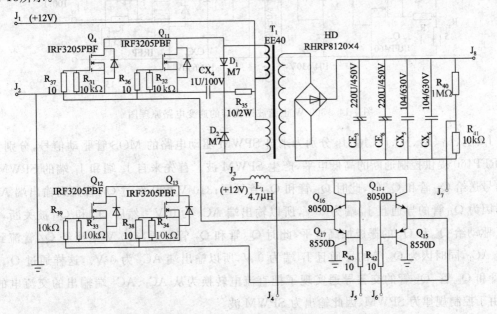

图 4-13 正弦波逆变器的 DC/DC 变换电路

图 4-13 中使用了四个 IRF3205PBF 功率管,两个为一组。根据升压要求,选择的变压器

为 EE40,变压器 EE40 可以将直流 12 V 的电压经开关变换升压至 310 V 左右。HD 是由四个二极管 RHRP8120 组成的整流桥,它对变压器的输出信号进行整流,得到直流电,电容 CE_3、CE_6、CX_5、CX_6 是对整流后信号进行高频滤波,给逆变电路提供大约 310 V 的电源电压。

Q_{16} 和 Q_{17} 以及 Q_{14} 和 Q_{15} 组成的互补推挽放大电路,给 Q_4 和 Q_{11} 以及 Q_{12} 和 Q_{13} 四个功率管 IRF3205PBF 提供驱动,通过功率管 Q_4 和 Q_{11} 以及 Q_{12} 和 Q_{13} 的交替导通,形成高频开关信号,经 T_1 变换升压,得到给逆变电路的高压。Q_{16} 和 Q_{17} 以及 Q_{14} 和 Q_{15} 的基极驱动由 J_5 和 J_6 端提供,J_5 和 J_6 端与控制芯片 KA3525 的 11 引脚和 14 引脚相连。

3)逆变模块电路的设计

图 4-14 中提供了 310 V 的电压经过熔断器 F_1 送给逆变电路进行逆变,其中熔断器的作用是为防止电流过大对后面的逆变电路造成破坏。逆变电路中主要用了四个 MOS 管 IRFP460 作为通断开关,来实现把直流电变换为交流电的功能。

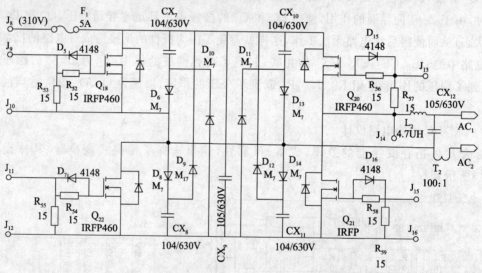

图 4-14　300 W 正弦波逆变器的逆变电路原理图

J_9、J_{10}、J_{11}、J_{12}、J_{13}、J_{14}、J_{15}、J_{16} 分别为来自 SPWM 驱动电路的 MOS 管驱动信号,分别为 4 个 IRFP460 提供控制通断的高低电平,产生 SPWM 波。首先来自 J_9 端和 J_{15} 端的 SPWM 驱动信号送给 Q_{18} 管和 Q_{21} 管,此时 Q_{18} 管和 Q_{21} 管导通;310 V 电压经过 Q_{18} 管流到输出端 AC_2,同时因为 Q_{21} 管的导通且 J_{16} 端为 0 V,所以输出端 AC_1 为 0 V。然后 Q_{18} 和 Q_{21} 被关断,SPWM 驱动给 Q_{20} 和 Q_{22} 的栅极加高电平,此时 Q_{20} 管和 Q_{22} 管导通,310 V 电压经 Q_{20} 管流到输出端 AC_1,同时因为 Q_{22} 管的导通且 J_{12} 端为 0 V,所以输出端 AC_2 为 0 V。这样通过 Q_{18} 管、Q_{21} 管和 Q_{20} 管、Q_{22} 管的交替导通实现了把直流电转换为从 AC_1、AC_2 端输出的交流电的功能,由于控制规律为 SPWM,因此输出为 SPWM 波。

图 4-14 中与 Q_{18} 管、Q_{21} 管、Q_{20} 管和 Q_{22} 管并联的二极管起到续流保护作用;电容 CX_7、CX_8、CX_9、CX_{10} 和 CX_{11} 起到高频滤波作用;二极管 D_6、D_8、D_9、D_{10}、D_{11}、D_{12}、D_{13} 和 D_{14} 利用了它们的正向导通的特性对电路起到保护作用;电阻 R_{52}、R_{53}、R_{54}、R_{55}、R_{56}、R_{57}、R_{58} 和 R_{59} 是起到分

压作用,以便给 4 个 IRFP460 的栅极提供适当的导通电压。

4) SPWM 驱动模块设计

图 4-15 是 SPWM 驱动模块电路,用于驱动正弦波逆变电路。图中 $U_5 \sim U_8$ 为 4 只光耦,用于前后级的隔离,提高系统的抗干扰能力。这里选择的是日本的东芝公司(TOSHIBA)生产的 TLP250S 光耦,它的最大驱动能力达到 1.5 A,其内部结构图如图 4-16 所示。

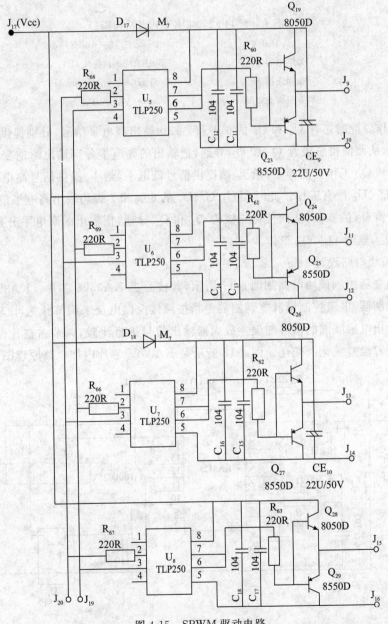

图 4-15　SPWM 驱动电路

图 4-15 中,通过 J_{17} 端为电路提供电源电压。根据 TPL250 芯片的工作原理,首先给 J_{20} 端提供高电平,同时给 J_{19} 端提供低电平,结合图 4-15,可知此时 U_5 和 U_8 处于工作状态,而 U_6

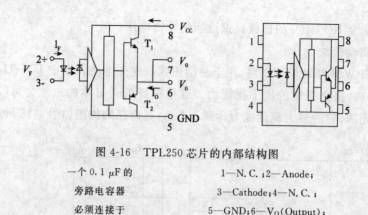

图 4-16　TPL250 芯片的内部结构图

一个 0.1 μF 的　　　　　　　　1—N. C.；2—Anode；
旁路电容器　　　　　　　　　　3—Cathode；4—N. C.；
必须连接于　　　　　　　　　　5—GND；6—V$_O$(Output)；
脚 8 与脚 5 之间　　　　　　　　7—V$_O$；8—V$_{CC}$

和 U$_7$ 没有工作。此时芯片 U$_5$ 和 U$_8$ 的 6 脚和 7 脚均输出高电平信号，分别提供给三极管 Q$_{19}$ 和 Q$_{28}$ 的基极，从而使得三极管 Q$_{19}$ 和 Q$_{28}$ 导通，把输出的高电平分别输出给逆变电路的 Q$_{18}$ 和 Q$_{21}$，这时 Q$_{18}$ 和 Q$_{21}$ 工作。同样，若给 J$_{20}$ 端提供信号低电平，给 J$_{19}$ 提供信号高电平，U$_6$、U$_7$ 处于工作状态，U$_5$、U$_8$ 没有工作。此时，芯片 U$_6$、U$_7$ 的 6 脚和 7 脚均输出高电平信号，分别提供给三极管 Q$_{24}$ 和 Q$_{26}$ 的基极，从而使得三极管 Q$_{24}$ 和 Q$_{26}$ 导通，把输出的高电平分别输出给逆变电路的 Q$_{20}$、Q$_{22}$，这时 Q$_{20}$、Q$_{22}$ 工作。

5）控制模块电路设计

正弦波逆变器控制模块电路如图 4-17 所示，其核心是 KA3525 芯片。KA3525 是电流控制型 PWM 控制器，电流控制型脉宽调制器是指按照接反馈电流来调节脉宽，比较器的输入端直接用流过输出电感线圈的信号与误差放大器输出信号进行比较，调节占空比使得输出的电感峰值电流随着误差变化而变化。图 4-18 所示是 KA3525 芯片内部电路原理图。

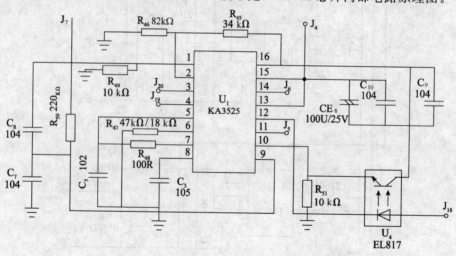

图 4-17　正弦波逆变器控制电路原理图

KA3525 引脚功能及特点如下：

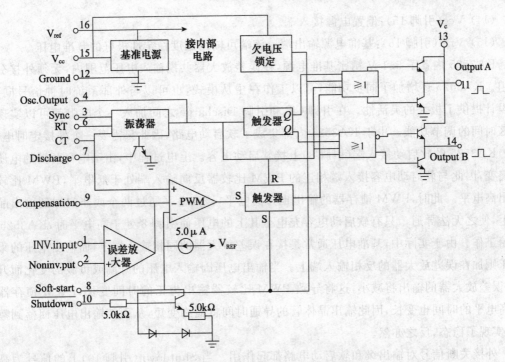

图 4-18 KA3525 芯片内部电路原理图

(1) Inv. input(引脚 1)：误差放大器反向输入端。在闭环系统中，该引脚接反馈信号。在开环系统中，该端与补偿信号输入端(引脚 9)相连，可构成跟随器。

(2) Noninv. input(引脚 2)：误差放大器同向输入端。在闭环系统和开环系统中，该端接给定信号。根据需要，在该端与补偿信号输入端(引脚 9)之间接入不同类型的反馈网络，可以构成比例、比例积分和积分等类型的调节器。

(3) Sync(引脚 3)：振荡器外接同步信号输入端。该端接外部同步脉冲信号可实现与外电路同步。

(4) OSC. Output(引脚 4)：振荡器输出端。

(5) CT(引脚 5)：振荡器定时电容接入端。

(6) RT(引脚 6)：振荡器定时电阻接入端。

(7) Discharge(引脚 7)：振荡器放电端。该端与引脚 5 之间外接一只放电电阻，构成放电回路。

(8) Soft-Start(引脚 8)：软启动电容接入端。

(9) Compensation(引脚 9)：PWM 比较器补偿信号输入端。

(10) Shutdown(引脚 10)：外部关断信号输入端。该端接高电平时控制器输出被禁止。该端可与保护电路相连，以实现故障保护。

(11) Output A(引脚 11)：输出端 A。引脚 11 和引脚 14 是两路互补输出端。

(12) Ground(引脚 12)：信号地。

(13) Vc(引脚 13)：输出级偏置电压接入端。

(14) Vcc(引脚 15)：偏置电源接入端。

(15) Vref(引脚 16)：基准电源输出端。该端可输出温度稳定性极好的基准电压。

KA3525 内置了 5.1 V 精密基准电源，在误差放大器共模输入电压范围内，无须外接分压电组。KA3525 还增加了同步功能，可以工作在主从模式，也可以与外部系统时钟信号同步，为设计提供了极大的灵活性。在引脚 CT 和引脚 Discharge 之间加入一个电阻就可以实现对死区时间的调节功能。由于 KA3525 内部集成了软启动电路，因此只需要一个外接定时电容。

KA3525 的软启动接入端(引脚 8)上接软启动电容。上电过程中，由于电容两端的电压不能突变，因此与软启动电容接入端相连的 PWM 比较器反向输入端处于低电平，PWM 比较器输出高电平。此时，PWM 锁存器的输出也为高电平，该高电平通过两个或非门加到输出晶体管上，使之无法导通。只有软启动电容充电至其上的电压使引脚 8 处于高电平时，KA3525 才开始工作。由于实际中，基准电压通常是接在误差放大器的同相输入端上，而输出电压的采样电压则加在误差放大器的反相输入端上。当输出电压因输入电压的升高或负载的变化而升高时，误差放大器的输出将减小，这将导致 PWM 比较器输出为正的时间变长，PWM 锁存器输出高电平的时间也变长，因此输出晶体管的导通时间将最终变短，从而使输出电压回落到额定值，实现了稳态，反之亦然。

外接关断信号对输出级和软启动电路都起作用。当 Shutdown(引脚 10)上的信号为高电平时，PWM 锁存器将立即动作，禁止 KA3525 的输出，同时，软启动电容将开始放电。如果该高电平持续，软启动电容将充分放电，直到关断信号结束，才重新进入软启动过程。Shutdown 引脚不能悬空，应通过接地电阻可靠接地，以防止外部干扰信号耦合而影响 KA3525 的正常工作。

欠电压锁定功能同样作用于输出级和软启动电路。如果输入电压过低，在 KA3525 的输出被关断同时，软启动电容将开始放电。

此外，KA3525 还具有以下功能，即无论因为什么原因造成 PWM 脉冲中止，输出都将被中止，直到下一个时钟信号到来，PWM 锁存器才被复位。

在过流保护电路中，当过流信号输出的电压导通光耦后，KA3525 芯片的 16 引脚将输出一个稳定的基准电压提供给 10 引脚，此时控制器的 11 引脚和 14 引脚输出均为低电平，从而关断了升压电路的驱动，停止了电路的工作，保护了电路的安全。

当电路正常工作时(无过流现象发生)，10 引脚为低电平，11 引脚和 14 引脚交替输出高电平和低电平控制升压驱动，升压电路正常工作。

在控制逆变电路 SPWM 驱动中，振荡器输出端不断输出振荡脉冲，当四个 TLP250 芯片中的其中两个芯片的光耦导通后，其 3 引脚也输出高电平从而给 KA3525 的 3 引脚一个高电平信号，即使得另外两个 TLP250 中的光耦导通，从而实现了两两交替导通的功能，实现了 SPWM 的正常工作。

KA3525 芯片的工作电压由图 4-17 中 J_4 端接输入电压 12 V。

6) 过流保护电路的设计

过流保护电路的设计如图 4-19 所示。在图 4-19 中，T_2 为电流互感器，可以检测到逆变电

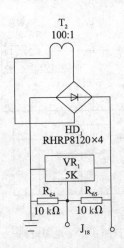

图 4-19　300 W 正弦波逆变器的过流保护电路

路输出端的电流大小。HD_1 为整流桥，逆变电路输出端电流越高，HD_1 的输入端电压越高。整流桥 HD_1 将交流电压变为单向的直流电，这样，在交流电的正负半波都可以经过可变电阻器 VR_1 与电阻 R_{64}、电阻 R_{65} 形成分压的电流电路，然后通过 J_{18} 端将信号传递给控制电路。当电路正常工作时，即电流正常，J_{18} 检测电压不足以导通图 4-17 正弦波逆变器控制电路 U4 光耦。当电路过流时（电流互感器测到的电流越高，整流桥输出的电压越高），J_{18} 检测电压导通图 4-17 正弦波逆变器控制电路 U_4 光耦，图 4-17 控制芯片引脚 10 将获得高电平信号，PWM 锁存器将立即动作，禁止 KA3525 的输出，引脚 11 和引脚 14 无信号输出，皆为低电平，从而停止升压驱动工作，保证了电路的安全。

7）电源电路的设计

电源电路设计在系统设计中有着非常重要的作用，它的作用主要是为了给各种芯片提供稳定的工作电压，要求电压精度高，纹波小，有一定过载能力。

直流稳压电源主要由变压器、整流电路、滤波电路和稳压电路四大部分组成。滤波电路由储能元件构成，常用的有电容滤波电路、电感滤波电路、LC 滤波电路、RC 滤波电路等。稳压电路如串联型稳压电路，它由电压调整、比较放大、基准电压、取样电路和保护电路等组成。

随着集成技术的发展，稳压电路也迅速实现集成化。三端集成稳压器具有稳压性能高、输出电流大、体积小、使用方便等优点，在设计中使用广泛。

三端集成稳压器有固定输出和可调输出两种类型。前者的输出直流电压是固定不变的几个电压等级，后者是可以通过外接的电阻和电位器使输出电压在某一个范围内连续可调。固定输出集成稳压器又可以分为正输出和负输出两大类。根据设计需要，采用了 W7800 系列 7808 三端固定正输出集成稳压器，电源电路如图 4-20 所示。

J_0 端接 12 V 电池端，SW_1 为电源开关。三端稳压器 7808，其输出电压为 8 V，8 V 电压通过 J_{17} 端提供给 SPWM 驱动中四个芯片 TPL250 及其外围电路作为电源。KA3525 控制芯片和推挽式升压电路 PWM 驱动的电源由 J_3 端提供。图 4-20 中电阻 R_{44} 起到一个限流的作用，并给三端集成稳压器 7808 提供输入电压。二极管 D_4 为电容 C_{44} 的电荷提供了放泄通道，避

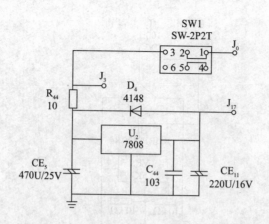

图 4-20　电源电路

免当输出端出现短路时,电容上的电荷将通过集成稳压器内部调整管的发射极放电,会造成稳压器的损坏,对稳压器起到了分流的作用,电容 CE_5 和 C_{44} 以及 CE_{11} 起到了滤波的作用。

3. 电路组装与调试

电路装配的原则:先轻后重、先小后大、先铆后装、先里后外、先低后高、上道工序不影响下道工序的安装,注意前后工序的衔接,使操作者感到方便、省力和省时。

装配的基本要求:牢固可靠,不损伤元器件和零部件,不破坏绝缘性,安装件的方向、位置、极性正确,保证足够的机械强度。因长期暴露于空气中存放的元器件的引线表面有氧化层,为提高其可焊性,必须作搪锡处理。

电路调试的目的是为了发现电路设计的缺陷以及安装的错误,提出改进意见,并在第一时间进行改进并修正;通过调整电路元器件的参数,避免因为元器件的参数或者装配工艺不同而导致电路的性能不一致和技术指标达不到设计要求情况的发生,保证产品的各项功能和性能指标都能达到设计的要求。电路调试的过程包括以下几个过程:

(1)电路通电前的检验。在电路通电之前,需要大概观察一下电路板是否存在问题,比如是否有桥接、裂痕、开路等现象,然后使用万用表检测电源和底线之间的阻值是否足够大,防止电源的短路,同时重点检测系统总线是否存在相互之间短路或其他信号线的短路,确保电路的安全。

(2)静态工作点电压检测。首先要确认电源电压是否符合电压要求、是否稳定等。用电压表测量接地引脚和电源之间的电压,确认是否正常。然后检查各芯片引脚电压是否正常,并检查各工作点的电压,看是否正常。如果在通电过程中发现有冒烟、有异味或者有元器件发烫的现象,应该立即切断电源,并检查电路中的二极管、三极管、电解电容以及集成芯片是否有接错,排除故障之后,再重新通电进行测试。

(3)工作过程的检测。将 12 V 电源接入输入端,然后依次往后测量各个工作点的波形,观察是否正常,用示波器检测波形,并用失真仪测量失真度。

对本设计的逆变器输出端的波形测试如图 4-21 所示,从图中可以看到,正弦波的峰值电压为 310 V,其有效值约为 220 V,$f = 1/T = 1/(20\text{ms}) = 50\text{ Hz}$,符合设计要求。经过测试逆变器的失真度为 1‰，电路调试成功。

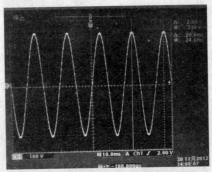

图 4-21 正弦波逆变器的输出波形图

 ## 水平测试题

1. 什么是逆变器？逆变器有什么作用？
2. 为何在太阳能光伏发电系统中使用逆变器？
3. 逆变器的发展趋势是什么？
4. 简述目前逆变器有哪些种类。
5. 太阳能光伏发电系统逆变器的主要技术指标有哪些？
6. 逆变器安装维修有哪些注意事项？
7. 简述逆变器的工作原理。
8. 画出正弦波逆变器的组成框图，并说明各部分的作用。
9. 结合图 4-19 说明逆变器过流保护的原理。

参 考 文 献

[1] 冯垛生,等.太阳能发电原理与应用[M].北京:人民邮电出版社,2007.

[2] 诸静,等.模糊控制原理与应用[M].北京:机械工业出版社,1995.

[3] 沈辉,曾祖勤,等.太阳能光伏发电技术[M].北京:化学工业出版社,2005.

[4] 太阳光发电协会(日).太阳能光伏发电系统的设计与施工[M].刘树民,宏伟,译.北京:科学出版社,2006.

[5] 林伟,沈辉,等.深圳首个户用太阳能示范系统分析[J].太阳能学报,2005,26(2).

[6] 崔容强,赵春江,等.并网型太阳能光伏发电系统[M].北京:化学工业出版社,2007.

[7] 伊晓波.铅酸蓄电池制造与过程控制[M].北京:机械工业出版社,2004.

[8] 王长贵,王斯成.太阳能光伏发电实用技术[M].北京:化学工业出版社,2005.

[9] 段万普,等.蓄电池使用技术.昆明:云南科技出版社[M],2008.

[10] 都志杰,等.可再生能源离网独立发电技术与应用[M].北京:化学工业出版社,2009.

[11] 马强.太阳能晶体硅电池组件生产实务[M].北京:机械工业出版社,2012.

[12] 李钟实.太阳能光伏组件生产制造工程技术[M].北京:人民邮电出版社,2012.

[13] 李安定,吕全亚.太阳能光伏发电系统工程[M].北京:化学工业出版社,2012.

[14] 戴宝通,郑晃忠.太阳能电池技术手册[M].北京:人民邮电出版社,2012.

[15] 李钟实.太阳能光伏发电系统设计施工与应用[M].北京:人民邮电出版社,2012.

[16] [德]瓦格曼,艾施里希.太阳能光伏技术[M].叶开恒,译.西安:西安交通大学出版社,2011.

[17] 王水平,等.MOSFET/IGBT 驱动集成电路及应用[M].北京:人民邮电出版社,2009.

[18] 徐颜,等.三相光伏并网逆变器控制及其反孤岛效应[J].合肥工业大学学报,29(9).

[19] 胡新.太阳能光伏电源系统应用技术[EB/OL].http://www.kedaxing.com.

[20] 龙文志.太阳能光伏建筑一体化[EB/OL].http://www.baidu.com.

读者意见反馈表

感谢您选用中国铁道出版社出版的图书！为了使本书更加完善，请您抽出宝贵的时间填写本表。我们将根据您的意见和建议及时进行改进，以便为广大读者提供更优秀的图书。

您的基本资料（郑重保证不会外泄）

姓　名：＿＿＿＿＿＿＿　职　业：＿＿＿＿＿＿＿

电　话：＿＿＿＿＿＿＿　E-mail：＿＿＿＿＿＿＿

您的意见和建议

1. 您对本书整体设计满意度

封面创意：□ 非常好　□ 较好　□ 一般　□ 较差　□ 非常差

版式设计：□ 非常好　□ 较好　□ 一般　□ 较差　□ 非常差

印刷质量：□ 非常好　□ 较好　□ 一般　□ 较差　□ 非常差

价格高低：□ 非常高　□ 较高　□ 适中　□ 较低　□ 非常低

2. 您对本书的知识内容满意度

□ 非常满意　□ 比较满意　□ 一般　□ 不满意　□ 很不满意

原因：＿＿＿＿＿＿＿＿＿＿＿＿＿＿＿＿＿＿＿＿＿＿＿＿＿＿＿＿

3. 您认为本书的最大特色：

＿＿＿＿＿＿＿＿＿＿＿＿＿＿＿＿＿＿＿＿＿＿＿＿＿＿＿＿＿＿＿＿＿

4. 您认为本书的不足之处：

＿＿＿＿＿＿＿＿＿＿＿＿＿＿＿＿＿＿＿＿＿＿＿＿＿＿＿＿＿＿＿＿＿

5. 您认为同类书中，哪本书比本书优秀：

书名：＿＿＿＿＿＿＿＿＿＿＿＿＿＿＿＿　作者：＿＿＿＿＿＿＿＿＿

出版社：＿＿＿＿＿＿＿＿＿＿＿＿＿＿＿＿＿＿

该书最大特色：＿＿＿＿＿＿＿＿＿＿＿＿＿＿＿＿＿＿＿＿＿＿＿＿＿

6. 您的其他意见和建议：

＿＿＿＿＿＿＿＿＿＿＿＿＿＿＿＿＿＿＿＿＿＿＿＿＿＿＿＿＿＿＿＿＿

＿＿＿＿＿＿＿＿＿＿＿＿＿＿＿＿＿＿＿＿＿＿＿＿＿＿＿＿＿＿＿＿＿

我们热切盼望您的反馈。

请选择以下两种方式之一：

1. 裁下本页，邮寄至：

   北京市西城区右安门西街8号—2号楼中国铁道出版社高职编辑部　何红艳

   邮编：100054

2. 发送邮件至 hehongyan@tqbooks.net 索取本表电子版。

教材编写申报表

教师信息（郑重保证不会外泄）

姓　名			性　别		年　龄	
工作单位	学校名称			职务/ 职称		
	院系/教研室					
联系方式	通信地址 （＊＊路＊＊号）			邮编		
	办公电话			手机		
	E-mail			QQ		

教材编写意向

拟编写 教材名称		拟担任	主编（）　副主编（） 参编（）
适用专业			
主讲课程 及年限		每年选用 教材数量	是否已有 校本教材

教材简介（包括主要内容、特色、适用范围、大致交稿时间等，最好附目录）

我们热切盼望您的反馈。

请选择以下两种方式之一：

1. 裁下本页，邮寄至：

　北京市西城区右安门西街8号—2号楼中国铁道出版社高职编辑部　何红艳

　邮编：100054

2. 发送邮件至 hehongyan@tqbooks.net 索取本表电子版。